计算机应用与职业技术实训系列

中文
Word 2007
文字处理实训教程

谢松云　编

西北工業大學出版社

【内容提要】本书是计算机应用与职业技术实训系列教材之一。其主要内容包括中文 Word 2007 概述、文档的基本操作和编辑、格式化文本、图文混排、使用表格、模板和样式、文档的高级应用、页面设置和打印，最后结合实例介绍了 Word 2007 的强大功能。

本书通俗易懂，操作步骤叙述详细，既可作为高等职业学院、高等专科学校学生的学习用书，也可作为办公人员、培训班以及学习 Word 的初、中级读者的参考手册。

图书在版编目（CIP）数据

中文 Word 2007 文字处理实训教程/谢松云编. —西安：西北工业大学出版社，2008.4（2013.7 重印）

（计算机应用与职业技术实训系列）

ISBN 978-7-5612-2362-8

Ⅰ. 中…　Ⅱ.谢…　Ⅲ. 文字处理系统，Word 2007—技术培训—教材　Ⅳ. TP391.12

中国版本图书馆 CIP 数据核字（2008）第 032032 号

出版发行：西北工业大学出版社
通信地址：西安市友谊西路 127 号　邮编：710072
电　　话：(029) 88493844　88491757
网　　址：www.nwpup.com
电子邮箱：computer@nwpup.com
印 刷 者：西安华新彩印有限责任公司
开　　本：787 mm×1 092 mm　1/16
印　　张：12
字　　数：316 千字
版　　次：2008 年 4 月第 1 版　　2013 年 7 月第 2 次印刷
定　　价：24.00 元

前 言

计算机的日益普及，极大地改变了人们的工作和生活方式，越来越多的人在积极学习计算机知识，掌握相关软件的使用方法，努力与现代社会同步。其中更多的人学习计算机知识是为了进一步提高自身的职业能力和职业素质，以适应激烈的市场竞争和就业竞争。为了满足读者的实际需求，我们精心编写了这套“**计算机应用与职业技术实训系列**”教材。

本系列教材真正从便于广大读者学习计算机知识的目的出发，根据国家教育部最新颁布的计算机教学大纲及人事部、信息产业部、劳动和社会保障部对计算机职业技能培训的要求，结合作者多年的教学实践经验，在听取了广大计算机初学者的意见和建议的基础上编写而成。全套书**突出为职业教育量身定制的特色，满足就业技能的培训要求，以工作任务为导向，以培养职业能力为核心，以工作实践为目的**。在理论与实践紧密结合的基础上进一步把内容做“**精**”，把形式做“**活**”，既利于教师上课教学，又便于读者理解掌握，使读者用最少的时间和金钱去获得最多的知识，并能真正地应用于实际工作中。

本书内容

在计算机迅速发展的今天，Office 是人们日常生活中不可缺少的应用软件之一，而 Word 2007 作为 Office 2007 的核心软件，以其丰富、简单的操作界面，使用户能在最短的时间内做出最美观的文档。作为 Word 的最新版本，Word 2007 不仅保留了 Word 以前版本的功能，还添加了许多实用的新功能，其目的在于通过更合理、更友好的操作界面与各项强大的功能，为用户提供一个智能化的工作环境。

本书共分 9 章。第 1 章介绍了 Word 2007 的基本知识，包括 Word 2007 新增功能简介、启动和退出、界面简介、文档的视图以及 Word 2007 的帮助等；第 2 章介绍了文档的基本操作、文本的输入以及文本的编辑；第 3 章介绍了字符和段落的格式化、添加边框和底纹、项目符号和编号以及中文版式的设置；第 4 章介绍了图片、自选图形、SmartArt 图形、图表、艺术字以及文本框的使用；第 5 章介绍了表格的插入、编辑、格式化以及数据处理；第 6 章介绍了模板、样式以及背景和主题的使用；第 7 章介绍了邮件合并、目录、宏以及域的使用；第 8 章介绍了页面设置、页眉和页脚以及打印输出；第 9 章是实例精解。

特色展示

☑ 完整的教学体系和规范的课程安排，切合职业培训需要

本书是一本体系完整的计算机职业培训教材，选材全面，编排讲究，适合作为计算机

职业应用教学用书，也可作为各大中专院校计算机相关专业教材，还可作为计算机爱好者的自学用书。

☑ **实例驱动的教学模式，紧扣教学需求**

本书将实用易学的实例贯穿于各个章节，不但可以调动读者的兴趣，而且能够最大限度地锻炼读者的实际动手能力。

☑ **图像解说的写作手法，便于学习掌握**

本书以活泼直观的图解方式来代替呆板的文字说明，使读者真正实现直观地学习，使学习的过程更加轻松有效。

☑ **结构设置合理，利于读者实践**

本书从最基础的理论知识讲起，在各章都附有重点提示，让读者有针对性地学习本章内容。同时在重点知识的讲解过程中配以“注意”“提示”“技巧”等精彩点拨，帮助读者更加准确地完成操作。

☑ **免费提供电子课件，活跃教学氛围**

为了方便教师开展教学活动，提高教学效果，我们将为教师免费提供与教材配套的电子课件及相关素材。

读者定位

☑ **需要接受计算机职业技能培训的读者**

☑ **全国各大中专院校相关专业的师生**

☑ **计算机初、中级用户**

由于编者水平有限，疏漏之处在所难免，敬请读者朋友批评指正。

编　者

目录

第 1 章 中文 Word 2007 概述

Word 是当今最为流行的文字处理软件，是 Microsoft Office 的核心组件之一。经过多次的更新换代，Word 2007 的使用功能更加强大，用户可以使用它方便快速地完成文字录入、文档修改、图表编辑、排版以及文稿打印等一系列文字处理工作。

本章重点

（1）Word 2007 新增功能简介。

（2）Word 2007 的启动和退出。

（3）Word 2007 界面简介。

（4）文档的视图。

（5）Word 2007 帮助的使用。

1.1 Word 2007 新增功能简介

Word 2007 中文版提供了一套完整的工具，供用户在新的界面中创建文档并设置格式，从而帮助用户制作具有专业水准的文档。丰富的审阅、批注和比较功能有助于快速收集和管理反馈信息。高级的数据集成可确保文档与重要的业务信息源时刻相连。高级的 Office 诊断和程序恢复功能帮助用户在 Word 2007 发生问题时恢复工作成果。

1.1.1 创建具有专业水准的文档

Word 2007 提供的编辑和审阅工具使用户比以前任何时刻都能更轻松地创建精美的文档。

1. 减少格式设置的时间，把更多精力花在撰写上

面向结果的新界面在用户需要的时候，清晰而条理分明地为用户提供多种工具。用户可以从收集了预定义样式、表格格式、列表格式、图形效果等内容的库中进行挑选，在用户提交更改之前就能实时而直观地预览文档中的格式。这样不仅可以节省时间，还能更充分地利用强大的 Word 功能。

2. 点几下鼠标，即可添加预设格式的元素

Word 2007 引入了构建基块，供用户将预设格式的内容添加到文档中。在处理特定模板类型（如报告）的文档时，用户可以从收集了预设格式封面、重要引述、页眉和页脚等内容的库中进行挑选，从而令文档看上去更加精美。如果希望自定义预设格式的内容，或者用户经常使用相同的一段内容（如法律免责声明或客户联系信息），只须点一下鼠标，就可以从库中进行挑选，创建自己的构建基块。

3. 利用极富视觉冲击力的图形，进行更有效的沟通

新的图表和绘图功能包含三维形状、透明度、阴影以及其他效果，使用户可以更加有效地进行沟通。

4. 即时对文档应用新的外观

当用户的公司更新其形象时，用户可以立即在文档中进行仿效。通过使用“快速样式”和“文档主题”，可以快速更改整个文档中的文本、表格和图形的外观，以便与首选的样式和配色方案相匹配。

5. 轻松避免拼写错误

下面列出了拼写检查的部分新增功能：

（1）在 Microsoft Office 2007 的各个程序之间，拼写检查更加一致。如果用户在一个 Office 程序中更改了其中某个选项，则在所有其他 Office 程序中，该选项也会随之改变。Office 除了共享相同的自定义词典外，所有程序还可以使用同一个对话框来管理这些词典。

（2）Microsoft Office 2007 拼写检查包括后期修订语法词典，而在 Microsoft Office 2003 中，它是一个加载项，需要单独安装。

（3）首次使用某种语言时，会自动为该语言创建“排除词典”。利用“排除词典”可以避免不需要使用的词语，从而方便地使用户避免了一些令人讨厌或不符合风格的词语。

（4）拼写检查可以查找并标记某些上下文拼写错误。在 Word 2007 中，可以启用“使用上下文拼写检查”选项来获取关于查找和修复此类错误的帮助。当对使用英语、德语或西班牙语的文档进行拼写检查时，可以使用此选项。

（5）用户可以针对一个文档或用户创建的所有文档禁用拼写和语法检查。

1.1.2 放心地共享文档

当用户向同事发送文档草稿以征求他们的意见时，Word 2007 可以帮助用户有效地收集和管理他们的修订和批注。在用户准备发布文档时，Word 2007 可以确保所发布的文档中不存在任何未经处理的修订和批注。

1. 快速比较文档的两个版本

Word 2007 可以轻松找出对文档所做的更改。在比较、合并文档时，可以查看文档的两个版本，而已删除、插入和移动的文本则会清楚地标记在文档的第三个版本中。

2. 查找和删除文档中的隐藏元数据和个人信息

在与其他用户共享文档之前，可使用文档检查器检查文档，以查找隐藏的元数据、个人信息或可能存储在文档中的内容。文档检查器可以查找和删除以下信息：批注、版本、修订、墨迹注释、文档属性、文档管理服务器信息、隐藏文字、自定义 XML 数据，以及页眉和页脚中的信息。文档检查器可以帮助确保用户与其他用户共享的文档不包含任何隐藏的个人信息或用户的组织可能不希望分发的任何隐藏内容。

3. 向文档中添加数字签名或签名行

可以通过向文档中添加数字签名来为文档的身份验证、完整性和来源提供保证。在 Word 2007 中，用户可以向文档中添加不可见的数字签名，也可以插入 Microsoft Office 2007 签名行来捕获签名的可见表示形式以及数字签名。

通过使用 Office 文档中的签名行捕获数字签名的功能，可使组织对合同或其他协议等文档使用无纸化签署过程。与纸质签名不同，数字签名能提供精确的签署记录，并允许在以后对签名进行验证。

4．将 Word 文档转换为 PDF 或 XPS

Word 2007 支持将文件导出为可移植文档格式（PDF）和 XML 纸张规范格式（XPS）等。

可移植文档格式（PDF）是一种版式固定的电子文件格式，可以保留文档格式并允许文件共享。当联机查看或打印 PDF 格式的文件时，该文件可以保持与原文完全一致的格式，文件中的数据也不能被轻易更改。对于要使用专业印刷方法进行复制的文档，PDF 格式也很有用。

XML 纸张规范格式（XPS）是一种电子文件格式，可以保留文档格式并允许文件共享。XPS 格式可确保在联机查看或打印 XPS 格式的文件时，该文件可以保持与原文完全一致的格式，文件中的数据也不能被轻易更改。

5．即时检测包含嵌入宏的文档

Word 2007 对启用了宏的文档使用单独的文件格式（.docm），因此可以了解某个文件能否运行任何嵌入的宏。

6．防止更改文档的最终版本

在与其他用户共享文档的最终版本之前，用户可以使用“标记为最终版本”命令将文档设置为只读，并告知其他用户共享的是文档的最终版本。在将文档标记为最终版本后，键入、编辑命令以及校对标记都会被禁用，以防查看文档的用户不经意地更改该文档。“标记为最终版本”命令并非安全功能。任何人都可以通过关闭“标记为最终版本”来编辑标记为最终版本的文档。

1.1.3　超越文档

如今，当计算机和文件相互连接时，更有必要将文档存储于容量小、稳定可靠且支持各种平台的文件中。为满足这一需求，Microsoft Office 2007 在 XML 支持的发展方面实现了新的突破。基于 XML 的新文件格式使 Word 2007 文件变得更小、更可靠，并能与信息系统和外部数据源深入地集成。

1．缩小文件大小并增强损坏恢复能力

新的 XML 格式是经过压缩、分段的文件格式，可大大缩小文件大小，并有助于确保损坏的文件能够轻松恢复。

2．将文档与业务信息连接

在日常的业务中，用户需要通过创建文档来沟通重要的业务数据。用户可通过自动完成该沟通过程来节省时间并降低出错风险。使用新的文档控件和数据绑定连接到后端系统，即可创建能自我更新的动态智能文档。

3．在文档信息面板中管理文档属性

利用文档信息面板，可以在使用 Word 文档时方便地查看和编辑文档属性。在 Word 中，文档信息面板显示在文档的顶部。用户可以使用文档信息面板来查看和编辑标准的 Microsoft Office 文档属性，以及已保存到文档管理服务器中的文件的属性。如果使用文档信息面板来编辑服务器文档的文档属性，则更新的属性将直接保存到服务器中。

1.1.4 从计算机问题中恢复

Microsoft Office 2007 提供了经过改进的工具，用于在 Word 2007 发生问题时恢复工作成果。

1. Office 诊断

Microsoft Office 2007 诊断包含一系列的诊断测试，可帮助用户发现计算机崩溃的原因。这些诊断测试可以直接解决一些问题，并可以确定解决其他问题的方法。Microsoft Office 2007 诊断代替了 Office 2007 中的检测和修复以及 Office 应用程序恢复功能。

2. 程序恢复

改进了的 Word 2007 功能，有助于避免用户在程序异常关闭时丢失工作成果。只要可能，在重新启动后，Word 就会尽力恢复程序状态的某些方面。

1.2 Word 2007 的启动和退出

安装好 Microsoft Office Word 2007 后，就可以启动 Word 2007。本节主要介绍 Word 2007 的启动与退出。

1.2.1 Word 2007 的启动

启动 Word 2007 最常用的方法有以下 3 种：

1. 使用“开始”菜单栏启动

（1）单击桌面左下角的 开始 按钮，弹出“开始”菜单栏。

（2）选择 所有程序(P) → Microsoft Office → Microsoft Office Word 2007 应用程序，如图 1.2.1 所示，即可启动 Word 2007。

图 1.2.1 从“开始”菜单栏启动 Word 2007

2．使用桌面快捷方式启动

如果在 Word 2007 的安装过程中，根据屏幕的提示在桌面中建立了 Word 2007 快捷图标，用户只须双击该快捷图标，即可启动 Word 2007。

3．直接启动

在资源管理器中，找到要编辑的 Word 文档，直接双击此文档即可启动 Word 2007。

1.2.2　Word 2007 的退出

使用完 Word 2007 后需要保存文件并退出该程序。退出该程序可以使用下列方法之一：

（1）单击“Office”按钮，在弹出的菜单中选择命令。

（2）双击“Office”按钮。

（3）单击 Word 2007 标题栏右侧的“关闭”按钮。

（4）按快捷键“Alt+F4”。

如果用户在退出 Word 2007 之前对文档进行了修改，系统将自动弹出一个信息提示框，如图 1.2.2 所示，询问用户是否保存修改后的文档。单击是(Y)按钮，保存对文档的修改；单击否(N)按钮，不保存对文档的修改，直接退出 Word 2007 程序；单击取消按钮，取消本次操作，返回到编辑状态。

图 1.2.2　信息提示框

1.3　Word 2007 界面简介

Word 2007 拥有新的外观，新的用户界面用简单明了的单一机制取代了 Word 早期版本中的菜单、工具栏和大部分任务窗格。新的用户界面旨在帮助用户在 Word 中更高效、更容易地找到完成各种任务的合适功能，发现新功能，并提高效率。

1.3.1　功能区用户界面

在 Word 2007 中，功能区是菜单和工具栏的主要替代控件。为了便于浏览，功能区包含若干个围绕特定方案或对象进行组织的选项卡。而且，每个选项卡的控件又细化为几个组，如图 1.3.1 所示。功能区能够比菜单和工具栏承载更加丰富的内容，包括按钮、库和对话框内容。

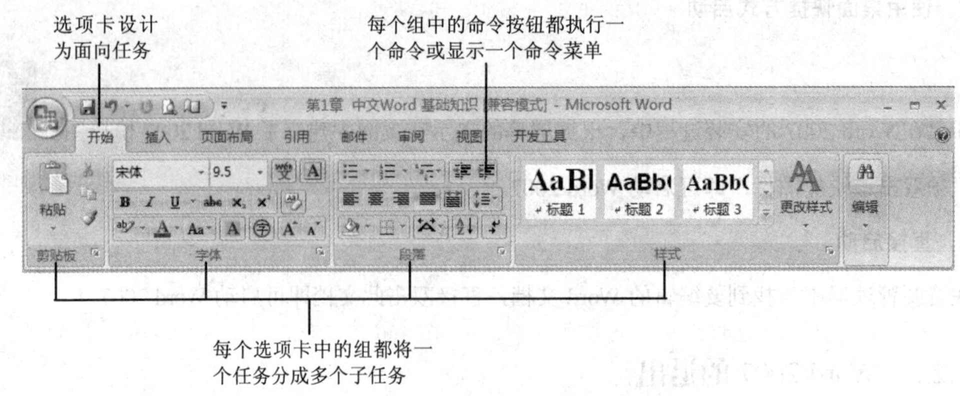

图 1.3.1　功能区用户界面

1.3.2　上下文工具

上下文工具使用户能够操作在页面上选择的对象，如表、图片或绘图。当用户选择文档中的对象时，相关的上下文选项卡集以强调文字颜色出现在标准选项卡的旁边，如图 1.3.2 所示。

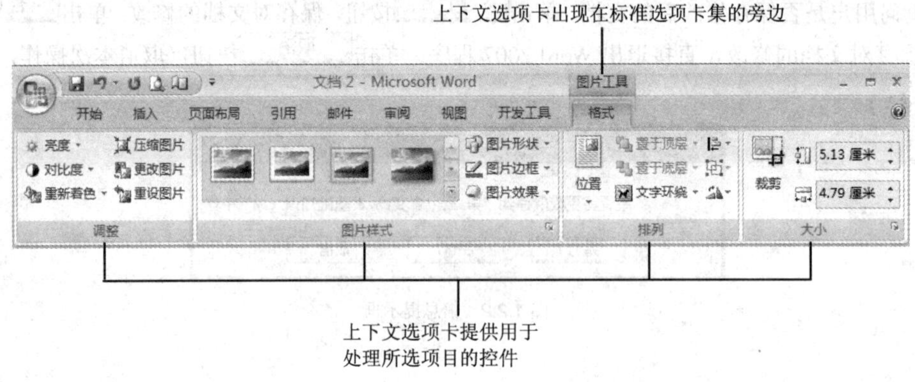

图 1.3.2　上下文工具

1.3.3　程序选项卡

当用户切换到某些创作模式或视图（包括打印预览）时，程序选项卡会替换标准选项卡集，如图 1.3.3 所示。

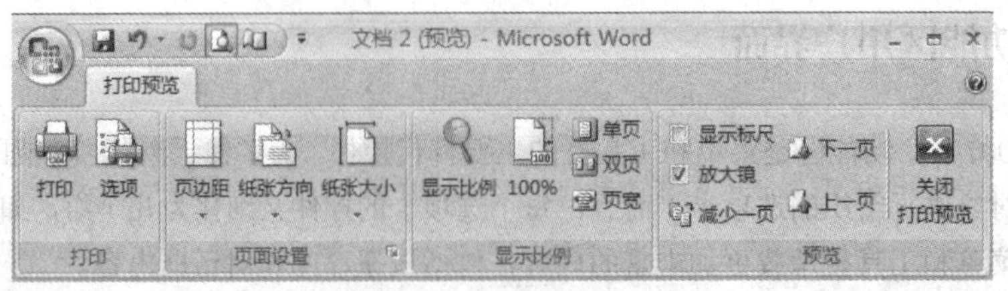

图 1.3.3　程序选项卡

1.3.4　Office 按钮

"Office"按钮位于 Word 窗口的左上角，单击该按钮，可打开 Office 菜单，如图 1.3.4 所示。

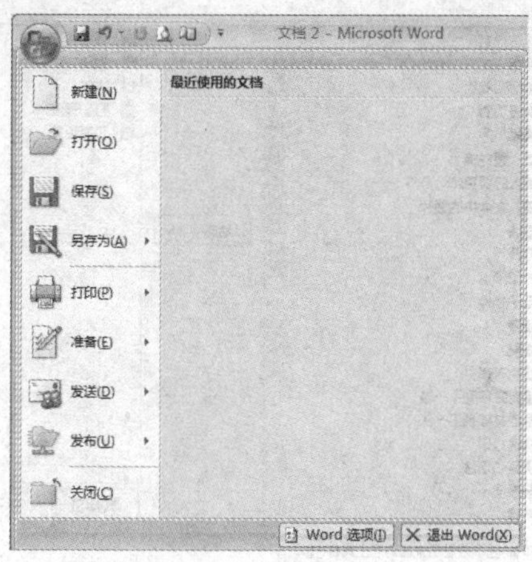

图 1.3.4　Office 菜单

1.3.5　快速访问工具栏

默认情况下，快速访问工具栏位于 Word 窗口的顶部，如图 1.3.5 所示，使用它可以快速访问用户频繁使用的工具。用户可以将命令添加到快速访问工具栏，从而对其进行自定义。

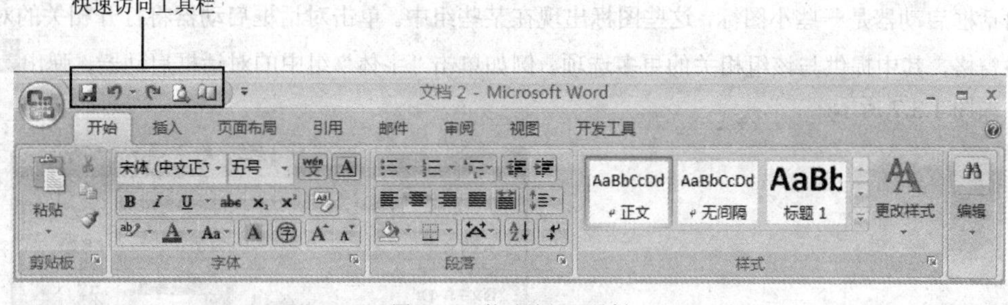

图 1.3.5　快速访问工具栏

用户还可以将常用的命令添加到快速访问工具栏中，具体操作步骤如下：

（1）单击"Office"按钮，然后在弹出的菜单中选择 Word 选项(I) 选项。

（2）弹出 Word 选项 对话框，在该对话框左侧的列表中选择 自定义 选项，如图 1.3.6 所示。

（3）在该对话框中的"从下列位置选择命令"下拉列表中选择需要的命令，然后在其下边的列表框中选择具体的命令，单击 添加(A) >> 按钮，将其添加到右侧的"自定义快速访问工具栏"列表框中。

（4）添加完成后，单击 确定 按钮，即可将常用的命令添加到快速访问工具栏中。

注意　在 Word 选项 对话框中选中 ☑ 在功能区下方显示快速访问工具栏(H) 复选框，可在功能区下方显示快速访问工具栏。

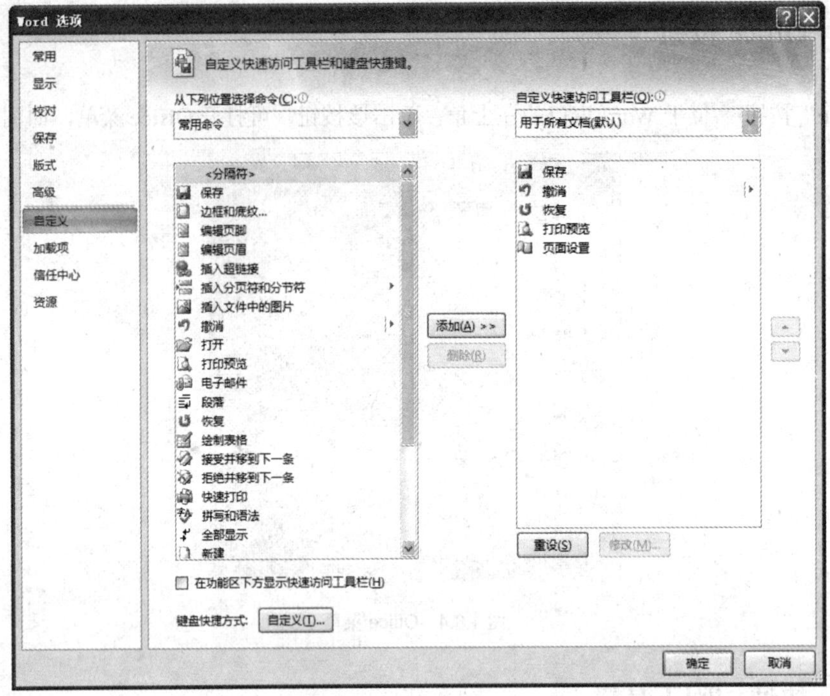

图 1.3.6 “Word 选项”对话框

1.3.6 对话框启动器

对话框启动器是一些小图标，这些图标出现在某些组中。单击对话框启动器将打开相关的对话框或任务窗格，其中提供与该组相关的更多选项。例如单击“字体”组中的对话框启动器，弹出字体对话框，如图 1.3.7 所示。

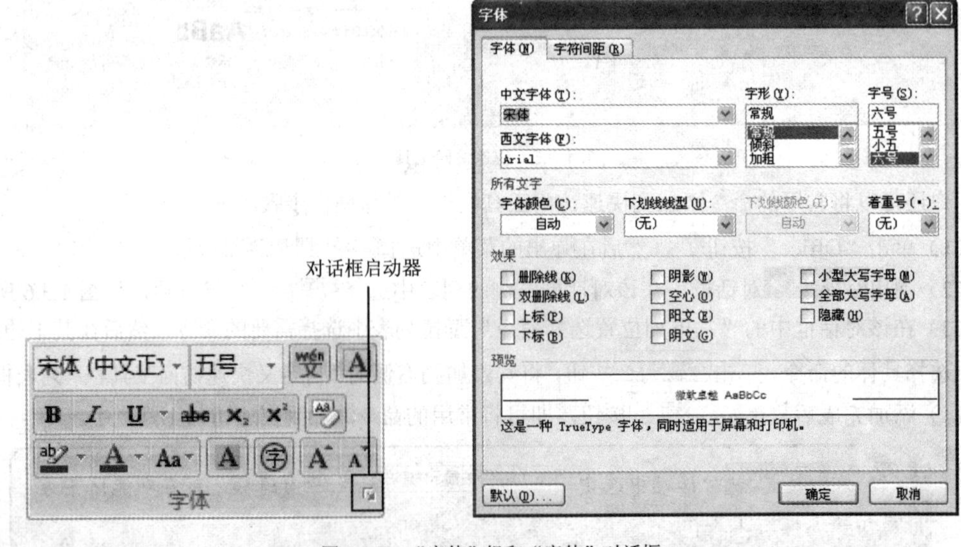

图 1.3.7 “字体”组和“字体”对话框

1.4　文档的视图

文档视图是用户在使用 Word 2007 编辑文档时观察文档结构的屏幕显示形式。用户可以根据需要选择相应的模式，使编辑和观察文档更加方便。

1.4.1　Word 2007 的视图方式

Word 2007 中提供了普通视图、大纲视图、Web 版式视图、阅读版式视图、页面视图 5 种视图方式。使用这些视图方式就可以方便地对文档进行浏览和相应的操作，不同的视图方式之间可以切换。

1. 普通视图

普通视图是最常用的视图方式。在普通视图中，可以输入、编辑和设置文本格式，同时也可以显示几乎所有的格式信息。但是只能将多栏显示成单栏格式，并不显示页眉、页脚、页号以及页边距等。

在该视图方式中，当文本输入超过一页时，编辑窗口中将出现一条虚线，这就是分页符。分页符表示页与页之间的分隔，即文本的内容从前一页进入下一页，可以使文档阅读起来比较连贯，并不是一条真正的直线。

在功能区用户界面中的“视图”选项卡中的“文档视图”组中选择“普通视图”选项，或者直接单击窗口状态栏右边的“普通视图”按钮，即可切换到普通视图方式，如图 1.4.1 所示。

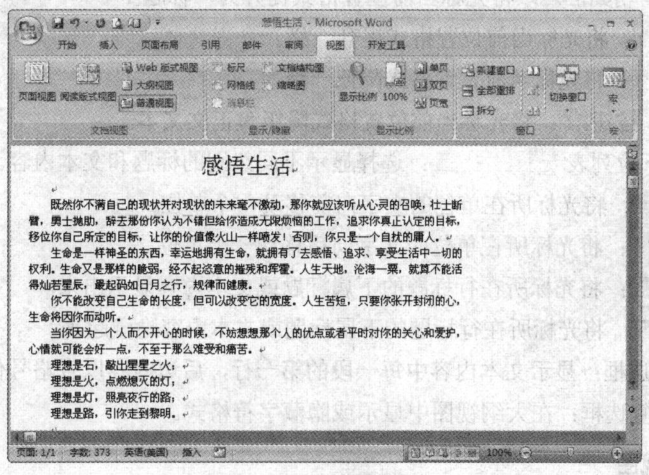

图 1.4.1　普通视图

2. 大纲视图

大纲视图是用缩进文档标题的形式代表标题在文档结构中的级别，可以非常方便地修改标题内容、复制或移动大段的文本内容。因此，大纲视图适合纲目的编辑、文档结构的整体调整及长篇文档的分解与合并。

在功能区用户界面中的“视图”选项卡中的“文档视图”组中选择“大纲视图”选项，或者直接单击窗口状态栏右边的“大纲视图”按钮，即可切换到大纲视图方式中，如图 1.4.2 所示。

切换到大纲视图后，Word 将自动在功能区用户界面中显示“大纲”选项卡，如图 1.4.3 所示，其中包含了大纲视图中最常用的操作。“大纲”选项卡中各个部分的名称和功能介绍如下：

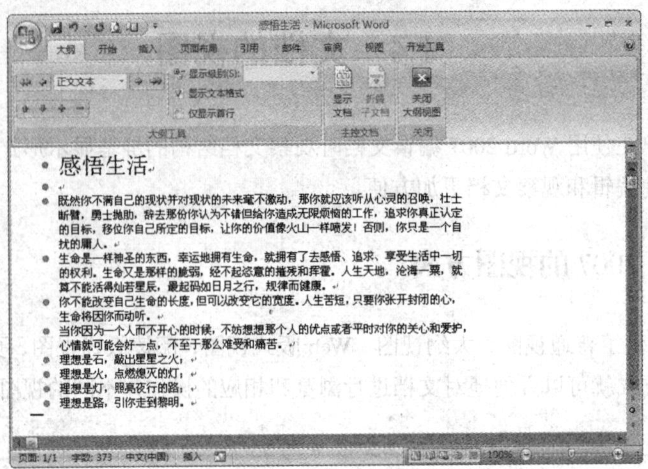

图 1.4.2 大纲视图

图 1.4.3 “大纲”选项卡

“提升至标题 1”按钮：将光标当前位置格式提升为“标题 1”。

“升级”按钮：将光标当前位置格式提升一级。

“降级”按钮：将光标当前位置格式降低一级。

“降级为正文”按钮：将光标当前位置格式降级为正文文本。

“显示级别”下拉列表 3 级：选择显示不同级别的标题和文本内容。

“上移”按钮：将光标所在单位的文字向前移动一个单位。

“下移”按钮：将光标所在单位的文字向后移动一个单位。

“展开”按钮：将光标所在行标题的下属标题或文本内容显示出来。

“折叠”按钮：将光标所在行标题的下属标题或文本内容隐藏起来。

☑ 仅显示首行 复选框：显示文本内容中每一段的第一行，后边内容以省略号代替。

☑ 显示文本格式 复选框：在大纲视图中显示或隐藏字符格式。

3. Web 版式视图

Web 版式视图显示文档在 Web 浏览器中的外观，它是一种“所见即所得”的视图方式，即在 Web 版式视图中编辑的文档将会像浏览器中显示的一样。

这种视图的最大优点是优化了屏幕布局，文档具有最佳的屏幕外观，使得联机阅读变得更容易。在 Web 版式视图方式中，正文显示得更大，并且自动换行以适应窗口，而不是以实际的打印效果显示。另外，还可以对文档的背景、浏览和制作网页等进行设置。

在功能区用户界面中的“视图”选项卡中的“文档视图”组中选择“Web 版式视图”选项，或者直接单击窗口状态栏右边的“Web 版式视图”按钮，即可切换到 Web 版式视图方式中，如图 1.4.4 所示。

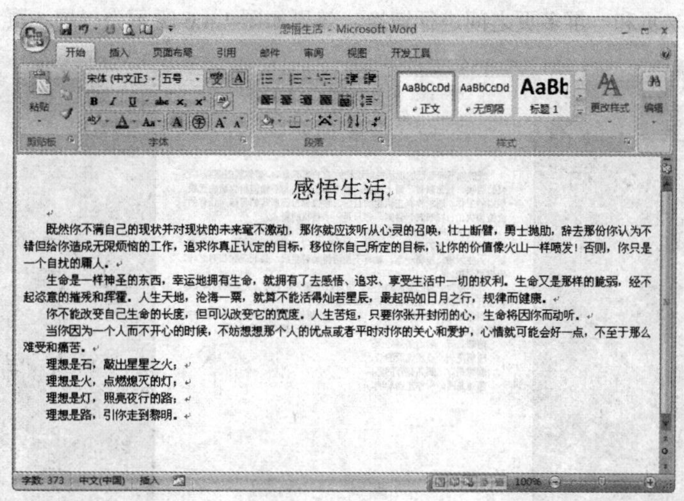

图 1.4.4　Web 版式视图

注意　Web 版式视图能够模仿 Web 浏览器来显示文档，但并不是完全一致的。

4．阅读版式视图

阅读版式视图提供了更方便的文档阅读方式。在阅读版式视图中可以完整地显示每一张页面，就像书本展开一样。

在功能区用户界面中的“视图”选项卡中的“文档视图”组中选择“阅读版式视图”选项，或者直接单击窗口状态栏右边的“阅读版式视图”按钮，即可切换到阅读版式视图方式中，如图 1.4.5 所示。

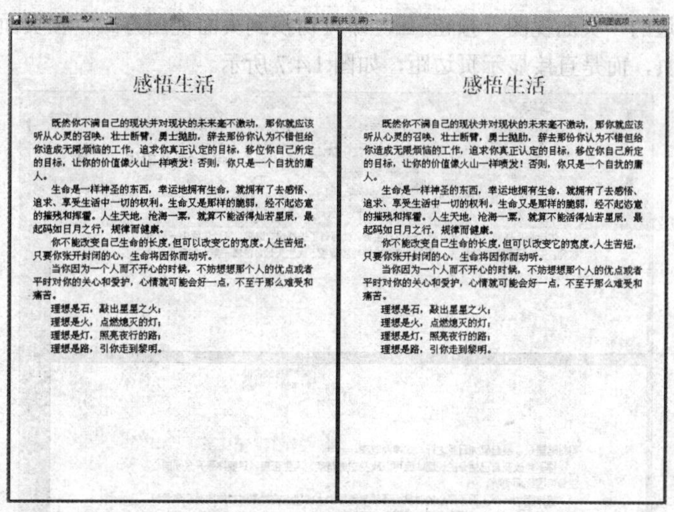

图 1.4.5　阅读版式视图

阅读版式视图隐藏了不必要的工具栏，例如其他视图方式中默认的“常用”工具栏和“格式”工具栏，使屏幕阅读更加方便。与其他视图相比，阅读版式视图字号变大，行长度变小，页面适合屏幕，使视图看上去更加亲切、赏心悦目。

单击阅读版式视图窗口中的 × 关闭 按钮即可退出阅读版式视图。单击工具栏中的 视图选项 按钮，可实现在一屏一页和一屏多页之间进行切换，效果如图 1.4.6 所示为一屏一页显示效果。

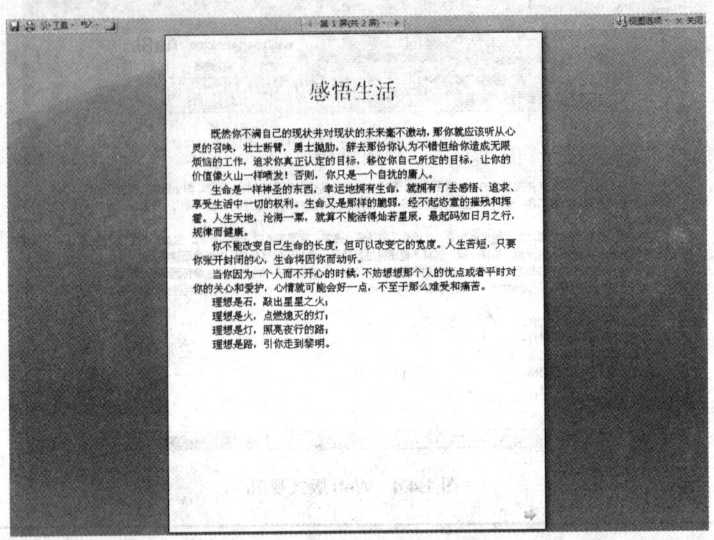

图 1.4.6　一屏一页显示效果

5．页面视图

在页面视图方式下，在屏幕上显示的效果和文档的打印效果完全相同。在此视图方式中，可以查看打印页面中的文本、图片和其他元素的位置。一般情况下，用户可以在编辑和排版时使用页面视图方式，在编辑时确定各个组成部分的位置、大小，从而大大减少以后的排版工作。但是使用页面视图方式时，显示的速度比普通视图方式要慢，尤其是在显示图形或者显示图标的时候。

在功能区用户界面中的“视图”选项卡中的“文档视图”组中选择“页面视图”选项，或者直接单击窗口状态栏右边的“页面视图”按钮，即可切换到页面视图方式。在页面视图方式中，不再以一条虚线表示分页，而是直接显示页边距，如图 1.4.7 所示。

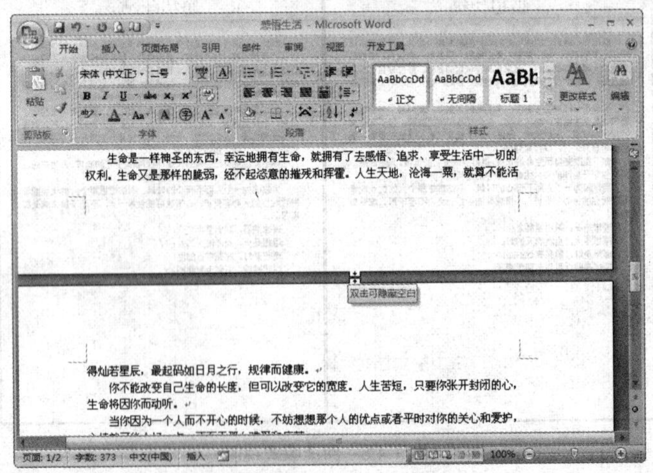

图 1.4.7　页面视图

如果要节省页面视图中的屏幕空间，可以隐藏页面之间的空白区域。将鼠标指针移到页面的分页标记上，当鼠标变为形状时，双击鼠标左键，效果如图 1.4.8 所示。

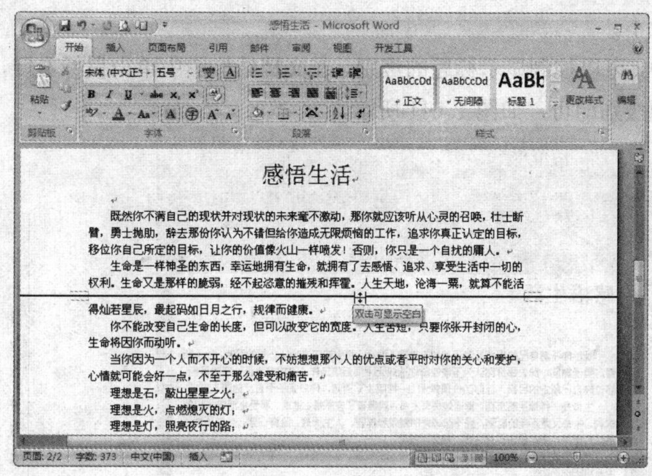

图 1.4.8　隐藏页面之间的空白区域

1.4.2　显示/隐藏指定内容

用户在使用 Word 2007 的过程中，还可以显示或隐藏窗口中指定的内容，例如显示或隐藏标尺、网格线、文档结构图或缩略图等。

1．显示标尺和网格线

在功能区用户界面中的“视图”选项卡中的“显示/隐藏”组中选中 ☑ 标尺 和 ☑ 网格线 复选框，即可在文档中显示标尺和网格线，效果如图 1.4.9 所示。

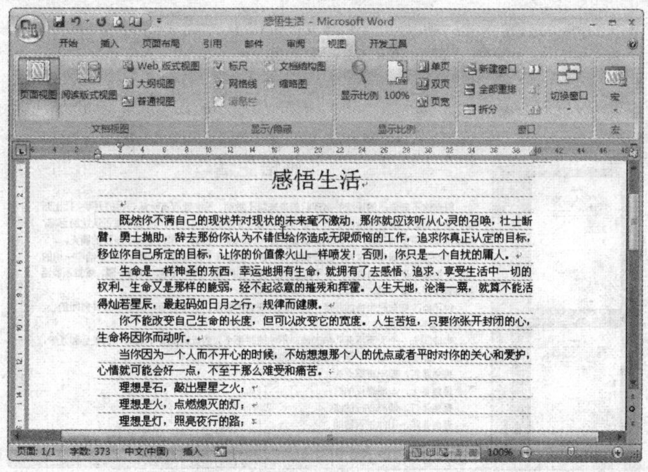

图 1.4.9　显示标尺和网格线

2．显示文档结构图

文档结构图在一个单独的窗格中显示文档标题，用户可以通过文档结构图在整个文档中快速浏览并定位特定的文档内容。

在功能区用户界面中的“视图”选项卡中的“显示/隐藏”组中选中 ☑ 文档结构图 复选框，即可切换到文档结构图中，如图 1.4.10 所示。

将鼠标指针指向窗格之间的分隔条上，当指针变为双向箭头时，按住鼠标左键并拖动，即可调整文档结构图窗格的大小。

在文档结构图中，可以控制显示标题的级别。在文档结构图中单击鼠标右键，从弹出的快捷菜单中选择要显示的标题级别即可，如图 1.4.11 所示。

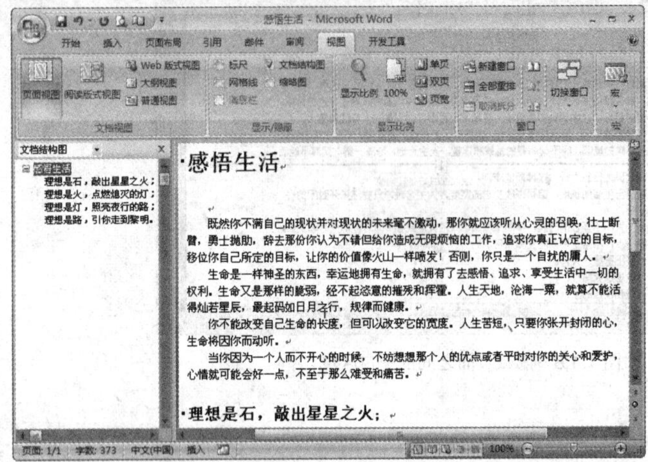

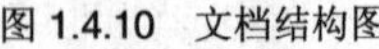

图 1.4.10　文档结构图

图 1.4.11　标题级别菜单

3．显示缩略图

在 Word 2007 中还可以查看文档缩略图。在文档缩略图左边直接选择需要查看的缩略图，可迅速地查看相应的页面，提高了用户的工作效率。

在功能区用户界面中的“视图”选项卡中的“显示/隐藏”组中选中 ☑ 缩略图 复选框，即可查看文档的缩略图，如图 1.4.12 所示。

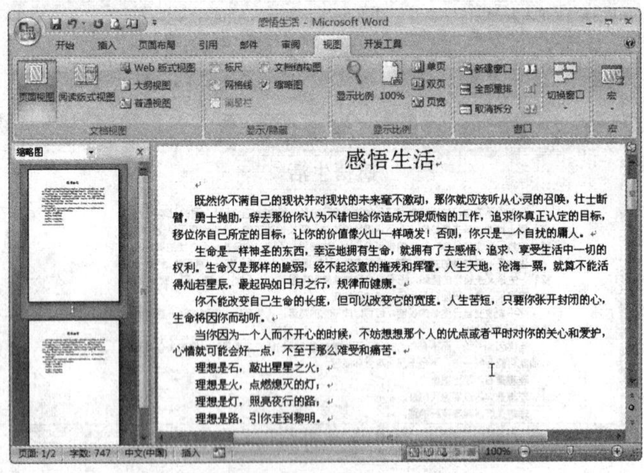

图 1.4.12　显示缩略图

1.4.3　按比例显示页面

在实际应用过程中，用户还可以改变文档的显示方式。例如，可以通过改变文档的显示比例方便用户的编辑和阅读。

在功能区用户界面中的“视图”选项卡中的“显示比例”组中选择“显示比例”选项，弹出 显示比例 对话框，如图 1.4.13 所示。在“显示比例”选区中选择需要的选项，或者在“百分比”微调框中输入

具体的数值，在“预览”选区中将显示预览效果，单击 确定 按钮完成设置。

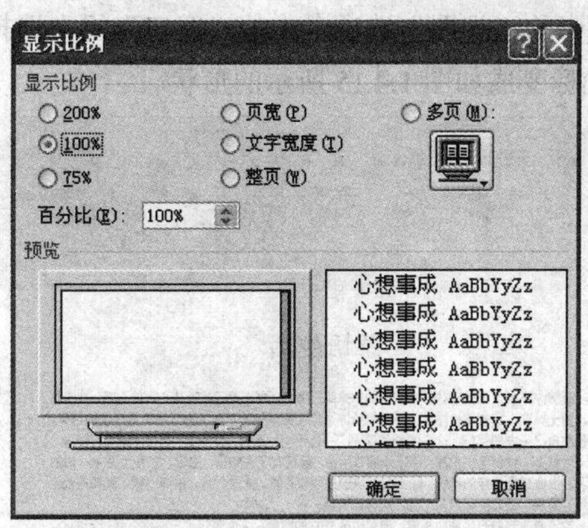

图 1.4.13 “显示比例”对话框

在功能区用户界面中的“视图”选项卡中的“显示比例”组中选择“100%”选项，可将文档缩放为正常大小的 100%显示；选择“单页”选项，可使整个页面适应窗口大小；选择“双页”选项，可使两个页面适应窗口大小；选择“页宽”选项，使页面宽度与窗口宽度一致，如图 1.4.14 所示为双页显示文档效果。

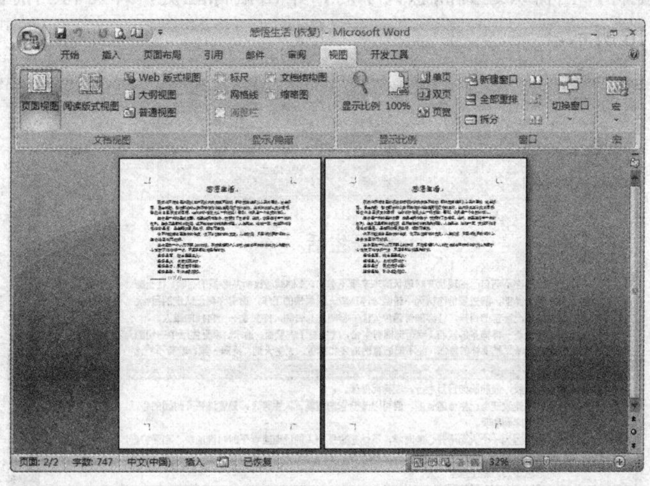

图 1.4.14 双页显示效果

1.4.4 窗口管理

在文档的编辑过程中，用户经常要在多个文档间进行交替转换。Word 2007 集中了与窗口操作有关的一些操作命令，并且记录了本窗口中打开的所有文件的文件名，用户利用这些文件名可以方便地在不同文件之间进行切换。

1. 拆分窗口

拆分窗口是指将当前窗口拆分为两个窗口，使用户在编辑长文档的后半部分内容时可以看到前面的内容，以便前后照应。

拆分窗口的具体操作步骤如下：

（1）在功能区用户界面中的“视图”选项卡中的“窗口”组中选择“拆分”选项，将鼠标移动到 Word 文档窗口中，此时光标变成如图 1.4.15 所示的形状。

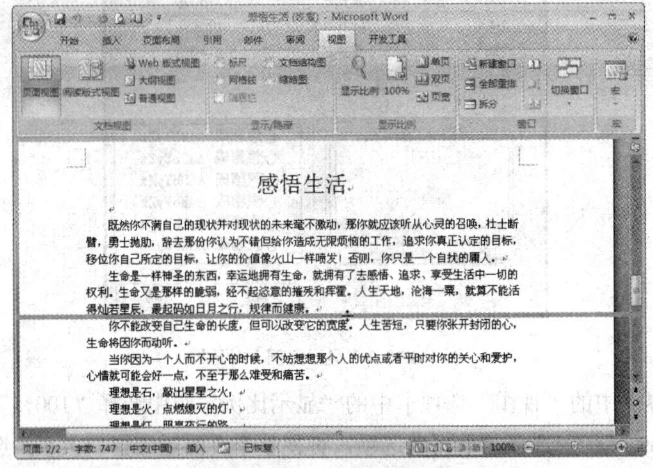

图 1.4.15 使用命令拆分窗口

（2）上下拖动鼠标，当窗口达到满意大小时，单击鼠标左键，即可将当前窗口拆分为上下两个窗口，效果如图 1.4.16 所示。

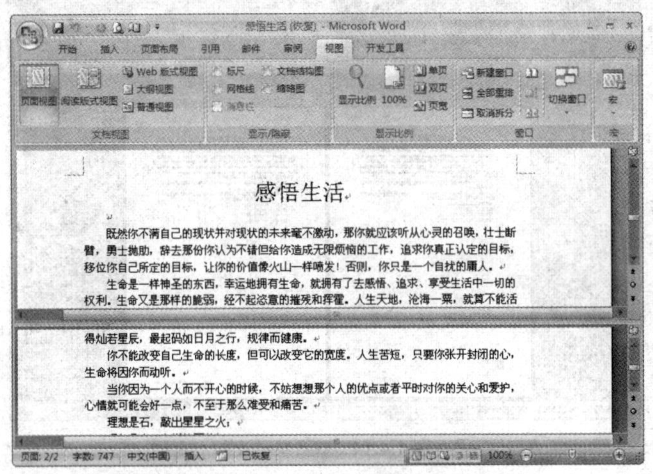

图 1.4.16 拆分窗口效果

用户还可以将鼠标移动到 Word 文档窗口右上角滑块上边的水平条上，按住鼠标左键并向下拖动鼠标到合适大小时释放鼠标左键，即可拆分窗口，如图 1.4.17 所示。

拆分窗口后，即可将一篇文档显示在两个窗口中，这样可以在两个窗口中同时编辑一个文件。在功能区用户界面中的“视图”选项卡中的“窗口”组中选择“取消拆分”选项，即可取消窗口的拆分，使窗口由两个窗口重新变为一个窗口，或者在拆分条上双击鼠标左键也可取消窗口的拆分。

注意 拆分窗口后，在两个窗口内进行的输入、复制、粘贴等操作与在一个窗口内进行的同等操作始终保持一致。其实，拆分窗口并不是将文档复制，而只是调整了显示文档的方式。

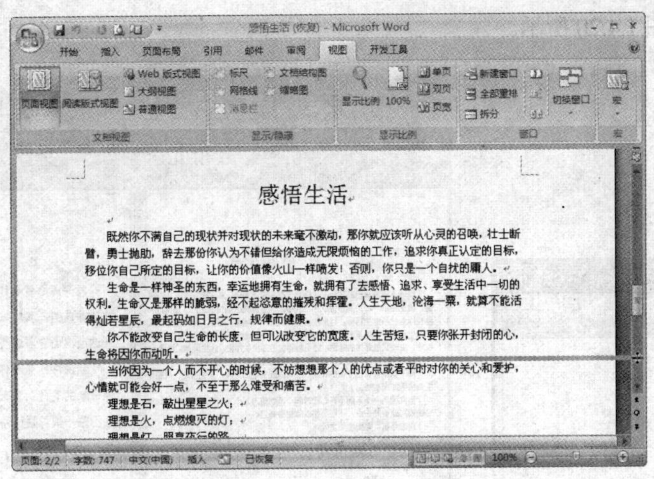

图 1.4.17　拖动鼠标拆分窗口

2. 全部重排

全部重排是指将当前打开的所有文件全部以一个窗口的形式排列在屏幕上。全部重排的具体操作步骤如下：

(1) 在功能区用户界面中的“视图”选项卡中的“窗口”组中选择“全部重排”选项，即可全部重排打开的窗口，效果如图 1.4.18 所示。

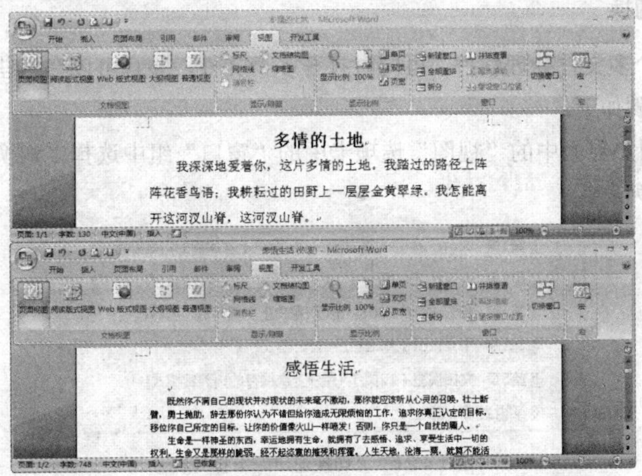

图 1.4.18　全部重排效果

(2) 单击任何一个窗口中的“最大化”按钮，即可取消全部重排效果。

全部重排窗口后，可以在编辑一个窗口文件的同时看到另一个窗口中的文件，但是这样屏幕显得非常小，因此在实际工作中并不经常使用这种排列窗口的方式。

3. 并排比较

并排比较是将两个已经打开的文档窗口横向排列。此功能只进行“比较”而不进行“合并”。并排比较的具体操作步骤如下：

(1) 在功能区用户界面中的“视图”选项卡中的“窗口”组中选择“并排查看”选项，弹出 并排比较 对话框，如图 1.4.19 所示。

(2) 在该对话框中的“并排比较”列表框中选择需要进行并排比较的文档名称，单击 确定按钮即可，效果如图 1.4.20 所示。

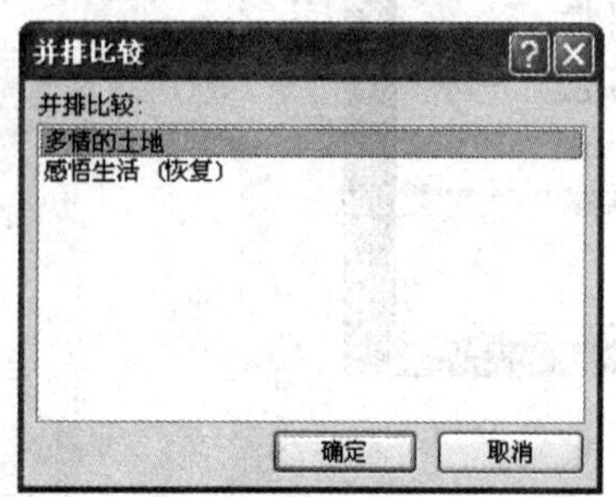

图 1.4.19 “并排比较”对话框

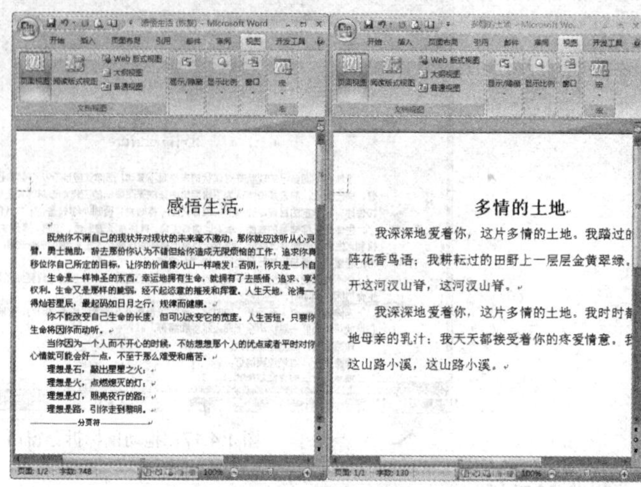

图 1.4.20 并排比较效果

（3）在功能区用户界面中的“视图”选项卡中的“窗口”组中选择“同步滚动”选项，在拖动其中一个窗口滚动条的同时，另一个窗口的滚动条也相应同步滚动。再次选择“并排查看”选项，窗口位置恢复到并列排放的方式。

4. 文件之间的切换

Word 2007 是一个多文件处理软件，可同时打开多个文件，并且可以在这些打开的文件之间进行切换，其具体操作步骤如下：

（1）在功能区用户界面中的“视图”选项卡中的“窗口”组中选择“切换窗口”选项，弹出如图 1.4.21 所示的下拉列表。

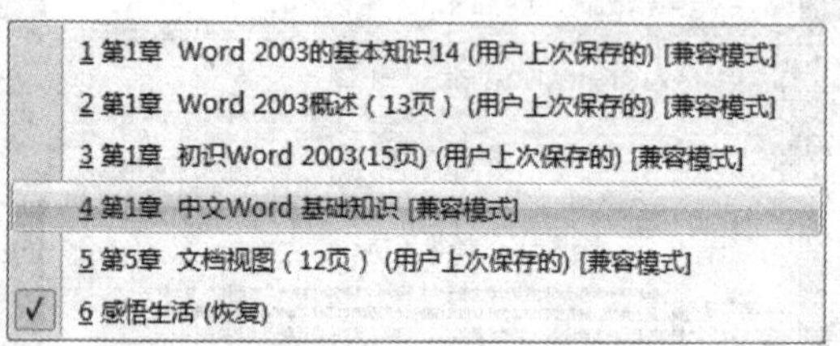

图 1.4.21 “切换窗口”下拉列表

（2）在该下拉列表中选择需要的文件名，即可切换到相应的文档窗口中。

1.5 Word 2007 帮助的使用

Word 2007 提供了丰富的联机帮助功能，可以随时解决用户在使用 Word 中遇到的问题。用户可以使用关键字和目录来获得与当前操作相关的帮助信息。

在功能区用户界面中单击“Microsoft Office Word”按钮，打开“Word 帮助”窗口，如图 1.5.1 所示。

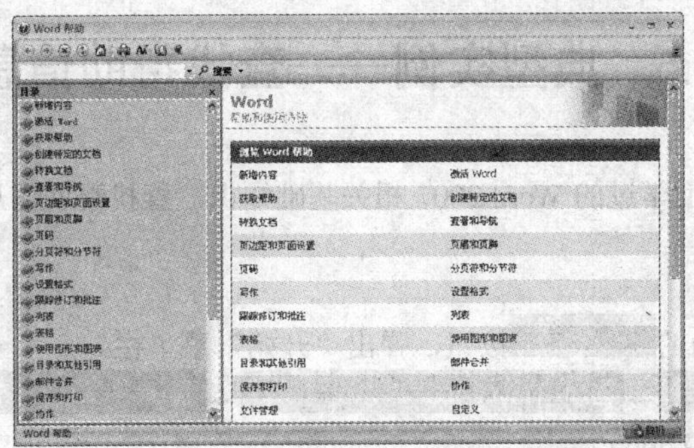

图 1.5.1　“Word 帮助”窗口

1.5.1　使用关键字

在“Word 帮助”窗口中的“键入要搜索的字词”列表框中输入关键字，例如输入“新建文件”，单击 搜索 按钮，即可显示搜索到的项目，如图 1.5.2 所示。在该窗口中单击相应的超链接，即可显示帮助信息，如图 1.5.3 所示。

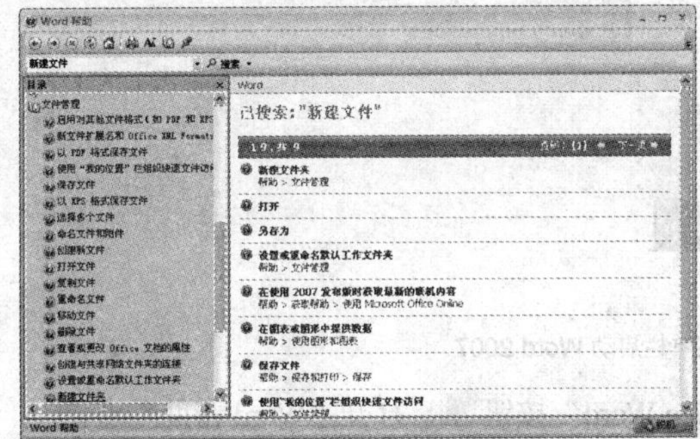

图 1.5.2　显示搜索到的项目

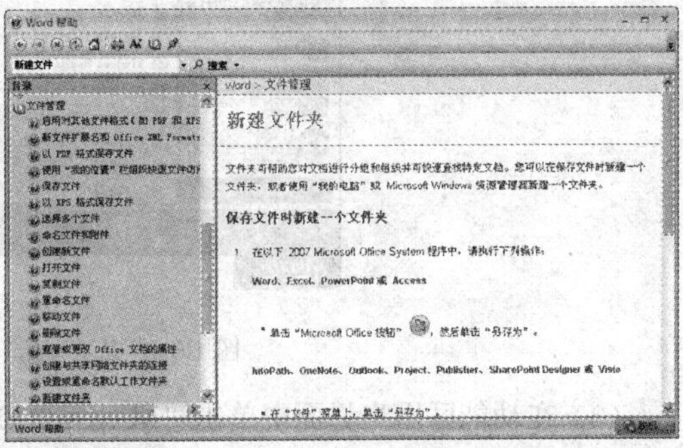

图 1.5.3　显示帮助信息

1.5.2　使用目录

在“Word 帮助”窗口中左侧的“目录”列表框中逐级找到需要帮助的子目录，即可在窗口的右侧显示需要的帮助信息，如图 1.5.4 所示。

图 1.5.4　使用目录显示帮助信息

1.6　典型实例——查找帮助信息

本节主要介绍利用前面学过的 Word 2007 相关基础知识，查找帮助信息。

创作步骤

（1）单击桌面左下角的 开始 按钮，弹出“开始”菜单栏。

（2）选择 所有程序(P) → Microsoft Office → Microsoft Office Word 2007 应用程序，如图 1.6.1 所示，即可启动 Word 2007。

图 1.6.1　从“开始”菜单栏启动 Word 2007

（3）在功能区用户界面中单击“Microsoft Office Word”按钮，打开“Word 帮助”窗口。

（4）在该窗口中的“键入要搜索的字词”列表框中输入关键字“插入图片”，单击 搜索 按钮，即可显示搜索到的项目，如图 1.6.2 所示。

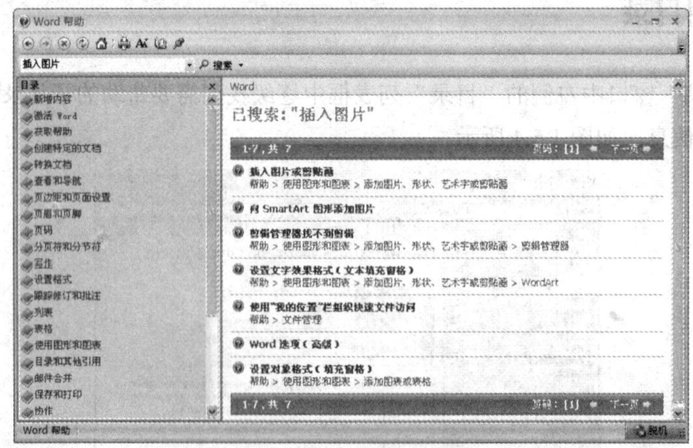

图 1.6.2　显示搜索的项目

（5）在该窗口右侧中单击 **插入图片或剪贴画** 超链接，即可显示插入图片或剪贴画帮助的具体内容，如图 1.6.3 所示。

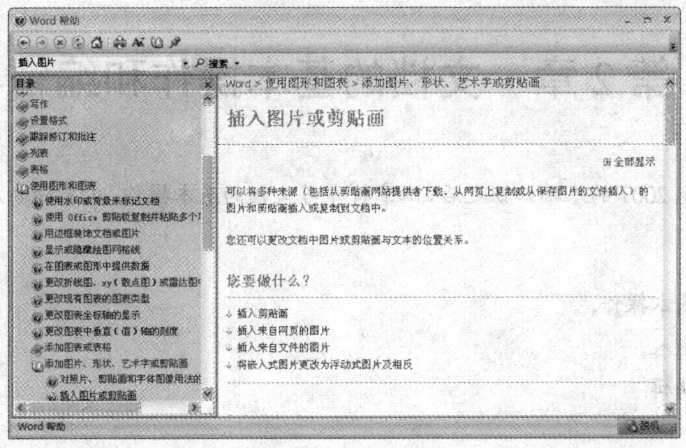

图 1.6.3　显示具体内容

（6）在该窗口中可查看在文档中插入图片或剪贴画的操作步骤和其他的有关信息。

（7）单击 Word 2007 标题栏右侧的“关闭”按钮，或者单击“Office”按钮，在弹出的列表框中选择 关闭(C) 命令，退出 Word 2007。

小　　结

本章主要讲解了 Word 2007 的新增功能、启动和退出、用户界面、文档的视图以及使用 Word 2007 帮助等知识，通过本章的学习使用户对 Word 2007 的基础知识有一个初步的了解，为以后的学习打好基础。

过关练习一

一、填空题

1．Word 2007 中提供了__________、__________、__________、__________、__________ 5 种视图方式。

2．__________是指将当前打开的所有文件全部以一个窗口的形式排列在屏幕上。

3．__________是将两个已经打开的文档窗口横向排列。

二、问答题

1．简述 Word 2007 的新增功能。

2．简述 Word 2007 的界面组成。

3．简述使用 Word 2007 帮助的具体操作步骤。

三、上机操作题

1．上机练习 Word 2007 的启动和退出，并观察其工作界面与其他版本的不同之处。

2．观察同一个文档在不同视图方式下的显示效果。

第 2 章　文档的基本操作和编辑

在学习了 Word 2007 的基础知识之后，本章将学习文档的基本操作、文本的输入以及文本的编辑。

本章重点

（1）文档的基本操作。

（2）文本的输入。

（3）文本的编辑。

2.1　文档的基本操作

文档的基本操作主要包括文档的创建、打开、保存和关闭等，掌握这些基本操作，可以帮助用户大大提高工作效率。

2.1.1　创建文档

当启动 Word 2007 时，系统将自动建立一个新文档“文档 1”，用户可以直接在文档中进行文字输入或编辑工作。创建新文档的方法有多种，用户可以使用其中任意一种来创建新的文档。

1. 创建一个空白文档

创建一个空白文档的具体操作步骤如下：

（1）单击“Office”按钮，然后在弹出的菜单中选择 新建(N) 命令，弹出 新建文档 对话框，如图 2.1.1 所示。

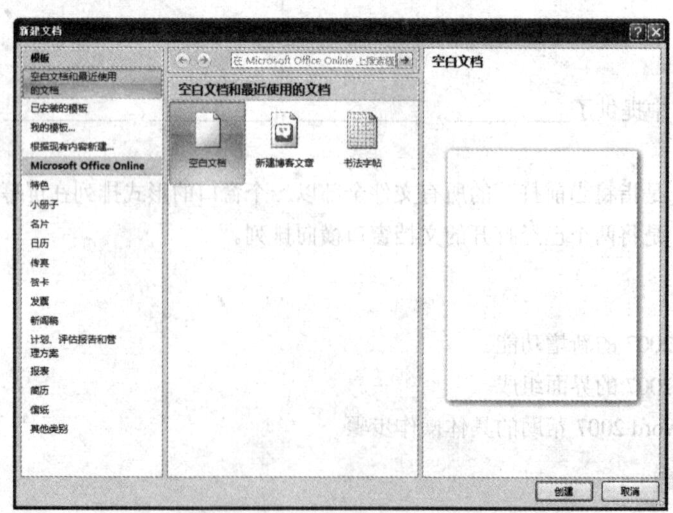

图 2.1.1　“新建文档”对话框

（2）在该对话框左侧的“模板”列表框中选择“空白文档和最近使用的文档”选项，然后在对

话框右侧的列表框中选择“空白文档”选项，单击 创建 按钮，即可创建一个空白文档。

新建一个文档后，系统会自动给该文档暂时命名为“文档 1”“文档 2”“文档 3”等。用户在保存文档时，可以按照自己的需要为文档命名。

2. 根据已安装的模板新建文档

根据已安装的模板新建文档的具体操作步骤如下：

（1）单击“Office”按钮，然后在弹出的菜单中选择 新建(N) 命令，弹出 新建文档 对话框。

（2）在该对话框左侧的“模板”列表框中选择“已安装的模板”选项，在对话框的右侧将显示已安装的模板，如图 2.1.2 所示。

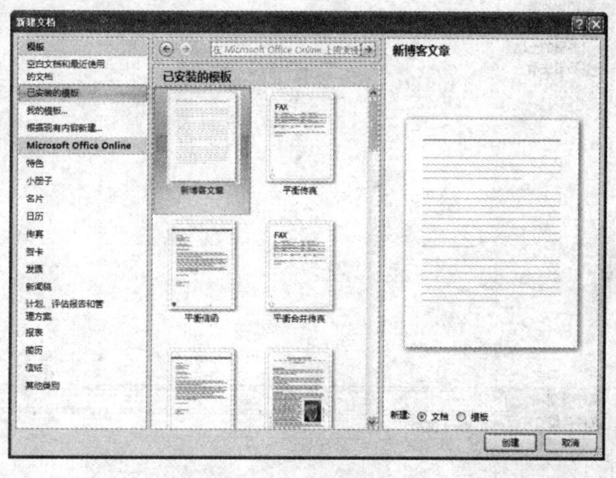

图 2.1.2　“已安装的模板”选项

（3）在“已安装的模板”列表框中选择需要的文档模板，在对话框的右侧可对文档模板进行预览，单击 创建 按钮，即可根据已安装的模板创建新文档。

3. 根据我的模板新建文档

根据我的模板新建文档的具体操作步骤如下：

（1）单击“Office”按钮，然后在弹出的菜单中选择 新建(N) 命令，弹出 新建文档 对话框。

（2）在该对话框左侧的“模板”列表框中选择“我的模板…”选项，弹出 新建 对话框，如图 2.1.3 所示。

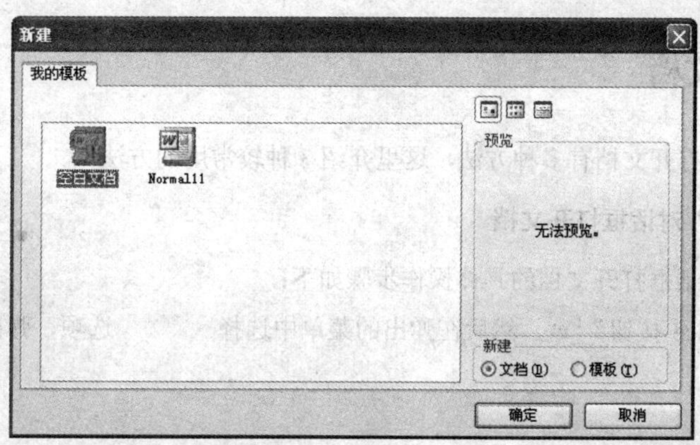

图 2.1.3　“新建”对话框

（3）在该对话框中选择需要的模板，单击 确定 按钮，即可根据我的模板新建文档。

4．根据现有内容新建文档

根据现有内容新建文档的具体操作步骤如下：

（1）单击“Office”按钮，然后在弹出的菜单中选择 新建(N) 命令，弹出 新建文档 对话框。

（2）在该对话框左侧的“模板”列表框中选择 根据现有内容新建... 命令，弹出 根据现有文档新建 对话框，如图 2.1.4 所示。

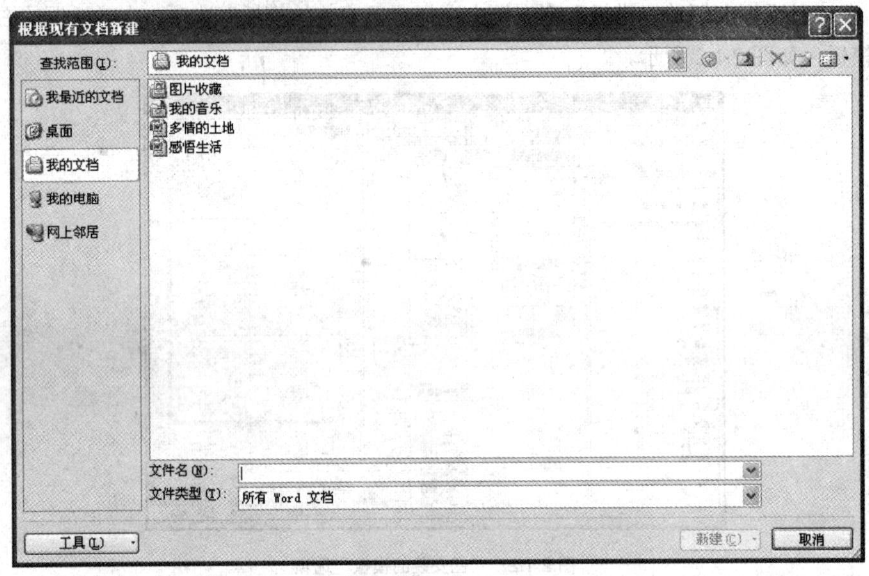

图 2.1.4 “根据现有文档新建”对话框

（3）在该对话框中选择现有的文档模板，单击 新建(C) 按钮，即可在该文档的基础上创建一个新的 Word 文档。

注意 用户还可以使用“Microsoft Office Online”“特色”“小册子”“名片”“日历”“传真”“贺卡”“发票”“新闻稿”“计划”“评估报告和管理方案”“报表”“简历”“信纸”以及“其他类型”模板来创建新文档。

2.1.2 打开文档

在 Word 2007 中打开文档有多种方法，这里介绍 3 种较常用的方法。

1．使用“打开”对话框打开文档

使用“打开”对话框打开文档的具体操作步骤如下：

（1）单击“Office 按钮”，然后在弹出的菜单中选择 打开(O) 选项，弹出 打开 对话框，如图 2.1.5 所示。

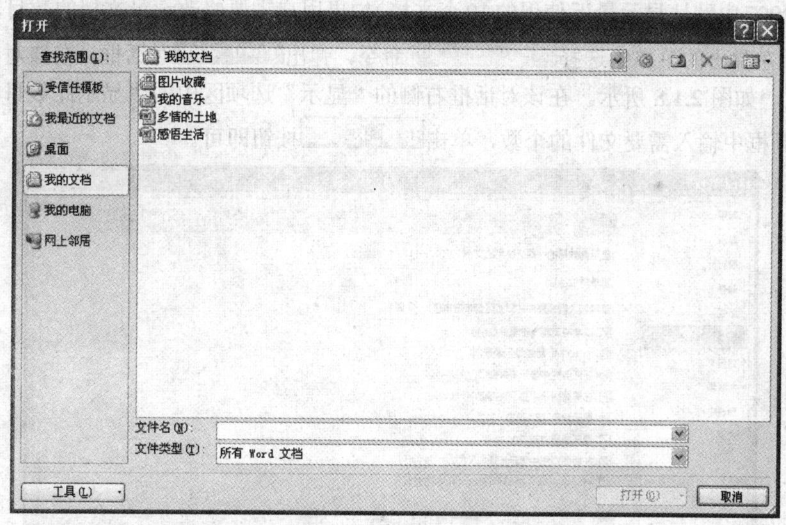

图 2.1.5　“打开”对话框

（2）在“查找范围”下拉列表中选择文档所在的位置，然后在文件列表中选择需要打开的文档。

（3）在“文件类型”下拉列表中选择所需的文件类型。

（4）单击 打开(O) 按钮打开需要的文档。

提示 在打开文档时，用户还可以根据需要选择不同的方式打开文档。单击 打开(O) 按钮右侧的下三角，弹出如图 2.1.6 所示的下拉菜单，在该下拉菜单中选择相应的命令以打开文档。

2. 打开最近使用的文档

Word 2007 具有强大的记忆功能，它可以记忆最近几次使用的文档。单击“Office”按钮，然后在弹出的菜单右侧列出的最近使用的文档中单击需要打开的文档即可，如图 2.1.7 所示。

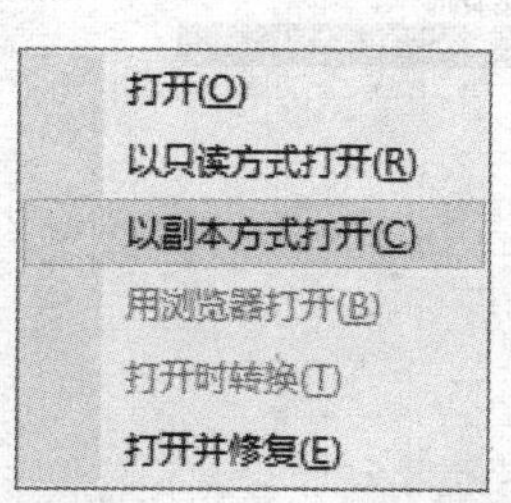

图 2.1.6　“打开”下拉菜单

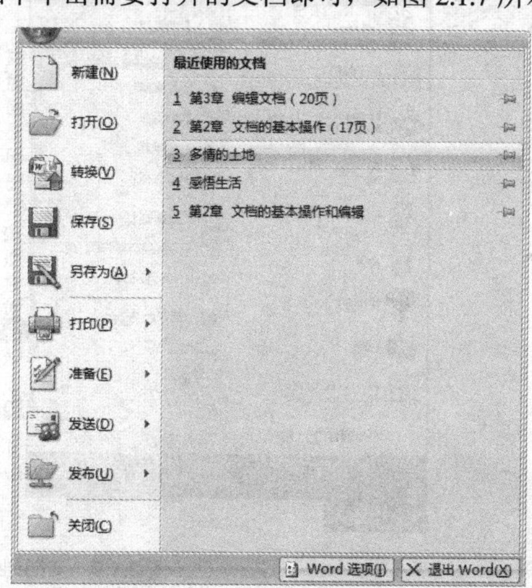

图 2.1.7　最近使用的文档

在 Word 2007 中默认显示最近使用的 10 个文档。如果用户需要修改记录文档的数目，单击“Office”按钮，然后在弹出的菜单中选择 Word 选项(I) 命令，弹出 Word 选项 对话框，在该对话框左侧选择“高级”选项，如图 2.1.8 所示。在该对话框右侧的“显示”选项区中的“显示此数目的‘最近使用的文档’”微调框中输入需要文件的个数，单击 确定 按钮即可。

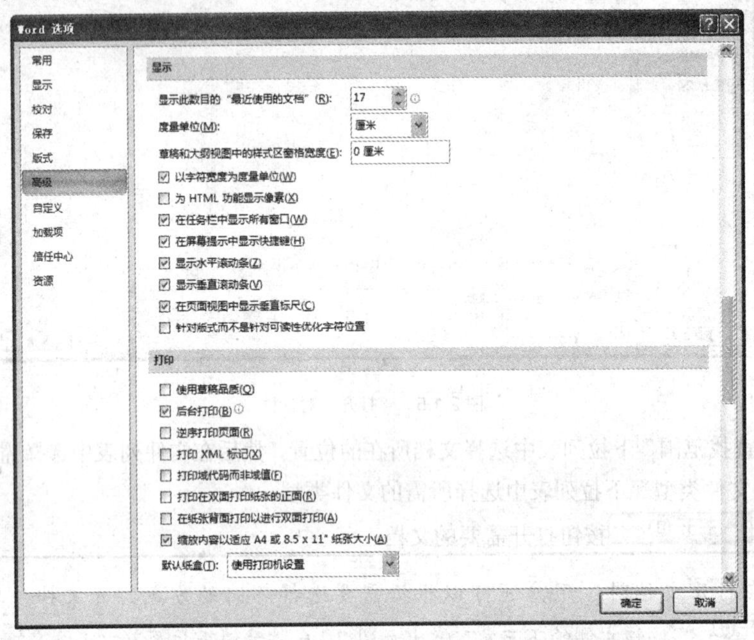

图 2.1.8 “Word 选项”对话框

3. 使用“开始”按钮打开最近使用的文档

单击 开始 按钮，选择 所有程序(P) → 我最近的文档(D) 命令，从文档列表中选择要打开的文档，如图 2.1.9 所示，单击即可启动 Word 2007 应用程序并打开该文档。

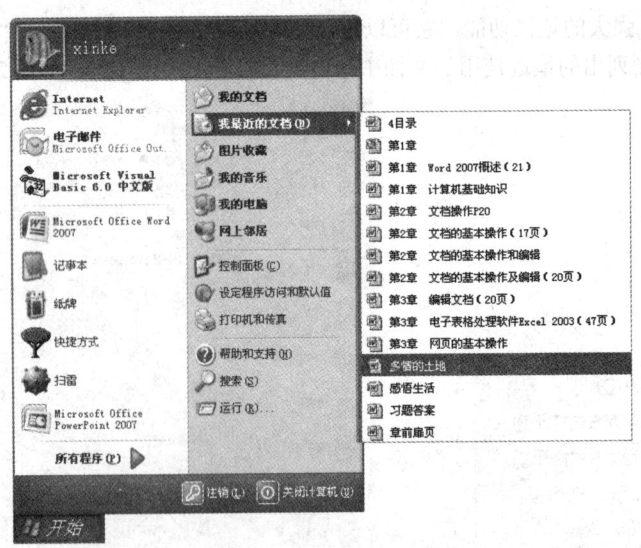

图 2.1.9 文档列表

4．使用 Word 2007 打开其他类型的文件

Word 2007 是一种功能强大的综合编辑软件，它不仅适用于普通 Word 文档，还可用于编辑文本文件、网页等多种其他类型的文件。在利用 Word 编辑其他类型的文件之前，首先要打开该文件。

利用 Word 2007 打开其他类型文件的具体操作步骤如下：

（1）在需要打开的其他类型文件上单击鼠标右键，从弹出的快捷菜单中选择 打开方式(H) → 选择程序(C)... 命令，弹出打开方式对话框，如图 2.1.10 所示。

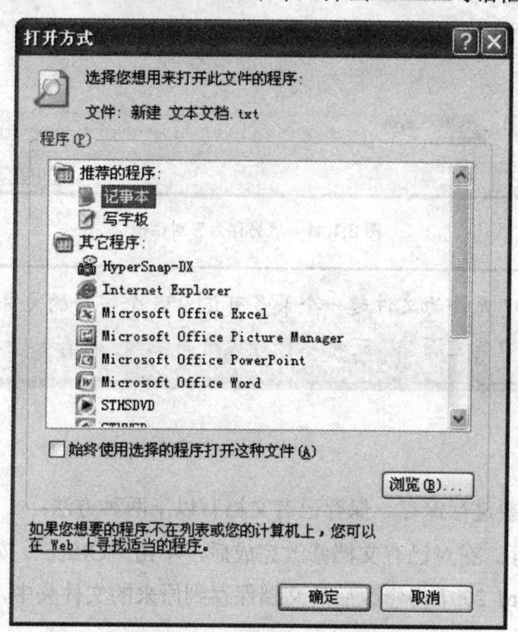

图 2.1.10　“打开方式”对话框

（2）在该对话框中的“程序”列表框中选择 Microsoft Office Word 选项。

（3）单击 确定 按钮即可打开该类型的文件。

2.1.3　保存文档

创建文档后，应该将文档保存到磁盘上便于以后使用。如果不存盘，关掉计算机时信息将会丢失。用户应该在开始使用 Word 2007 的时候就养成良好的习惯，及时保存文档，以防止数据丢失。Word 2007 为用户提供了多种保存文档的方法，而且具有自动保存功能，可以最大限度地保护因意外而引起的数据丢失。

1．保存新建文档

保存新建文档的具体操作步骤如下：

（1）单击“Office”按钮，然后在弹出的菜单中选择 保存(S) 命令，弹出另存为对话框，如图 2.1.11 所示。

（2）在该对话框中的“保存位置”下拉列表中选择要保存文件的文件夹位置。

（3）在“文件名”下拉列表中输入文件名；在“保存类型”下拉列表中选择保存文件的格式。

（4）设置完成后，单击 保存(S) 按钮即可。

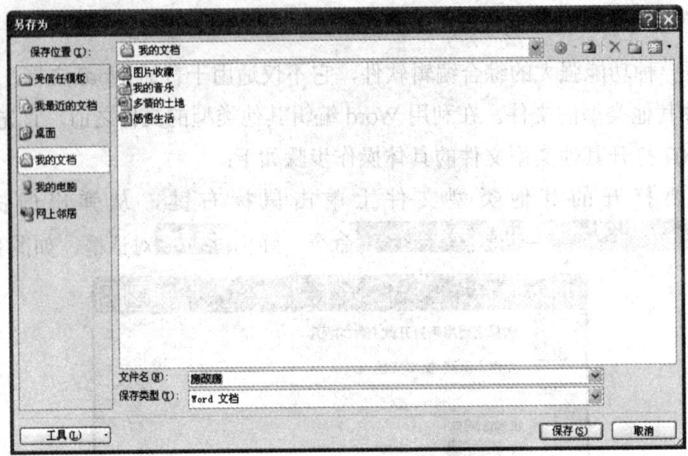

图 2.1.11 “另存为”对话框

注意 Word 2007 允许为文件起一个最多可达 255 个字符的文件名，文件名中可以有空格，可以中英文混编，还可以区分大小写字母。

2. 保存已有文档

对已有文档修改后需要进行保存。保存已有文档有以下两种方法：

（1）在原有位置保存。在对已有文档修改完成后，单击“Office”按钮，然后在弹出的菜单中选择保存命令，Word 2007 将修改后的文档保存到原来的文件夹中，修改前的内容将被覆盖，并且不再弹出另存为对话框。

（2）另存为。如果需要将已有的文档保存到其他的文件夹中，可在修改完文档之后，单击“Office”按钮，然后在弹出的菜单中选择另存为命令，弹出另存为对话框，如图 2.1.12 所示。在该对话框中的“保存位置”下拉列表中重新选择文件的位置；在“文件名”下拉列表中输入文件的名称；在“保存类型”下拉列表中选择文件的保存类型；最后单击保存(S)按钮即可。

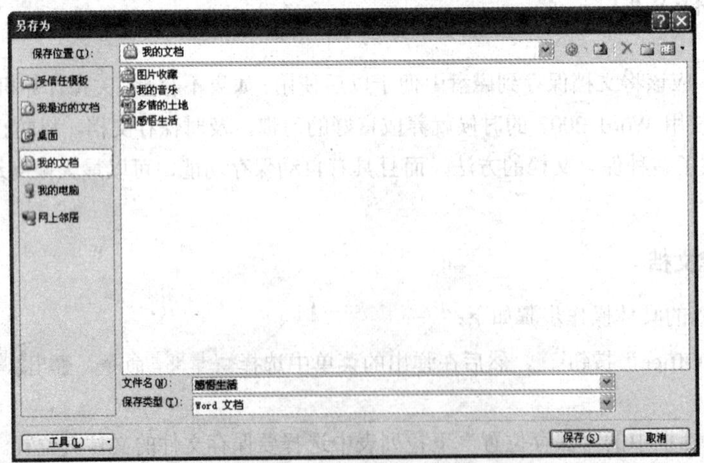

图 2.1.12 “另存为”对话框

3. 自动保存文档

Word 2007 可以按照某一固定时间间隔自动对文档进行保存，这样大大减少断电或死机时由于忘记保存文档所造成的损失。

设置“自动保存”功能的具体操作步骤如下：

（1）单击“Office”按钮，然后在弹出的菜单中选择 Word 选项(I) 命令，弹出 Word 选项 对话框，在该对话框左侧选择“保存”选项，如图 2.1.13 所示。

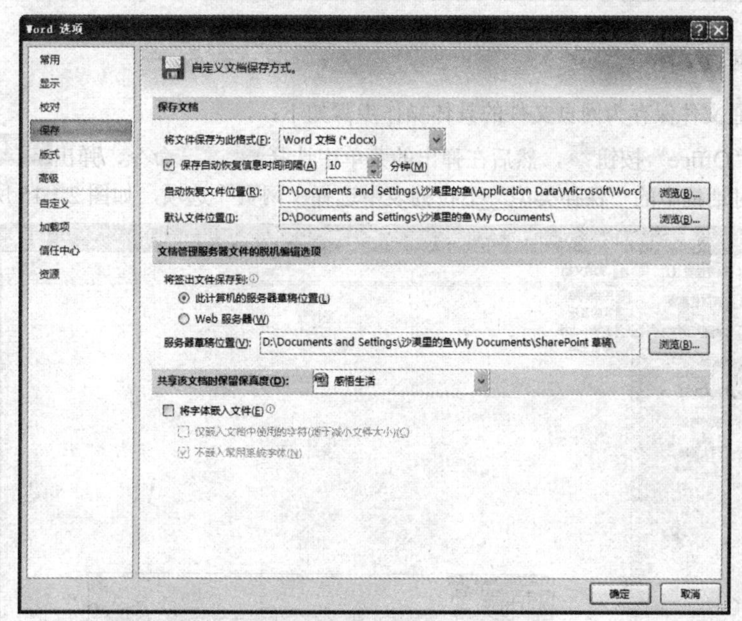

图 2.1.13　“保存”选项卡

（2）在该对话框右侧的“保存文档”选区中的“将文件保存为此格式”下拉列表中选择文件保存的类型。

（3）选中 保存自动恢复信息时间间隔(A) 单选按钮，并在其后的微调框中输入保存文件的时间间隔。

（4）在“自动恢复文件位置”文本框中输入保存文件的位置，或者单击 浏览(B)... 按钮，在弹出的如图 2.1.14 所示的 修改位置 对话框中设置保存文件的位置。

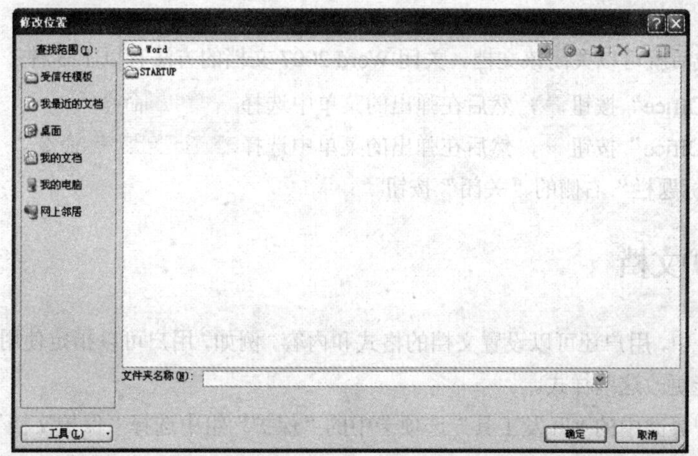

图 2.1.14　“修改位置”对话框

（5）设置完成后，单击 确定 按钮，即可完成文档自动保存的设置。

注意 Word 2007 中自动保存的时间间隔并不是越短越好。在默认状态下自动保存时间间隔为 10 分钟，一般 5～15 分钟较为合适，这需要根据计算机的性能及运行程序的稳定性来定。如果时间太长，发生意外时就会造成重大损失；而时间间隔太短，Word 2007 频繁地自动保存又会干扰正常的工作。

4．保存为网页文件

将 Word 普通文件保存为网页文件的具体操作步骤如下：

（1）单击“Office”按钮，然后在弹出的菜单中选择 另存为(A) 命令，弹出 另存为 对话框。

（2）在该对话框中的“保存类型”下拉列表中选择“网页”选项，如图 2.1.15 所示。

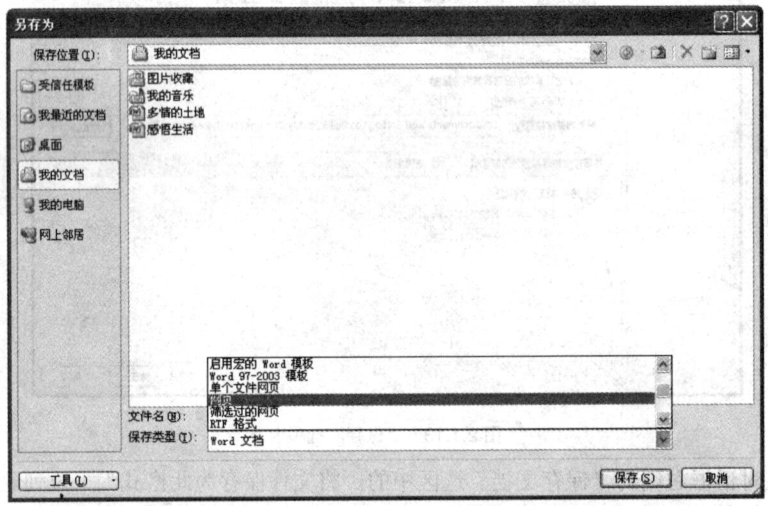

图 2.1.15 “另存为”对话框

（3）设置完成后，单击 保存(S) 按钮，即可将 Word 文档保存为网页文件。

2.1.4 关闭文档

文档编辑完成后就可以关闭该文档。关闭 Word 2007 文档的方法有以下 3 种：

（1）单击“Office”按钮，然后在弹出的菜单中选择 关闭(C) 命令。

（2）单击“Office”按钮，然后在弹出的菜单中选择 退出 Word(X) 命令。

（3）单击“标题栏”右侧的“关闭”按钮。

2.1.5 保护文档

在 Word 2007 中，用户还可以设置文档的格式和内容，例如，用户可以指定使用某种特定的样式，并且可以规定不能更改这些样式。

在功能区用户界面中的“开发工具”选项卡中的“保护”组中选择“保护文档”选项，在弹出的下拉菜单中选择 限制格式和编辑(F) 选项，打开“限制格式和编辑”任务窗格，如图 2.1.16 所示。在该

任务窗格中有 3 个选区，其功能介绍如下。

1. 格式设置限制

在该选区中选中☑限制对选定的样式设置格式复选框，然后单击设置...超链接，弹出格式设置限制对话框，如图 2.1.17 所示。在该对话框中限制文档格式，以防止他人对文档进行修改，还可以防止用户直接将格式应用于文本。

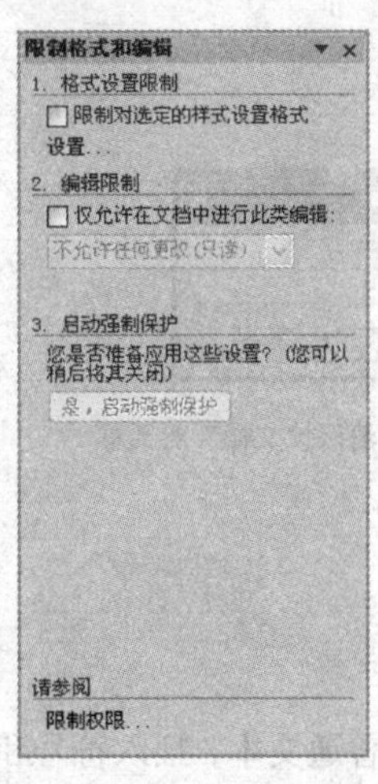

图 2.1.16　“限制格式和编辑”任务窗格

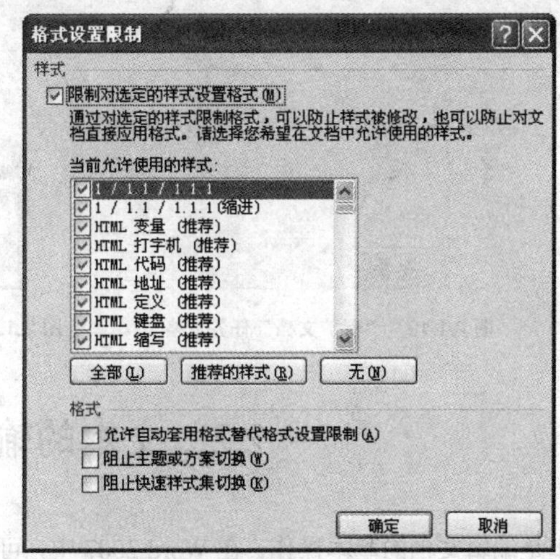

图 2.1.17　“格式设置限制”对话框

2. 编辑限制

将文档保存为“只读”或“只可批注”格式后，可以将部分文档指定为无限制。还可以授予权限，允许用户修改无限制的文档。

3. 启动强制保护

在“限制格式和编辑”任务窗格中单击是，启动强制保护按钮，弹出启动强制保护对话框，如图 2.1.18 所示。

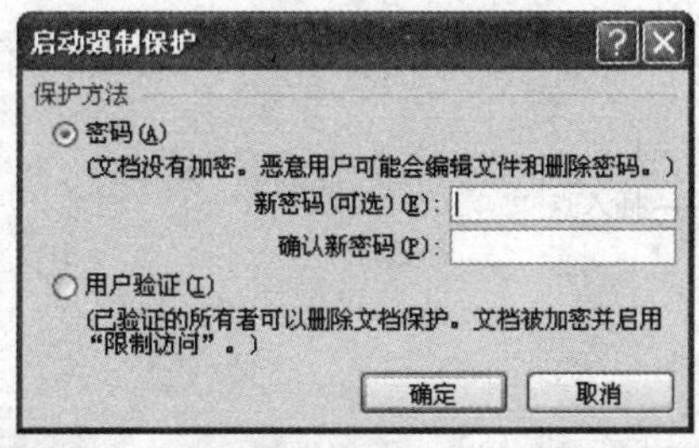

图 2.1.18　“启动强制保护”对话框

在该对话框中的“新密码（可选）”和“确认新密码”文本框中分别输入密码，单击确定按钮，“限制格式和编辑”任务窗格将有所改变，如图 2.1.19 所示。此时已经启动文档的强制保护功能。

单击“限制格式和编辑”任务窗格中的停止保护按钮，将弹出如图 2.1.20 所示的取消保护文档对话框。在该对话框中的“密码”文本框中输入正确密码，单击确定按钮即可取消保护文档。

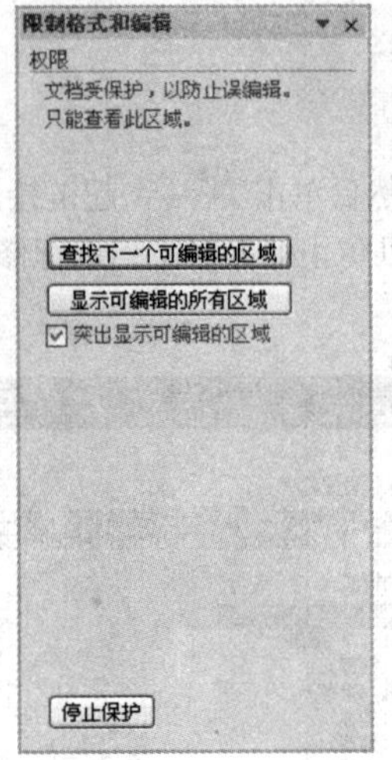

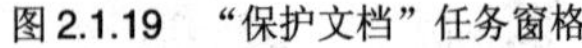

图 2.1.19 “保护文档”任务窗格　　　　图 2.1.20 “取消保护文档”对话框

2.2 文本的输入

输入文本是编辑文档的基本操作，在 Word 2007 中，可以输入普通文本、插入符号和特殊符号以及插入日期和时间等。

在建立的空白文档编辑区的左上角有一个不停闪烁的竖线——插入点。输入文本时，文本将显示在插入点处，插入点自动向右移动，如图 2.2.1 所示为创建的新的文档编辑窗口。

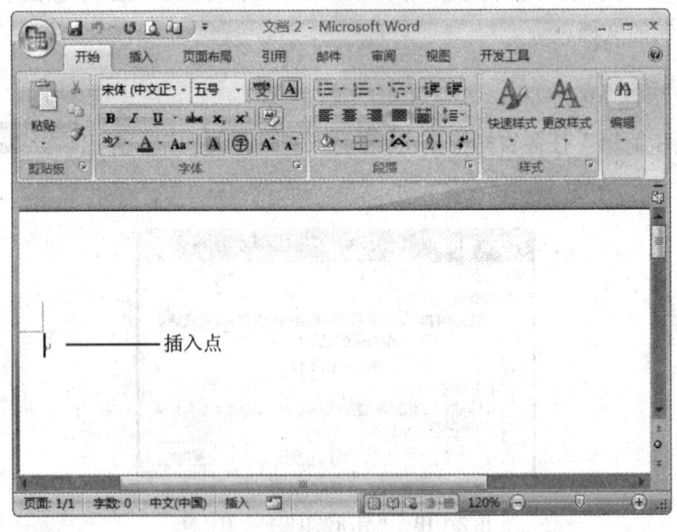

图 2.2.1 新的文档编辑窗口

2.2.1 定位插入点

用户在输入文本之前，首先要将插入点定位到所需的位置处。定位插入点的方法主要有使用键盘定位和定位到特定位置两种。

1．使用键盘定位插入点

除了使用鼠标来定位插入点外，还可以使用键盘定位插入点。表 2.1 为定位插入点的快捷键列表。

表 2.1　定位插入点的快捷键列表

快捷键	移动方式	快捷键	移动方式
↑	上移一行	Home	移至行首
↓	下移一行	End	移至行尾
←	左移一个字符	Ctrl+Home	移至文档的开头
→	右移一个字符	Ctrl+End	移至文档的末尾
Ctrl+↑	上移一段	PageUp	上移一屏
Ctrl+↓	下移一段	PageDown	下移一屏
Ctrl+←	左移一个单词	Ctrl+PageUp	上移一页
Ctrl+→	右移一个单词	Ctrl+PageDown	下移一页

2．定位到特定位置

如果一个文档太长，或者知道将要定位的位置，可使用“定位”命令直接定位到所需的特定位置，该功能在长文档的编辑中非常有用。

使用“定位”命令定位的具体操作步骤如下：

（1）在功能区用户界面中的“开始”选项卡中的“编辑”组中选择“查找”选项，在弹出的下拉菜单中选择 转到(G)... 选项，弹出 查找和替换 对话框，默认情况下打开 定位(G) 选项卡。

（2）在“定位目标”列表框中选择所需的定位对象，例如选择“页”选项。

（3）在“输入页号”文本框中输入具体的页号，例如输入“5”，如图 2.2.2 所示。

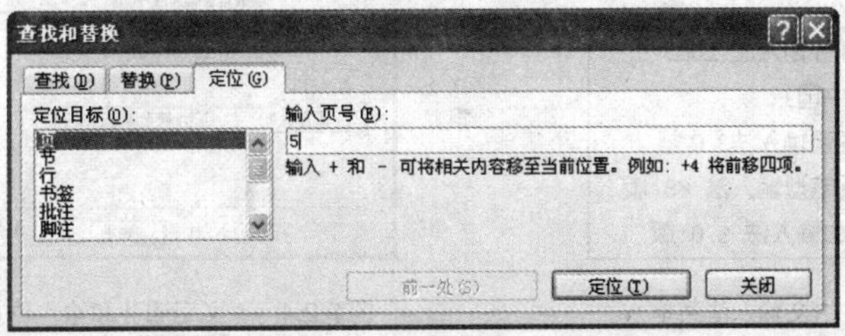

图 2.2.2　“定位”选项卡

（4）单击 定位(T) 按钮，插入点将移至第 5 页的第一行的起始位置。

（5）单击 关闭 按钮，关闭对话框。

2.2.2　输入普通文本

在 Word 中输入的普通文本包括英文文本和中文文本两种。

1．输入英文文本

默认的输入状态一般是英文输入状态，允许输入英文字符。可在键盘上直接输入英文的大小写文本。按“CapsLock”键可在大小写状态之间进行切换，按住“Shift”键，再按包含要输入字符的双字符键，即可输入双排字符键中的上排字符，否则输入的是双排字符键中下排的字符。按住“Shift”键，再按需要输入英文字母键，即可输入相对应的大写字母。

2．输入中文文本

当要在文档中输入中文时，首先要将输入法切换到中文状态。其具体操作步骤如下：

（1）单击 Windows 任务栏上的输入法指示器图标EN，选择CH 中文(中国)选项，切换到中文输入法状态。

（2）单击“微软拼音输入法”图标，弹出中文输入法菜单，如图 2.2.3 所示。

（3）在该菜单中选择一种中文输入法之后，便可以输入中文。

技巧 可以随时使用输入法菜单或按快捷键“Ctrl+空格键”在中英文状态间进行切换；按快捷键 “Ctrl+Shift” 在各种输入法之间切换。用户还可以在输入法指示器图标上单击鼠标右键，从弹出的快捷菜单中选择设置(E)...命令，弹出文字服务和输入语言对话框，如图 2.2.4 所示。在该对话框中可添加其他的输入语言、中文输入法、设置快捷键等。

✔ 微软拼音输入法 2003
中文(中国)
紫光拼音输入法3.0
王码五笔型输入法 86 版
智能ABC输入法 5.0 版

图 2.2.3 中文输入法菜单

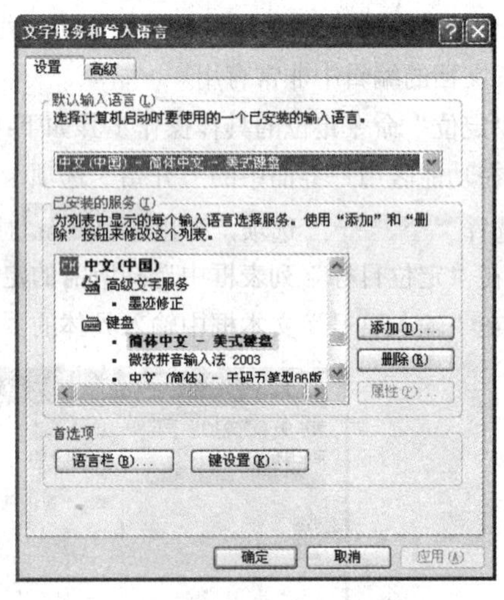

图 2.2.4 “文字服务和输入语言”对话框

注意 Word 同许多文字处理软件类似，自动换行功能使用户可连续输入，不需在每行的末尾按回车键。如果当前没有足够的空间容纳正在输入的单词，Word 将自动把整个单词移到下一行的起始位置，这种功能称为自动换行。只有需要开始输入新的一段时，才需要按回车键。

2.2.3 插入符号

在输入文本的过程中，有时需要插入一些键盘上没有的特殊符号。其具体操作步骤如下：

（1）在功能区用户界面中的“插入”选项卡中的“符号”组中选择“符号”选项，在弹出的下拉菜单中选择Ω 其他符号(M)...选项，弹出符号对话框，如图 2.2.5 所示。

（2）在该对话框中的“字体”下拉列表中选择所需的字体，在“子集”下拉列表中选择所需的选项。

（3）在列表框中选择需要的符号，单击插入(I)按钮，即可在插入点处插入该符号。

（4）此时对话框中的 取消 按钮变为 关闭 按钮，单击 关闭 按钮关闭对话框。

（5）在 符号 对话框中打开 特殊字符(P) 选项卡，如图 2.2.6 所示。

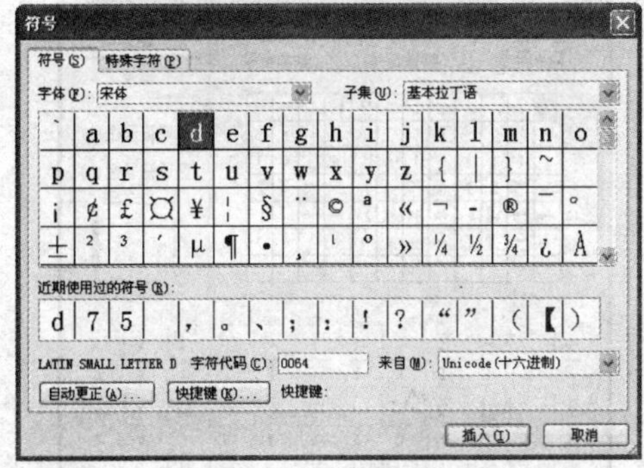

图 2.2.5　“符号”对话框

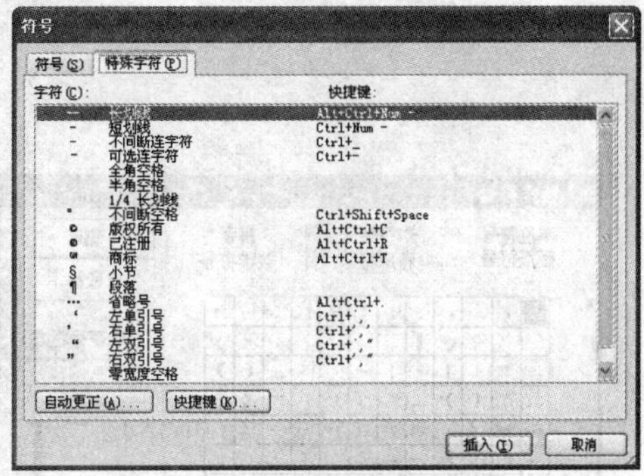

图 2.2.6　“特殊字符”选项卡

（6）选中需要插入的特殊字符，然后单击 插入(I) 按钮，再单击 关闭 按钮，即可完成特殊字符的插入。

注意　在 符号 对话框中单击 快捷键(K)... 按钮，弹出 自定义键盘 对话框，如图 2.2.7 所示。将光标定位在“请按新快捷键”文本框中，然后直接按要定义的快捷键，单击 指定(A) 按钮，再单击 关闭 按钮，完成插入符号的快捷键设置。这样，当用户需要多次使用同一个符号时，只须按所定义的快捷键即可插入该符号。

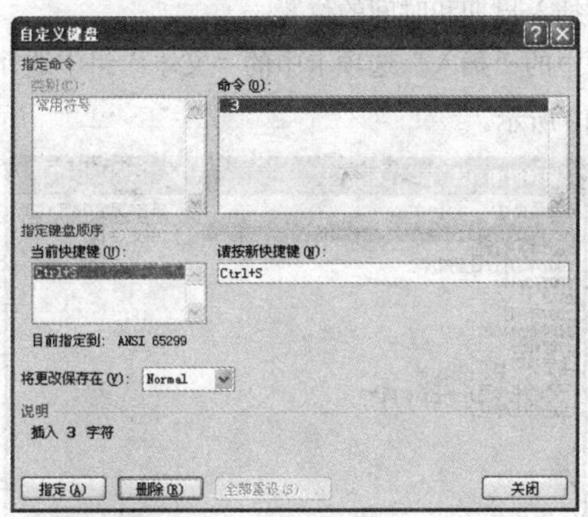

图 2.2.7　“自定义键盘”对话框

2.2.4　插入特殊符号

插入特殊符号的具体操作步骤如下：

（1）把插入点置于文档中要插入特殊符号的位置。

（2）在功能区用户界面中的“插入”选项卡中的“特殊符号”组中选择“符号”选项，在弹出的下拉菜单中选择 更多... 选项，弹出 插入特殊符号 对话框，如图 2.2.8 所示。

（3）从列表框中选择一种所需的特殊符号，然后单击 确定 按钮，即可在文档中的插入点处插入特殊符号。

（4）在**插入特殊符号**对话框中单击显示符号栏(S)按钮，弹出**自定义符号栏**对话框，如图 2.2.9 所示。

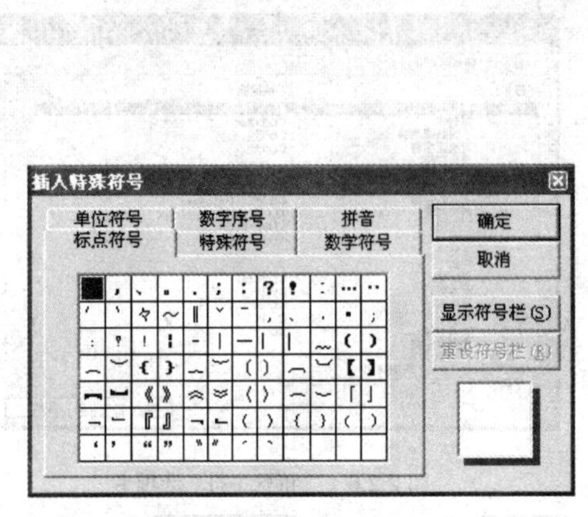

图 2.2.8 “插入特殊符号”对话框

图 2.2.9 “自定义符号栏”对话框

（5）在该对话框中进行设置，单击确定按钮完成自定义符号栏的设置。插入特殊符号时，只须在自定义符号栏中直接单击即可。

2.2.5 插入日期和时间

用户可以直接在文档中插入日期和时间，也可以使用 Word 2007 提供的插入日期和时间功能，具体操作步骤如下：

（1）将插入点定位在要插入日期和时间的位置。

（2）在功能区用户界面中的“插入”选项卡中的“文本”组中选择“日期和时间”选项，弹出**日期和时间**对话框，如图 2.2.10 所示。

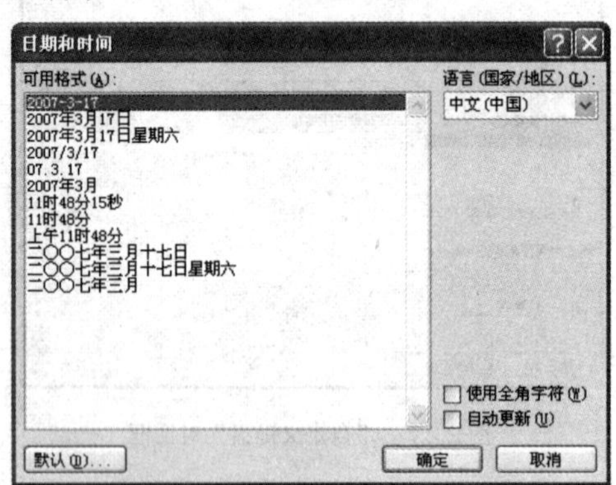

图 2.2.10 “日期和时间”对话框

（3）用户可根据需要在“语言（国家/地区）”下拉列表中选择一种语言；在“可用格式”下拉列表中选择一种日期和时间格式。

（4）如果选中☑自动更新(U)复选框，则以域的形式插入当前的日期和时间。该日期和时间是一个可变的数值，它可根据打印的日期和时间的改变而改变。取消选中□自动更新(U)复选框，则可将插入的日期和时间作为文本永久地保留在文档中。

（5）单击确定按钮完成设置。

2.3　文本的编辑

在文档中输入文本后，还需要对文本进行编辑。主要包括复制、移动、删除、撤消、恢复、查找、替换、拼写和语法检查等操作。

2.3.1　选定文本

在 Word 2007 中，如果要对某些文本进行操作，首先必须选定该文本。选定的文本区域将以反白显示。

1．使用鼠标选定文本

使用鼠标选定文本是最直接、最基本的选定方法，有以下几种方法：

（1）按住鼠标左键并拖动，选择需要选定的文本的范围，然后释放鼠标左键；或者在所选内容的开始处单击鼠标左键，然后按住“Shift”键，并在所选内容结尾处单击鼠标左键，可选定任意数量的文本。

（2）双击鼠标左键，可选定一个单词或词组。

（3）将鼠标指针移到某行的左侧，直到鼠标变为↗形状时，单击鼠标左键，即可选定该行文本。

（4）将鼠标指针移到某行的左侧，直到鼠标变为↗形状时，然后向上或向下拖动鼠标到需要的位置，可选定多行文本。

（5）按住“Alt”键，然后拖动鼠标到需要位置，可选定垂直的一块文本。

（6）将鼠标指针移到段落的左侧，直到鼠标变为↗形状时，双击鼠标左键，或者三击该段落的任意位置，即可选定该段落。

（7）将鼠标指针移到文档正文的左侧，直到鼠标变为↗形状时，按住“Alt”键，单击鼠标左键，或者三击鼠标左键，即可选定整篇文档。

2．使用键盘选定文本

在使用键盘进行文本选定之前，必须将光标定位在将要选定区域的起始位置，然后才能进行键盘选定的操作。使用键盘选定文本的快捷键如表 2.2 所示。

表 2.2　使用键盘选定文本

选择范围	快捷键
左侧一个字符	Shift+←
右侧一个字符	Shift+→
行尾	Shift+End
行首	Shift+Home
下一行	Shift+↓
上一行	Shift+↑
段首	Ctrl+Shift+↑
段尾	Ctrl+Shift+↓
上一屏	Shift+PageUp
下一屏	Shift+PageDown
窗口结尾	Ctrl+Alt+PageDown
文档开始处	Ctrl+Shift+Home
整个文档	Ctrl+A
列文本块	Ctrl+Shift+F8，然后使用箭头键，按“Esc”键取消选定内容

3. 取消文本的选定

如果选定的文本不符合用户要求，就需要取消选定，返回到正常的编辑状态。取消文本选定的方法如下：

（1）在文档中的任意位置单击鼠标左键。

（2）按键盘上的“↑”“↓”“←”和“→”4个方向键，或者按“PageUp”“PageDown”“Home”“End”键，并且将插入点移动到相应的位置。

2.3.2 复制和移动文本

选定文本后，可以对其进行复制和移动操作。

1. 复制文本

复制文本的具体操作步骤如下：

（1）选定要复制的文本。

（2）在功能区用户界面中的“开始”选项卡中，单击“剪贴板”组中的“复制”按钮。

（3）将光标定位在目标位置，在功能区用户界面中的“开始”选项卡中，单击“剪贴板”组中的“粘贴”选项。

> 技巧 按快捷键“Ctrl+C”可复制文本，按快捷键“Ctrl+V”可粘贴文本。

2. 移动文本

移动文本的具体操作步骤如下：

（1）选定要移动的文本。

（2）移动鼠标到选定的文本上，按住鼠标左键，并将该文本块拖到目标位置，然后释放鼠标。如果按住“Ctrl”键拖动可实现复制操作。

3. Office 剪贴板

使用 Office 剪贴板复制或移动文本的具体操作步骤如下：

（1）选定要复制或移动的文本，单击在功能区用户界面中的“开始”选项卡中的“剪贴板”组中的“复制”按钮，对选定的文本进行复制。

（2）重复上述步骤，把复制的文本或图形存放到 Office 剪贴板中，最多可存放 24 项剪贴内容。

（3）在功能区用户界面中的“开始”选项卡中的“剪贴板”组中单击“剪贴板”任务窗格启动器按钮，打开“剪贴板”任务窗格，如图 2.3.1 所示。

（4）将光标定位在需要粘贴的位置。

（5）选中“剪贴板”任务窗格中需要的内容，即可在文档中粘贴该内容。如果要粘贴 Office 剪贴板中的所有内容，可单击“剪贴板”任务窗格中的全部粘贴按钮；如果要清除 Office 剪贴板中的所有内容，可单击“剪贴板”任务窗格中的全部清空按钮。

4. 粘贴链接

粘贴链接是指在进行粘贴的过程中，建立与粘贴源的链接，粘贴链接后的文档将与源文档同时发

生变化。下面将举例说明粘贴链接的具体操作步骤。

（1）打开 Excel 应用程序，并在其中制作一个表格，然后对表格中的内容进行复制。

（2）切换到 Word 文档中，在功能区用户界面中的“开始”选项卡中的“剪贴板”组中，单击“粘贴”按钮，在弹出的菜单中选择 选择性粘贴(V)... 选项，弹出 选择性粘贴 对话框，如图 2.3.2 所示。

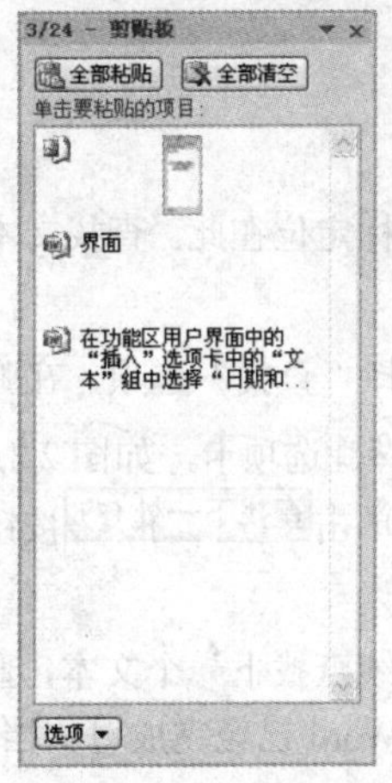

图 2.3.1　“剪贴板”任务窗格

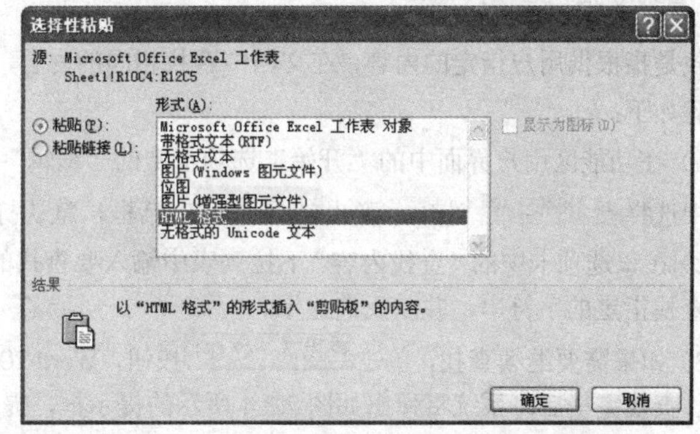

图 2.3.2　“选择性粘贴”对话框

（3）在该对话框中选中 粘贴链接(L): 单选按钮，单击 确定 按钮，即可将 Excel 表格中的内容粘贴到 Word 文档中。

（4）切换到 Excel 中并修改表格内容，当用户切换到 Word 文档中时，即可看到 Word 文档中的的表格内容也将随之变化。

2.3.3　删除文本

在编辑文本的过程中，有时会输入多余或错误的内容，就要对其进行删除操作。

（1）按“Back Space”键删除光标左边的一个字符。

（2）按“Delete”键删除光标右边的一个字符。

（3）如果要删除一段文本，可选定要删除的文本，按“Delete”键。

2.3.4　撤销和恢复

如果用户不小心删除了不该删除的内容，可直接单击“常用”工具栏中的“撤销”按钮来撤销操作。如果要撤销刚进行的多次操作，可单击工具栏中的“撤销”按钮右侧的下三角按钮，从下拉列表中选择要撤销的操作。

恢复操作是撤销操作的逆操作，可直接单击“常用”工具栏中的“恢复”按钮执行恢复操作。

注意　按快捷键“Ctrl+Z”可执行撤销操作；按快捷键“Ctrl+Y”可执行恢复操作。如果对文档没有进行过修改，那么就不能执行撤销操作。同样，如果没有执行过撤销操作，将不能执行恢复操作。此时的“撤销”和“恢复”按钮均显示为不可用状态。

2.3.5　查找和替换

在编辑文档的过程中，有时需要查找某些文本，并对其进行替换操作。Word 2007 提供的查找与替换功能，不仅可以迅速地进行查找并将找到的文本替换为其他文本，还能够查找指定的格式和其他特殊字符等，大大提高了工作效率。

1. 查找文本

查找是指根据用户指定的内容，在文档中查找相同的内容，并将光标定位在此。查找文本的具体操作步骤如下：

（1）在功能区用户界面中的“开始”选项卡中的“编辑”组中选择“查找”选项，在弹出的下拉菜单中选择 查找(F)... 选项，弹出 查找和替换 对话框，默认打开 查找(D) 选项卡，如图 2.3.3 所示。

（2）在该选项卡中的“查找内容”下拉列表中输入要查找的文字，单击 查找下一处(F) 按钮，Word 将自动查找指定的字符串，并以反白显示。

（3）如果需要继续查找，单击 查找下一处(F) 按钮，Word 2007 将继续查找下一个文本，直到文档的末尾。查找完毕后，系统将弹出如图 2.3.4 所示的提示框，提示用户 Word 已经完成对文档的搜索。

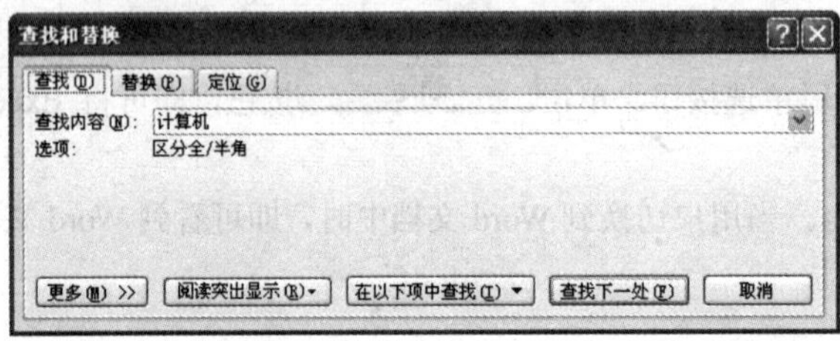

图 2.3.3　“查找”选项卡

图 2.3.4　提示框

（4）单击 查找(D) 选项卡中的 更多(M) >> 按钮，将打开 查找(D) 选项卡的高级形式，如图 2.3.5 所示。

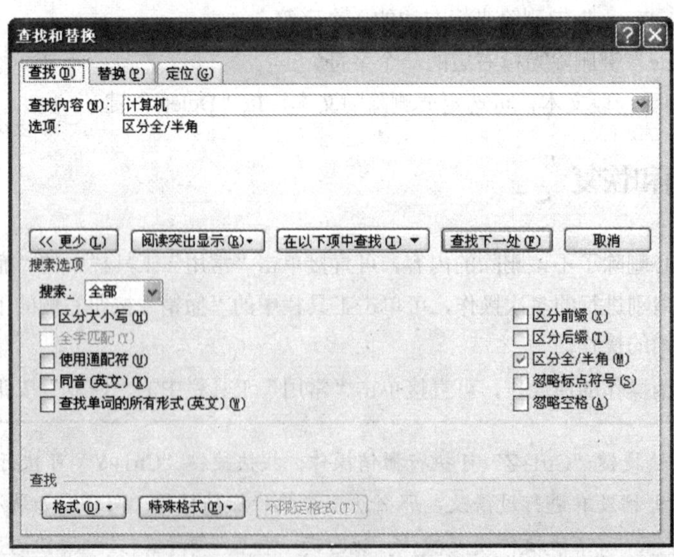

图 2.3.5　“查找”选项卡的高级形式

（5）在该选项卡中“搜索选项”选区中的“搜索”下拉列表中可设置查找的范围。如果希望在

查找过程中区分字母的大小写，可选中☑区分大小写(H)复选框。

（6）单击格式(O)▾按钮，在弹出的下拉菜单中选择字体(F)...命令，弹出查找字体对话框，如图 2.3.6 所示，在该对话框中设置查找文本的字体。

（7）单击格式(O)▾按钮，在弹出的下拉菜单中选择段落(P)...命令，弹出查找段落对话框，如图 2.3.7 所示，在该对话框中设置查找文本的段落格式。

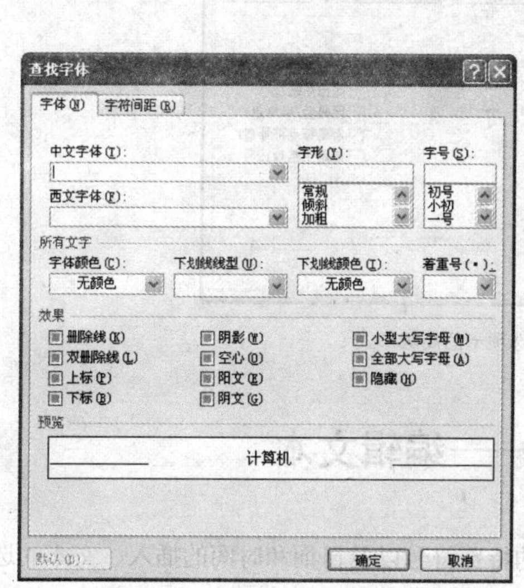

图 2.3.6　“查找字体”对话框

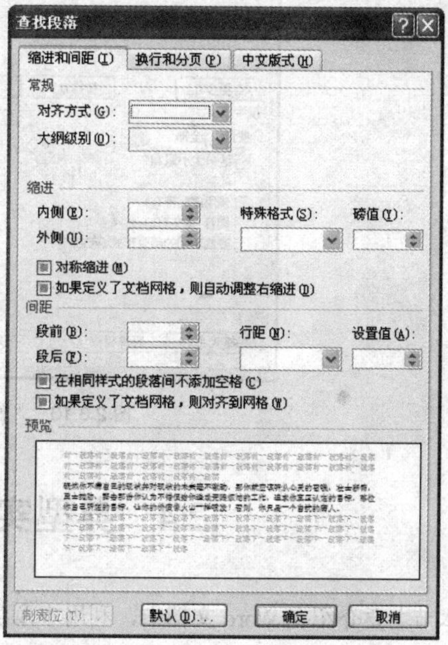

图 2.3.7　“查找段落”对话框

（8）查找完文本后，单击取消按钮关闭查找和替换对话框。

2. 替换文本

替换是指先查找所需要替换的内容，再按照指定的要求给予替换。替换文本的具体操作步骤如下：

（1）在功能区用户界面中的“开始”选项卡中的“编辑”组中选择“替换”选项，弹出查找和替换对话框，默认打开替换(P)选项卡，如图 2.3.8 所示。

（2）在该选项卡中的“查找内容”下拉列表中输入要查找的内容；在“替换为”下拉列表中输入要替换的内容。

（3）单击替换(R)按钮，即可将文档中的内容进行替换。

（4）如果要一次性替换文档中的全部被替换对象，可单击全部替换(A)按钮，系统将自动替换全部内容，替换完成后，系统弹出如图 2.3.9 所示的提示框。

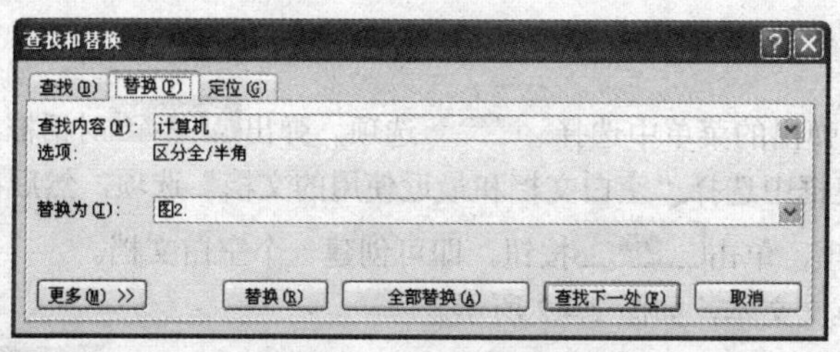

图 2.3.8　“替换”选项卡

图 2.3.9　提示框

（5）单击替换(P)选项卡中的更多(M) >>按钮，将打开替换(P)选项卡的高级形式，如图 2.3.10 所示。在该选项卡中单击格式(O)▾按钮可对替换文本的字体、段落格式等进行设置。

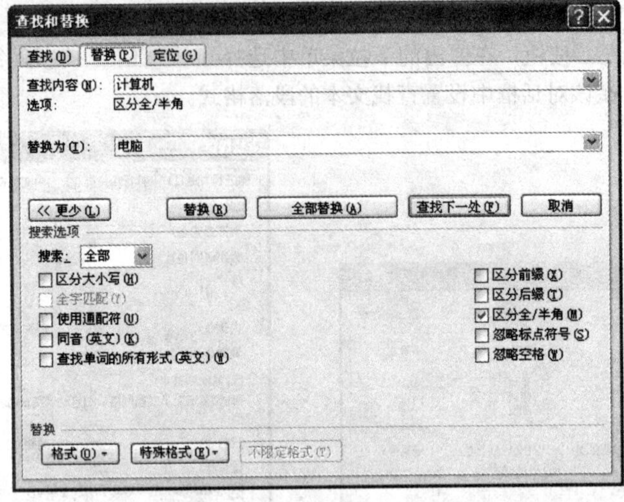

图 2.3.10 “替换”选项卡的高级形式

2.4 典型实例——编辑文本

本节主要介绍在 Word 文档中，利用本章学过的特殊符号以及日期和时间的插入、文本的选定、复制和移动等知识编辑文本，最终效果如图 2.4.1 所示。

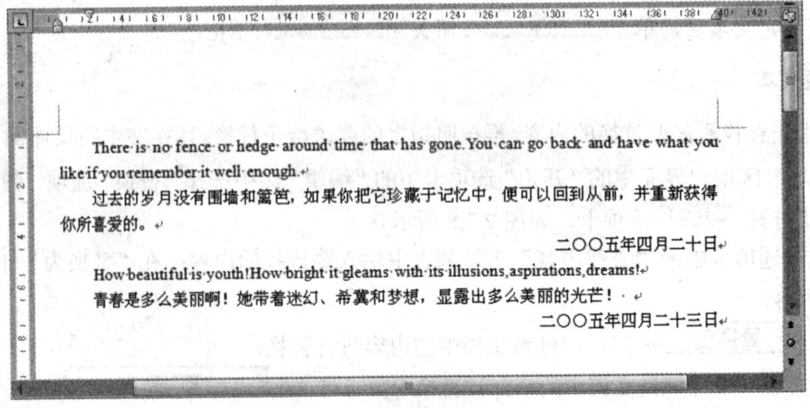

图 2.4.1 最终效果图

创作步骤

（1）单击“Office”按钮，然后在弹出的菜单中选择新建(N)选项，弹出新建文档对话框。

（2）在该对话框左侧的“模板”列表框中选择“空白文档和最近使用的文档”选项，然后在对话框右侧的列表框中选择“空白文档”选项，单击创建按钮，即可创建一个空白文档。

（3）在文档中分别输入一段中文和英文文本，如图 2.4.2 所示。

（4）将光标定位在最后一行，按回车键，然后在“插入”选项卡中的“文本”组中单击日期和时间按钮，弹出日期和时间对话框，如图 2.4.3 所示。

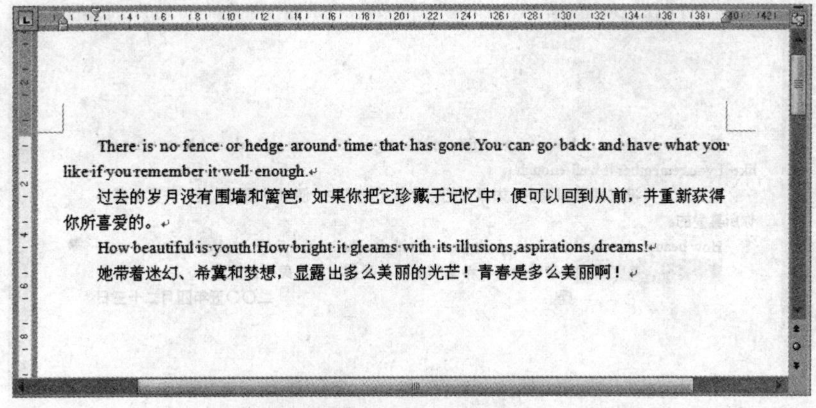

图 2.4.2　输入中英文文本

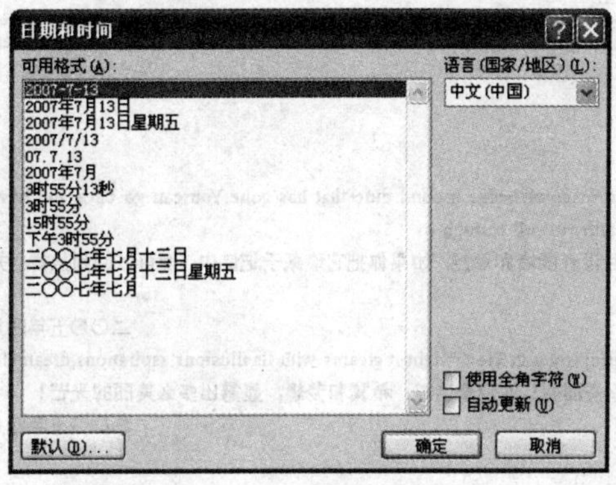

图 2.4.3　“日期和时间”对话框

（5）在该对话框中的“可用格式”列表框中选择一种日期和时间的格式，单击 确定 按钮。然后在“开始”选项卡中的“段落”组中单击“文本右对齐”按钮，效果如图 2.4.4 所示。

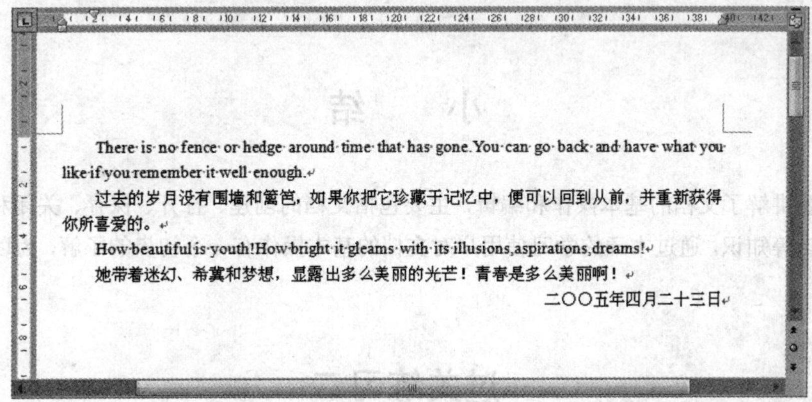

图 2.4.4　插入日期和时间

（6）使用鼠标选定文本“青春是多么美丽啊！”，按住鼠标左键并拖动鼠标到本行的第一个字前，释放鼠标，对文本进行移动，效果如图 2.4.5 所示。

（7）选定文本“二〇〇五年四月二十三日”，按“Ctrl+C”键，将选定的文本进行复制。

（8）将光标定位在第二段文本后，按“Ctrl+V”键，将文本粘贴到此处，效果如图 2.4.6 所示。

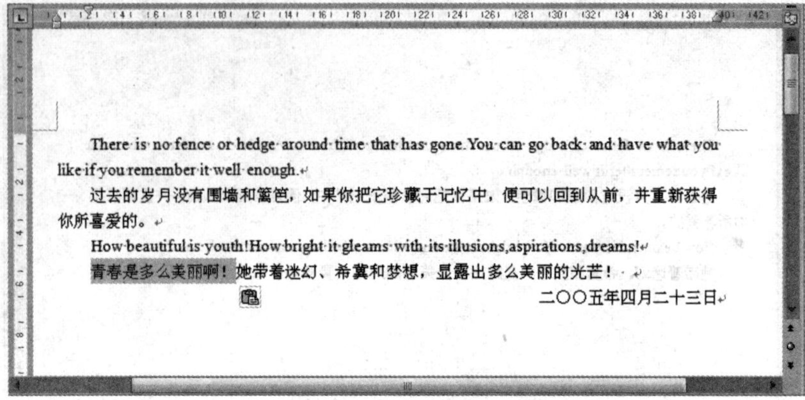

图 2.4.5　移动文本

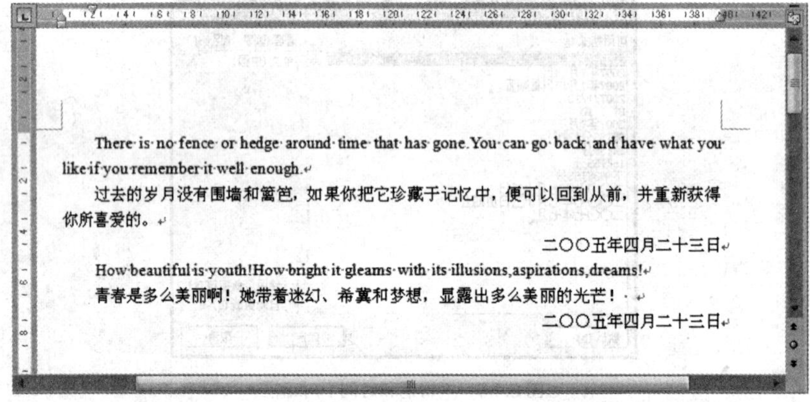

图 2.4.6　复制并粘贴文本

（9）将光标定位在第一个日期的“日”字前，按“Back Space”键，删除“三”字，最终效果如图 2.4.1 所示。

小　　结

本章主要讲解了文档的基本操作和编辑，主要包括文档的创建、打开、保存、关闭和保护，文本的输入和编辑等知识，通过本章的学习使用户对文档的基本操作有一个初步的了解，为以后的学习打好基础。

过关练习二

一、填空题

1．当启动 Word 2007 时，系统将自动建立一个新的文档__________，用户可以直接在文档中进行文字输入或编辑工作。

2．定位插入点的方法主要有__________和__________两种方法。

3．按__________键可在大小写状态之间进行切换，按住__________键，再按包含要输入字符的双字符键，即可输入双排字符键中的上排字符，否则输入的是双排键中下排的字符。按住__________键，再按需要输入的英文字母键，即可输入相对应的大写字母。

4．按快捷键__________可执行撤销操作，按快捷键__________可执行恢复操作。

5．按快捷键__________可复制文本，按快捷键__________可粘贴文本。

二、选择题

1．Word 2007 允许为文件起一个最多可达（　　）个字符的文件名，文件名中可以有空格，可以中英文混编，还可以区分大小写字母。

A．250　　　　B．255

C．210　　　　D．245

2．在默认状态下自动保存时间间隔为（　　）分钟，一般 5～15 分钟较为合适，需要根据计算机的性能及运行程序的稳定性来定。

A．10　　　　B．11

C．12　　　　D．15

3．在 Word 2007 中默认显示最近使用的（　　）个文档。

A．5　　　　B．10

C．12　　　　D．15

4．按住（　　）键，然后拖动鼠标到需要位置，可选定垂直的一块文本。

A．Shift　　　　B．Ctrl

C．Ctrl+Shift　　　　D．Alt

三、问答题

1．简述创建文档的 4 种方法的具体操作步骤。

2．简述保护文档的具体操作步骤。

四、上机操作题

在 Word 文档中输入下面一段文字：

“人生百年，稍纵即逝。流星之所以美丽是因为它不甘于终生受束缚，为了寻找自己的幸福。在划破长空的瞬间发出的光芒是无与伦比的，是耀眼的，虽然在它到达地面时已伤痕累累，但它却为了它的幸福而做出了努力。这样的伤痕也只是表面的，它的内心却有到达终点后独有的喜悦：即使没有鲜花和掌声作陪，即使只有默默流泪，但那也是胜利的喜悦，谁又能真正明白呢？”

1．输入完此段文字后，以“流星的眼泪”为名保存并关闭文档，然后利用不同的方法打开此文档。

2．将光标移到文章末尾，然后利用插入功能输入以下文字：流星的美丽在于它滑过长空的一瞬间，多少人因此而追寻着流星的出现。我们始终明白：流星虽然短暂，但却美丽。我们只要在它出现的一瞬间懂得它的美丽就足够了。

3．在文档中查找“流星”，找到后将它替换为“星星的眼泪”。

4．对文档进行复制、粘贴、移动等操作。

第 3 章　格式化文本

格式化文本是Word编辑中的重要内容，为文本设置不同的格式可以使文档具有不同的效果，显得更有层次，避免了千篇一律。格式化文本主要包括设置字符格式、设置段落格式、添加边框和底纹、项目符号和编号、设置中文版式等操作。

本章重点

（1）设置字符格式。
（2）设置段落格式。
（3）添加边框和底纹。
（4）添加项目符号和编号。
（5）设置中文版式。

3.1　设置字符格式

Word 2007 中提供了丰富的字符格式，通过选用不同的格式可以使所编辑的文本显得更加美观和与众不同。本节学习有关设置字符格式的基本操作，包括字体、字号、字体颜色、特殊格式、字符缩放等。

3.1.1　设置字体

Word 2007 提供了许多种字体，并且可添加更多其他的字体。如“宋体”“楷体”“仿宋”“黑体”等中文字体，以及 Times New Roman，Arial 等英文字体。系统默认的中文字体是宋体，英文字体为 Times New Roman。

设置字体的具体操作步骤如下：

（1）在文档中选中需要设置字体的文本。

（2）在功能区用户界面中的“开始”选项卡中，单击“字体”组中的“字体”下拉列表右侧的下三角按钮，弹出如图 3.1.1 所示的“字体”下拉列表。

（3）在该下拉列表中选择所需的字体，效果如图 3.1.2 所示。

用户还可以选择 格式(O) → A 字体(F)... 命令，弹出 字体 对话框，在默认状态下打开 字体(N) 选项卡，如图 3.1.3 所示。在该选项卡中的“中文字体”下拉列表中选择所需的中文字体，在“西文字体”下拉列表中选择所需的西文字体，单击 确定 按钮即可。

3.1.2　设置字号

字号是指字体的大小。我国国家标准规定字体大小的计量单位是“号”，而西方国家的计量单位是“磅”。“磅”与“号”之间的换算关系是：9 磅字相当于五号字。如果在文章中使用不同的字号，

例如标题比正文字号大一些，使得整篇文章具有层次感，更加方便阅读。

图 3.1.1　“字体”下拉　列表

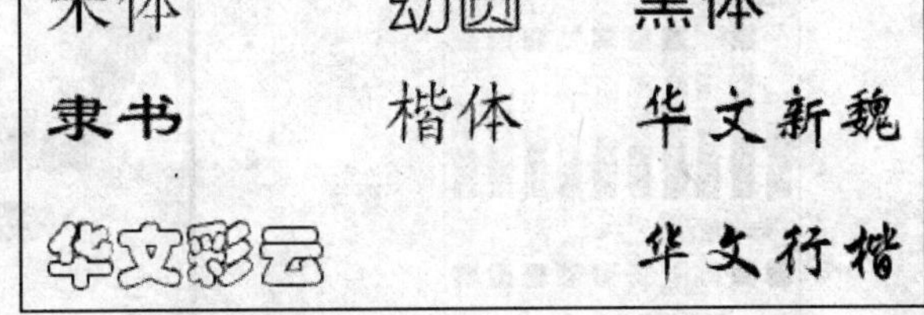

图 3.1.2　设置文本字体效果

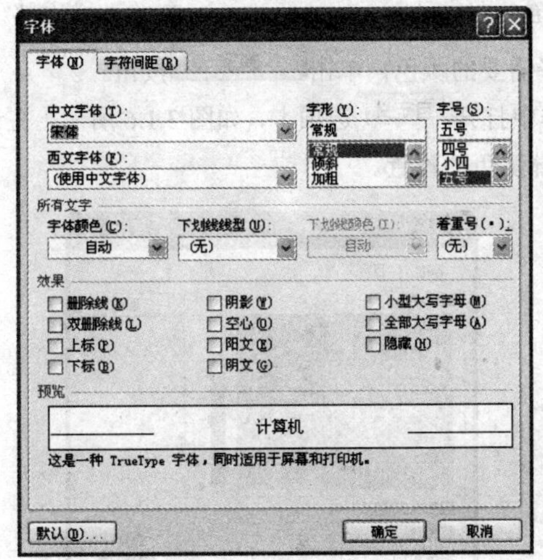

图 3.1.3　“字体”选项卡

设置字号的具体操作步骤如下：

（1）在文档中选中需要设置字号的文本。

（2）在功能区用户界面中的“开始”选项卡中，单击“字体”组中的“字号”下拉列表右侧的下三角按钮，在弹出的“字号”下拉列表中选择所需的字号，或者在字体(N)选项卡中的“字号”列表框中选择需要的字号。

3.1.3　设置字体颜色

在文本设置过程中，可为文本设置不同的颜色来突出显示某一部分。

设置字体颜色的具体操作步骤如下：

（1）在文档中选中需要设置字体颜色的文本。

（2）在功能区用户界面中的“开始”选项卡中的“字体”组中单击“字体颜色”按钮右侧

的下三角按钮，弹出如图 3.1.4 所示的“字体颜色”下拉列表。

（3）在该下拉列表中选择需要的颜色即可。

（4）如果“字体颜色”下拉列表中没有需要的颜色，可选择 其他颜色(M)... 选项，弹出 颜色 对话框，默认打开 标准 选项卡，如图 3.1.5 所示。

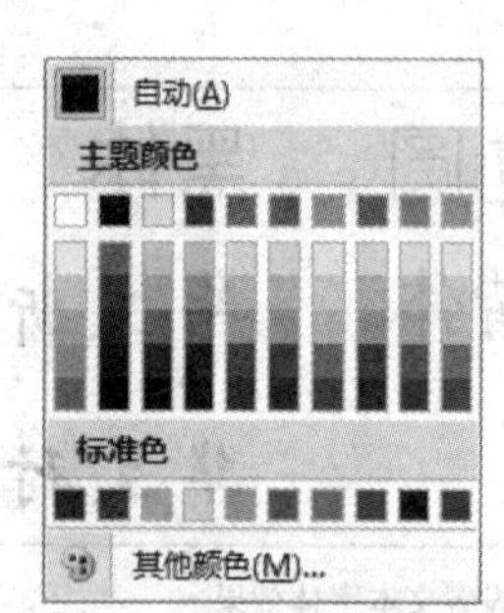

图 3.1.4 “字体颜色”下拉列表

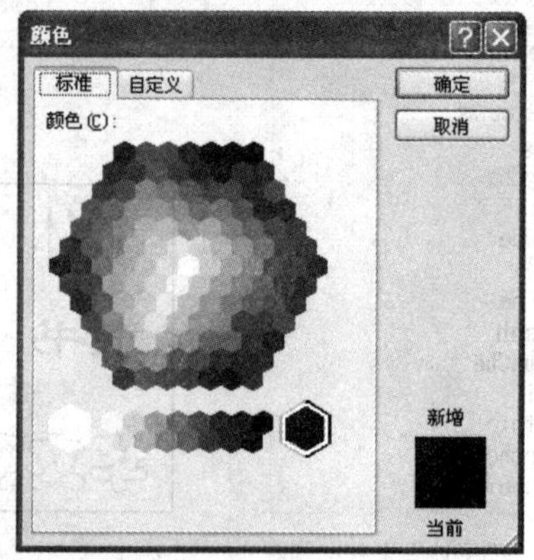

图 3.1.5 “标准”选项卡

（5）在该选项卡中选择需要的颜色，单击 确定 按钮。

（6）还可在 颜色 对话框中打开 自定义 选项卡，如图 3.1.6 所示，在该选项卡中设置自定义颜色，单击 确定 按钮完成字体颜色的设置。

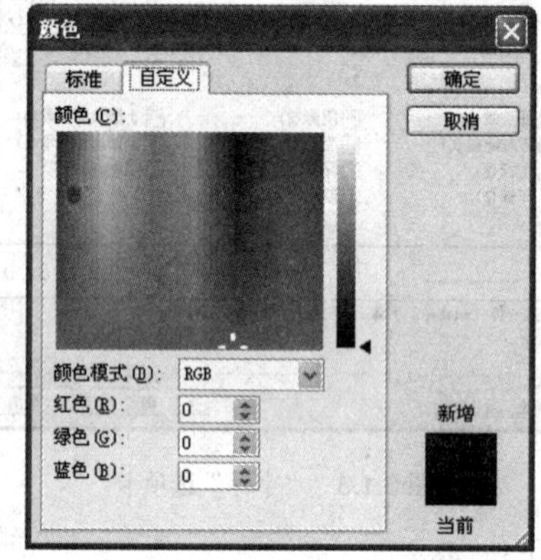

图 3.1.6 “自定义”选项卡

3.1.4 设置特殊格式

有时为了强调某些文本，经常需要设置特殊格式，主要包括加粗、倾斜、下画线等。

设置特殊格式的具体操作步骤如下：

（1）在文档中选中需要设置特殊格式的文本。

（2）在功能区用户界面中的“开始”选项卡中的“字体”组中选择“字体颜色”选项，单击“格式”工具栏中的“加粗”按钮 **B** 加粗文本，加强文本的渲染效果；单击“倾斜”按钮 *I* 倾斜文本；单击“下画线”按钮 U 为文本添加下画线。单击“下画线”按钮 U 右侧的下三角按钮，弹出“下画线”下拉列表，如图 3.1.7 所示。

（3）在该下拉列表中选择 其他下划线(M)... 选项，可弹出 字体 对话框，并打开 字体(N) 选项卡，在该选项卡中的“下画线线型”下拉列表中可设置其他类型的下画线；选择 下划线颜色(U) 选项，弹出如图 3.1.8 所示的“下画线颜色”下拉列表。在该列表框中可设置下画线的颜色。

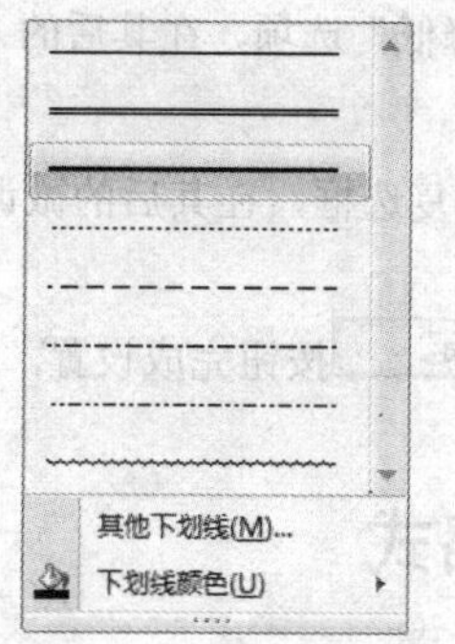

图 3.1.7　“下画线”下拉列表

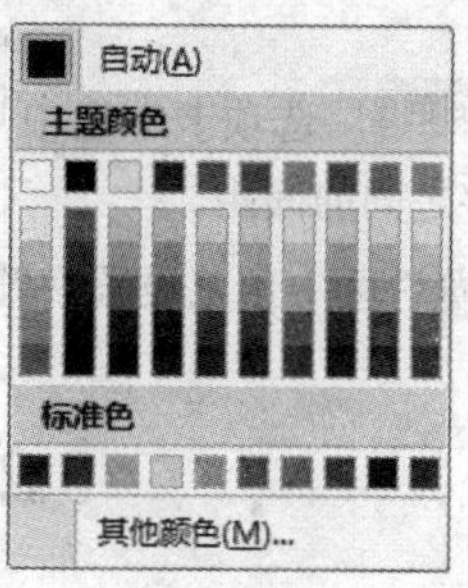

图 3.1.8　“下画线颜色”下拉列表

（4）在 字体(N) 选项卡（见图 3.1.3）中的“效果”选区中可设置文本的其他特殊格式。

注意　加粗、倾斜和下画线按钮都是双向开关，即单击一次可对文本进行设置，再次单击则取消设置。

3.1.5　设置字符缩放

设置字符缩放的具体操作步骤如下：

（1）在文档中选中需要设置字符缩放的文本。

（2）在功能区用户界面中的“开始”选项卡中的“段落”组中选择“中文版式”按钮右侧的下三角按钮，弹出如图 3.1.9 所示的“字符缩放”下拉列表，在该下拉列表中选择一种缩放比例。

（3）如果“字符缩放”下拉列表中提供的缩放比例不符合要求，可打开 字体 对话框中的 字符间距(R) 选项卡，如图 3.1.10 所示。

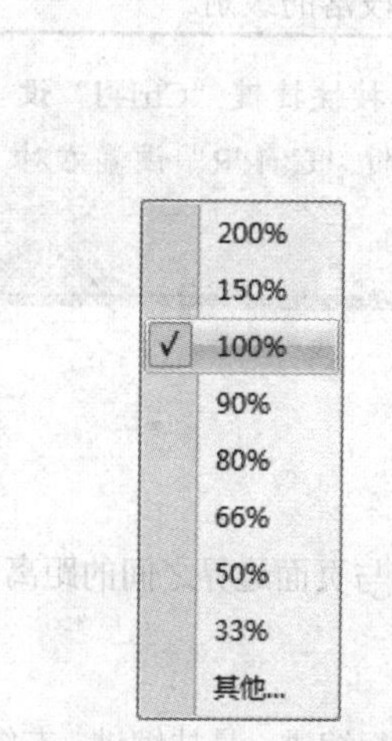

图 3.1.9　“字符缩放”下拉列表

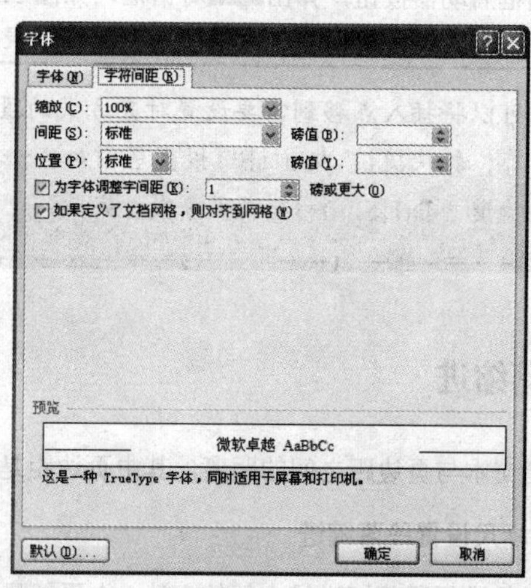

图 3.1.10　“字符间距”选项卡

（4）在该选项卡中的“缩放”下拉列表中选择需要的缩放比例。

（5）在“间距”下拉列表中选择“标准”“加宽”或“紧缩”选项，在其后的“磅值”微调框中输入相应的数值。

（6）在“位置”下拉列表中选择“标准”“提升”或“降低”选项，在其后的“磅值”微调框中输入相应的数值。

（7）在 字符间距(R) 选项卡中选中 ☑为字体调整字间距(K): 复选框，在其后的微调框中输入相应的数值，调整字与字之间的间距。

（8）在“预览”区中预览设置字符的效果，单击 确定 按钮完成设置。

3.2 设置段落格式

段落是划分文章的基本单位，是文章的重要格式之一，回车符是段落的结束标记。段落格式的设置主要包括对齐方式、缩进、行间距、段间距、首字下沉、制表位、分栏等。

3.2.1 段落对齐方式

段落对齐是指段落相对于某一个位置的排列方式。段落的对齐方式有“文本左对齐”“居中”“文本右对齐”“两端对齐”“分散对齐”等。其中“两端对齐”是系统默认的对齐方式。用户可以在功能区用户界面中的“开始”选项卡中的“段落”组中设置段落的对齐方式：

（1）单击“文本左对齐”按钮，选定的文本沿页面的左边对齐。

（2）单击“居中”按钮，选定的文本居中对齐。

（3）单击“文本右对齐”按钮，选定的文本沿页面的右边对齐。

（4）单击“两端对齐”按钮，选定的文本沿页面的左右边对齐。

（5）单击“分散对齐”按钮，选定的文本均匀分布。

段落对齐方式也可以通过菜单命令来进行设置。在功能区用户界面中的“开始”选项卡中的“段落”组中单击对话框启动器按钮，弹出 段落 对话框，如图 3.2.1 所示，在该对话框中的“常规”选区中可设置段落的对齐方式，还可以在“大纲级别”下拉列表中设置段落的级别。

提示 用户可以将插入点移到需要设置对齐方式的段落中，按快捷键“Ctrl+J”设置两端对齐；按快捷键“Ctrl+E”设置居中对齐；按快捷键“Ctrl+R”设置右对齐；按快捷键“Ctrl+Shift+J”设置分散对齐。

3.2.2 段落缩进

段落缩进是指文本与页边距之间的距离，其中页边距是指文档与页面边界之间的距离。

1. 使用水平标尺设置段落缩进

使用水平标尺是进行段落缩进最方便的方法。水平标尺上有首行缩进、悬挂缩进、左缩进和右缩进 4 个滑块，如图 3.2.2 所示。选定要缩进的一个或多个段落，用鼠标拖动这些滑块即可改变当前段落的缩进位置。

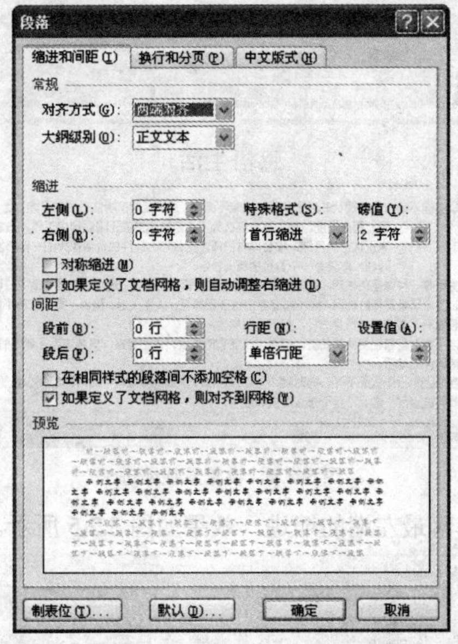

图 3.2.1 “段落”对话框

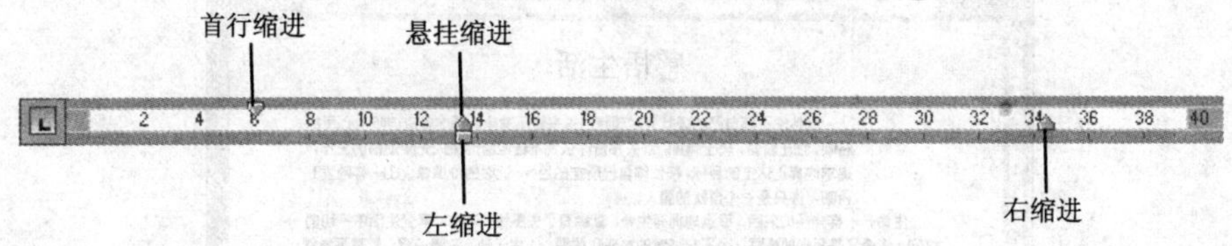

图 3.2.2 水平标尺

（1）首行缩进：设置段落第一行的左缩进，效果如图 3.2.3 所示。

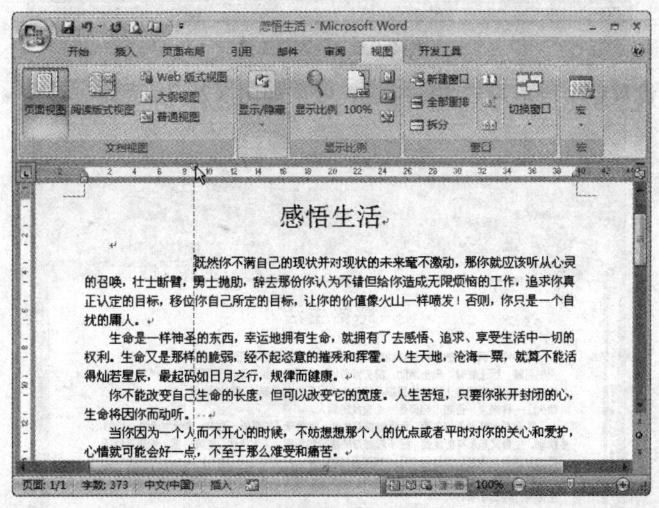

图 3.2.3 设置首行缩进

（2）悬挂缩进：设置除段落第一行外的其他各行的缩进，效果如图 3.2.4 所示。

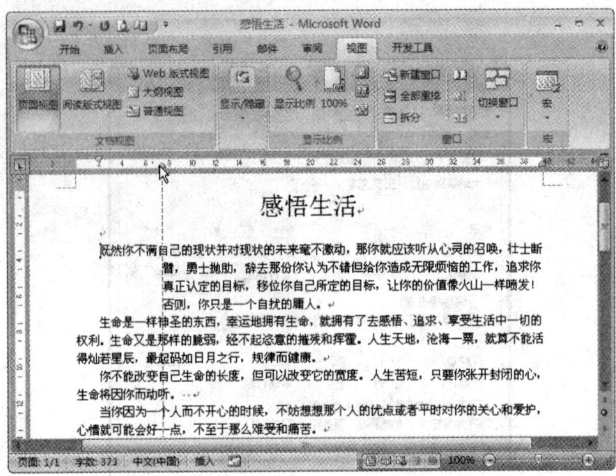

图 3.2.4　设置悬挂缩进

（3）左缩进：设置整个段落最左端的缩进，效果如图 3.2.5 所示。

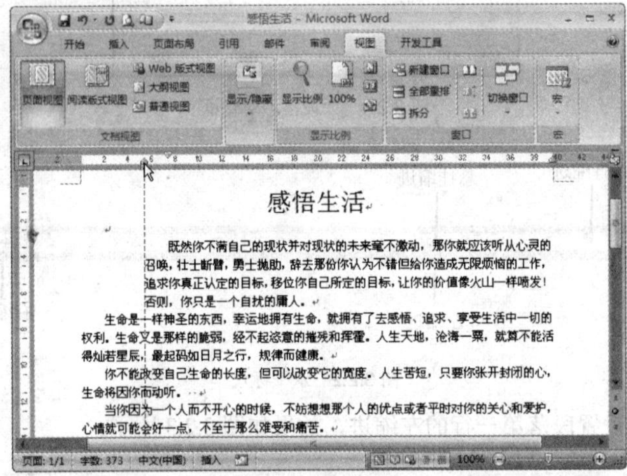

图 3.2.5　设置左缩进

（4）右缩进：设置整个段落最右端的缩进，效果如图 3.2.6 所示。

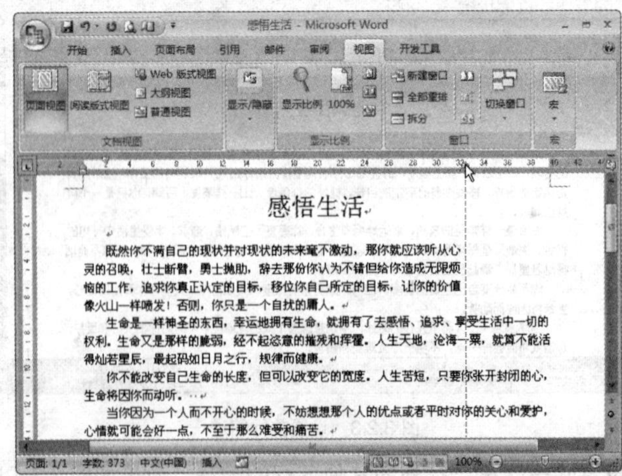

图 3.2.6　设置右缩进

2. 使用“段落”对话框设置段落缩进

在功能区用户界面中的“开始”选项卡中的“段落”组中单击对话框启动器按钮，弹出段落对话框。在该对话框中的“缩进”选区中可设置段落的左缩进、右缩进、悬挂缩进和首行缩进，在其后的微调框中设置具体的数值。

3. 使用按钮设置段落缩进

使用按钮设置段落缩进的方法为：将光标定位在需要设置段落缩进的段落中，单击“开始”选项卡中的“段落”组中的“减少缩进量”按钮，将当前段落右移一个默认制表位的距离；单击“增加缩进量”按钮，将当前段落左移一个默认制表位的距离。用户可根据需要多次单击按钮以达到缩进目的。

3.2.3 段落的行距和间距

行间距和段落间距指的是文档中各行或各段落之间的间隔距离。Word 2007 默认的行间距为一个行高，段落间距为 0 行。

1. 设置行间距

设置行间距的具体操作步骤如下：

（1）选定要设置行间距的文本。

（2）在功能区用户界面中的“开始”选项卡中的“段落”组中单击“行距”按钮，弹出的“行距”下拉列表，如图 3.2.7 所示。

（3）在该下拉列表中选择合适的行距，或者选择 行距选项... 选项，在弹出的段落对话框中的“间距”选区中的“行距”下拉列表中设置段落行间距，如图 3.2.8 所示。

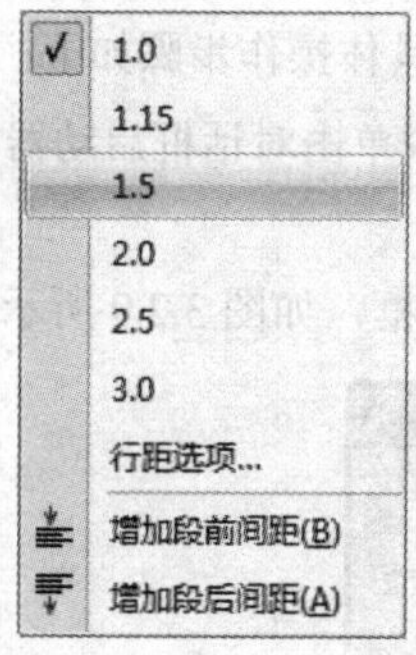

图 3.2.7 “行距”下拉列表

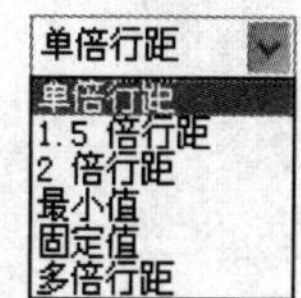

图 3.2.8 “段落”对话框中的“行距”下拉列表

2. 设置段落间距

在段落对话框中的“段前”和“段后”微调框中分别设置距前段距离以及段后距离，此方法设置的段间距与字号无关。用户还可以直接按回车键设置段落间隔距离，此时的段间距与该段文本字号有关，是该段字号的整数倍。

> **提示** 如果相邻的两段都通过段落对话框设置间距，则两段间距是前一段的“段后”值和后一段的“段前”值之和。

3.2.4 设置段落制表位

在设置段落格式时，为了控制行间或段间文本的对齐，通常要用到制表位。此时只要按一下“Tab”键，则插入点将跳到下一个制表位的位置，间距被制表字符占据。设置制表位可以使用以下两种方法：

1. 使用“制表符”按钮

使用“制表符”按钮设置制表位的具体操作步骤如下：

（1）在水平标尺的左侧有一个“制表符”按钮，单击一次就变换为另一个按钮，所有“制表符”按钮及其对齐方式如表 3.1 所示。

表 3.1 “制表符”按钮及其对齐方式

制表符按钮	对齐方式
	左对齐方式
	居中对齐方式
	右对齐方式
	小数点对齐方式
	竖线对齐方式

（2）根据需要选择对齐方式，在标尺上的目标位置单击鼠标，即可在标尺上留下一个制表符。

（3）将光标定位到目标文档的开始处，输入文本，按“Tab”键将光标移动到相邻的制表符处，输入的文本将按照指定的对齐方式对齐。

提示 按住“Alt”键，然后按住鼠标左键拖动制表符，可以看到移动制表符时的制表位位置的精确数值标度。

2. 使用“制表位”对话框

用户还可以使用“制表位”对话框来精确地设置制表位，其具体操作步骤如下：

（1）在功能区用户界面中的“开始”选项卡中的“段落”组中单击对话框启动器按钮，弹出 段落 对话框。

（2）在该对话框中单击 制表位(T)... 按钮，弹出 制表位 对话框，如图 3.2.9 所示。

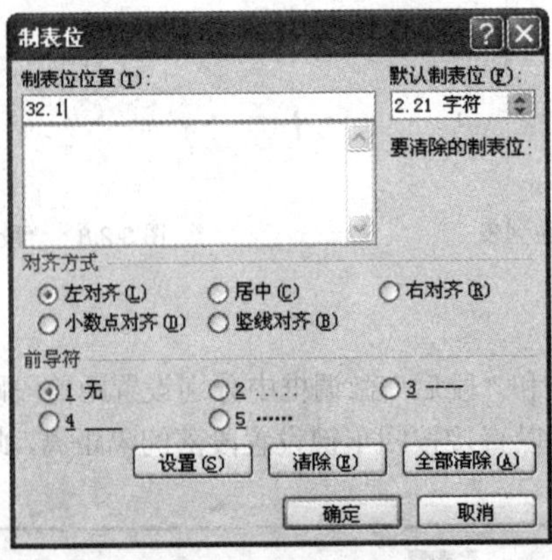

图 3.2.9 “制表位”对话框

（3）在该对话框中的“制表位位置”文本框中输入具体的数值；在“对齐方式”选区中选择一

种制表位对齐方式；在“前导符”选区中选择一种前导符。

（4）单击 设置(S) 按钮继续设置第二个制表位。

（5）设置完成后，单击 确定 按钮。

3.2.5　设置分栏

分栏可以将一段文本分为并排的几栏显示在一页中。分栏的具体操作步骤如下：

（1）在功能区用户界面中的“页面布局”选项卡中的“页面设置”组中单击“分栏”按钮 分栏 ，弹出“分栏”下拉列表，如图 3.2.10 所示。

（2）在该下拉列表中选择需要的分栏样式，如果不能满足用户的需要，可在该下拉列表中选择 更多分栏(C)... 选项，弹出 分栏 对话框，如图 3.2.11 所示。

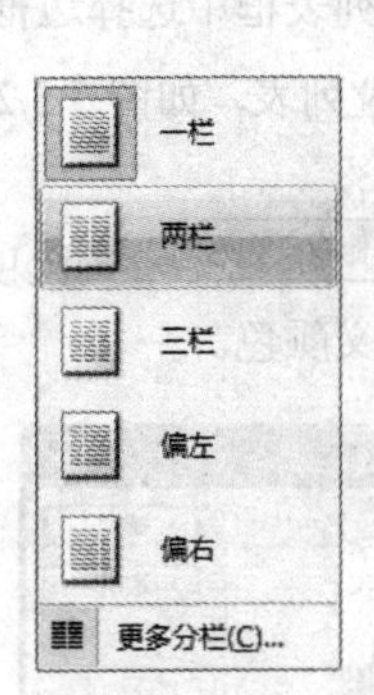
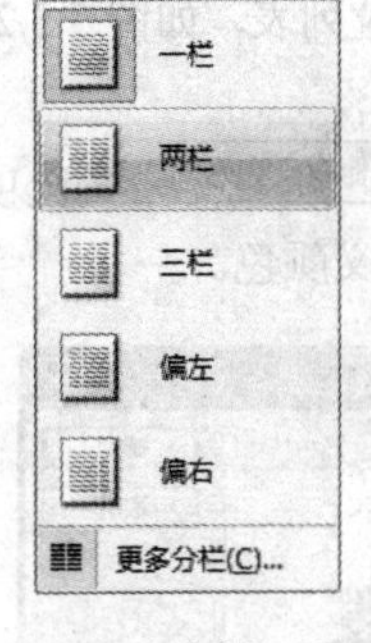

图 3.2.10　“分栏”下拉列表

图 3.2.11　“分栏”对话框

（3）在该对话框中的“预设”选区中选择分栏模式；在“列数”微调框中设置分列数；在“宽度”选区中设置相应的参数。

（4）设置完成后，单击 确定 按钮即可。

3.3　添加边框和底纹

在 Word 2007 中，不仅可以格式化文本和段落，还可以给文本和段落加上边框和底纹，进而突出显示这些文本和段落。

3.3.1　添加边框

为文本或段落添加边框的具体操作步骤如下：

（1）选定需要添加边框的文本或段落。

（2）在功能区用户界面中的“开始”选项卡中的“段落”组中单击“下框线” 按钮，在弹出的下拉列表中选择 边框和底纹(O)... 选项，弹出 边框和底纹 对话框，默认打开 边框(B) 选项卡，如图 3.3.1 所示。

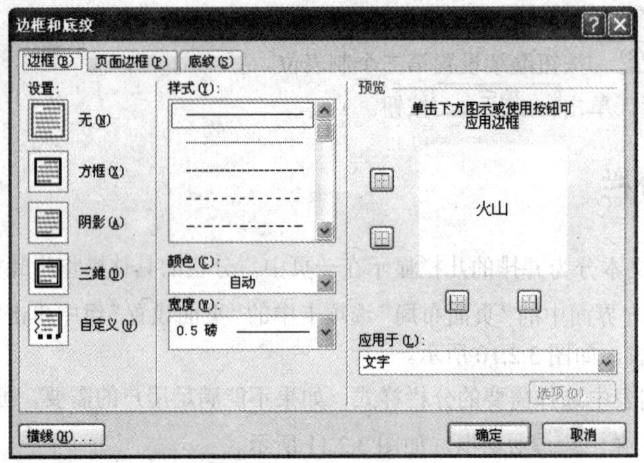

图 3.3.1 “边框”选项卡

（3）在该对话框中的“设置”选区中选择边框类型；在“样式”列表框中选择边框的线型。

（4）单击“颜色”下拉列表后的下三角按钮，打开“颜色”下拉列表，如图 3.3.2 所示。在该下拉列表中选择需要的颜色。

（5）如果在“颜色”下拉列表中没有用户需要的颜色，可选择 其他线条颜色... 选项，弹出 颜色 对话框，如图 3.3.3 所示。在该对话框中选择需要的标准颜色或者自定义颜色。

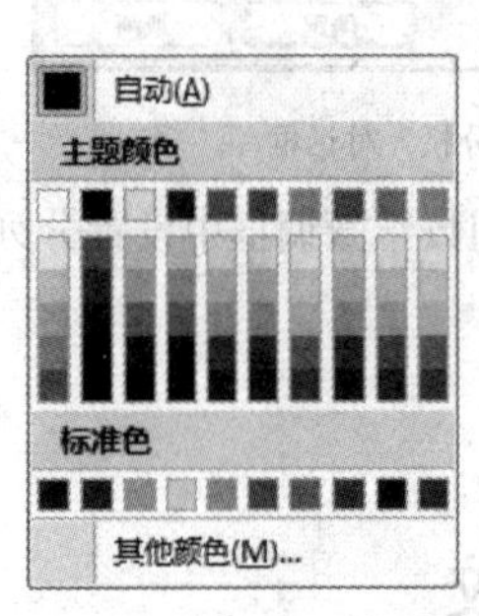

图 3.3.2 “颜色”下拉列表

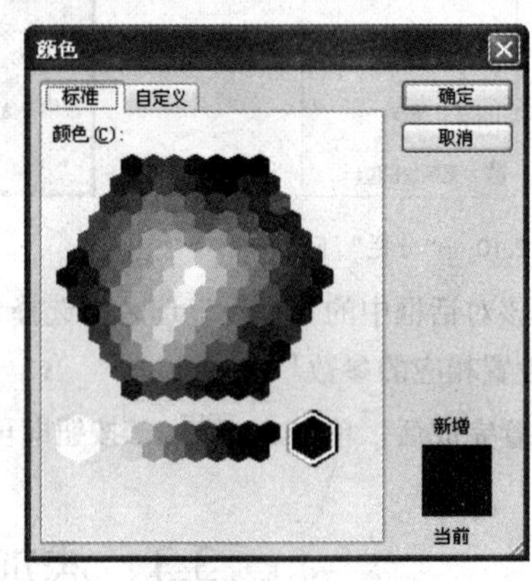

图 3.3.3 “颜色”对话框

（6）在“宽度”下拉列表中选择边框的宽度。

（7）在“应用于”下拉列表中选择边框的应用范围。

（8）设置完成后，单击 确定 按钮即可为文本或段落添加边框。

3.3.2 添加底纹

为文本或段落添加底纹的具体操作步骤如下：

（1）选定需要添加底纹的文本或段落。

（2）在功能区用户界面中的“开始”选项卡中的“段落”组中单击“边框和底纹”按钮，在弹出的下拉列表中选择 边框和底纹(O)... 选项，弹出 边框和底纹 对话框，打开 底纹(S) 选项卡，如图 3.3.4 所示。

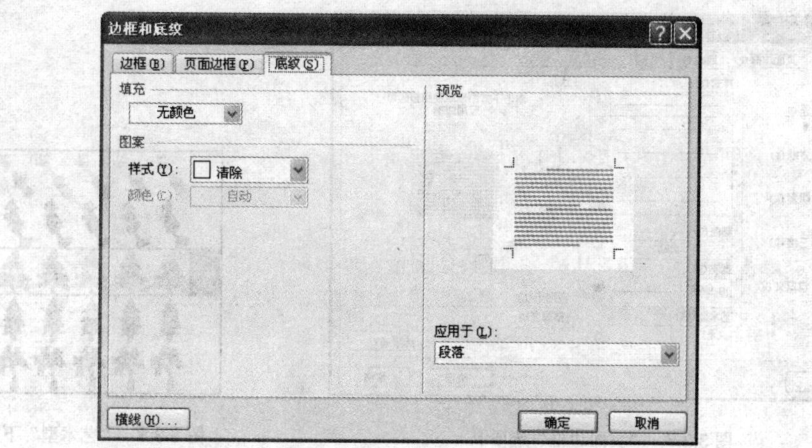

图 3.3.4　“底纹”选项卡

（3）在该选项卡中的“填充”选区中的下拉列表中选择 其他颜色(M)... 选项，在弹出的如图 3.3.5 所示的 颜色 对话框中选择其他的颜色。

（4）单击“样式”下拉列表后的下三角按钮，打开“样式”下拉列表，如图 3.3.6 所示。在该下拉列表中选择底纹的样式比例。

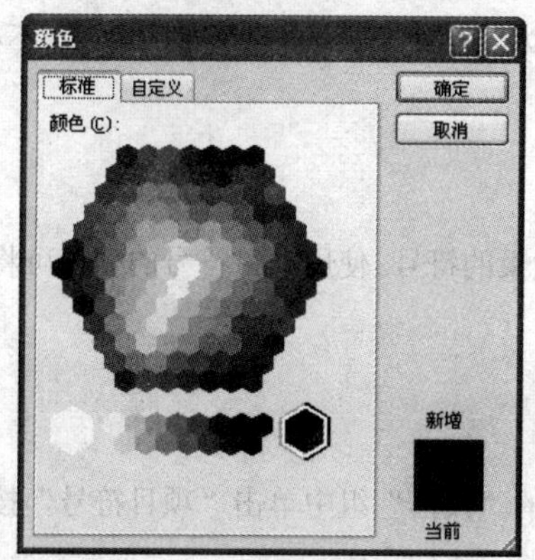

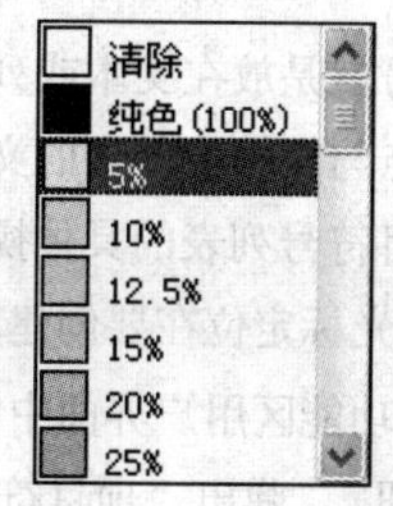

图 3.3.5　“颜色”对话框　　图 3.3.6　“样式”下拉列表

（5）设置完成后，单击 确定 按钮即可为文本或段落添加底纹。

3.3.3　设置页面边框

用户不但可以为文本和段落设置边框，还可以设置整个页面的边框。其具体操作步骤如下：

（1）将光标定位在页面中的任意位置。

（2）选择 格式(O) → 边框和底纹(B)... 命令，弹出 边框和底纹 对话框，打开 页面边框(P) 选项卡，如图 3.3.7 所示。

（3）该选项卡中的设置与 边框(B) 选项卡中的设置类似，不同的是多了一个“艺术型”下拉列表，如图 3.3.8 所示。在该下拉列表中选择所需要的边框类型。

（4）设置完成后，单击 确定 按钮即可设置整个页面的边框。

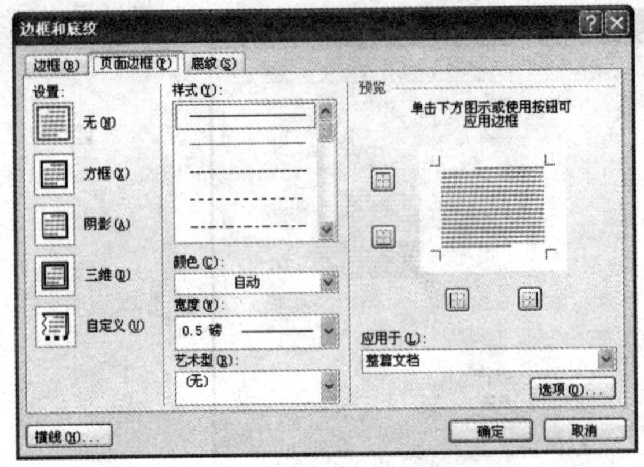

图 3.3.7 “页面边框”选项卡

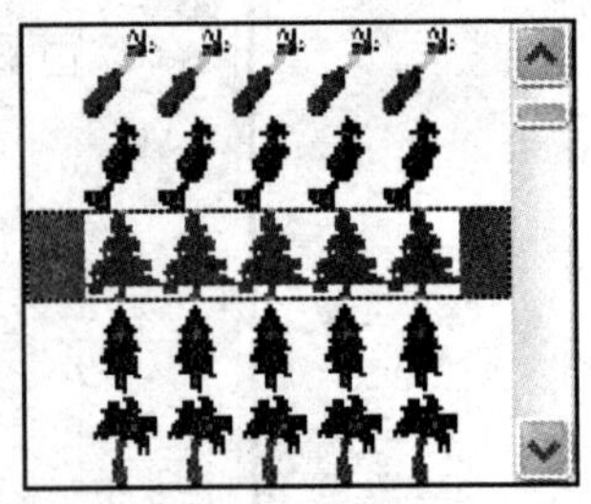

图 3.3.8 “艺术型”下拉列表

3.4 添加项目符号和编号

为使文档更加清晰易懂，用户可以在文本前添加项目符号或编号。Word 2007 为用户提供了自动添加编号和项目符号的功能。在添加项目符号或编号时，可以先输入文字内容，再给文字添加项目符号或编号；也可以先创建项目符号或编号，然后输入文字内容，自动实现项目的编号，不必手工编号。

3.4.1 创建项目符号列表

项目符号就是放在文本或列表前用以添加强调效果的符号。使用项目符号的列表可将一系列重要的条目或论点与文档中其余的文本区分开。

创建项目符号列表的具体操作步骤如下：

（1）将光标定位在要创建列表的开始位置。

（2）在功能区用户界面中的“开始”选项卡中的“段落”组中单击“项目符号”按钮右侧的下三角按钮，弹出“项目符号库”下拉列表，如图 3.4.1 所示。

（3）在该下拉列表中选择项目符号，或选择 定义新项目符号(D)... 选项，弹出 定义新项目符号 对话框，如图 3.4.2 所示。

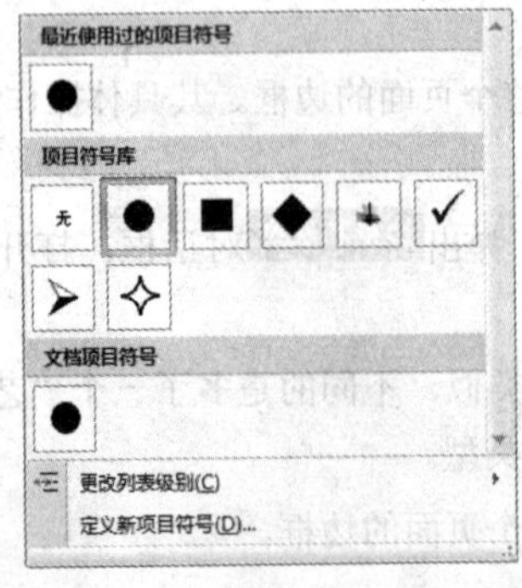

图 3.4.1 “项目符号库”下拉列表

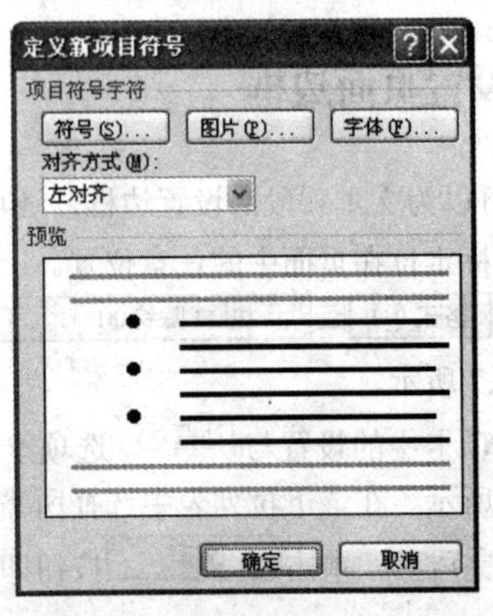

图 3.4.2 “定义新项目符号”对话框

（4）在该对话框中的“项目符号字符”选区中单击 符号(S)... 按钮，在弹出的如图 3.4.3 所示的 符号 对话框中选择需要的符号；单击 图片(P)... 按钮，在弹出的如图 3.4.4 所示的 图片项目符号 对话框中选择需要的图片符号；单击 字体(F)... 按钮，在弹出的 字体 对话框中设置项目符号中的字体格式。

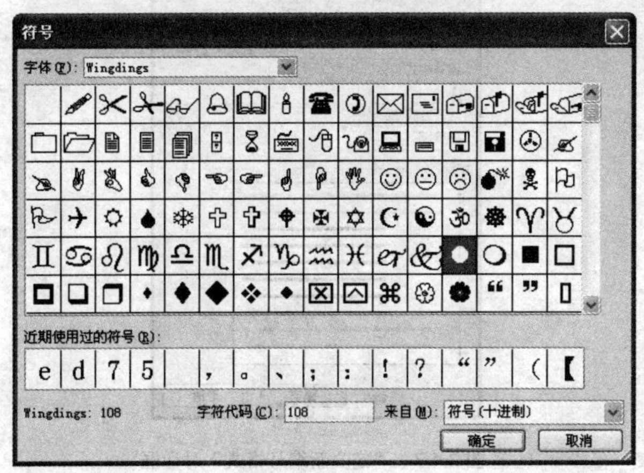

图 3.4.3　“符号”对话框

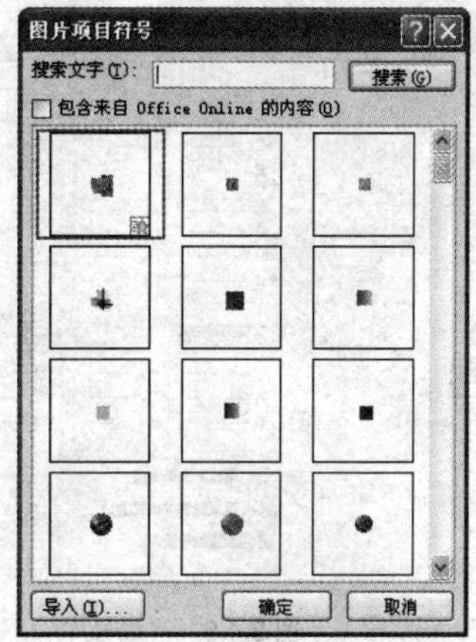

图 3.4.4　“图片项目符号”对话框

（5）设置完成后，单击 确定 按钮，为文本添加项目符号，效果如图 3.4.5 所示。

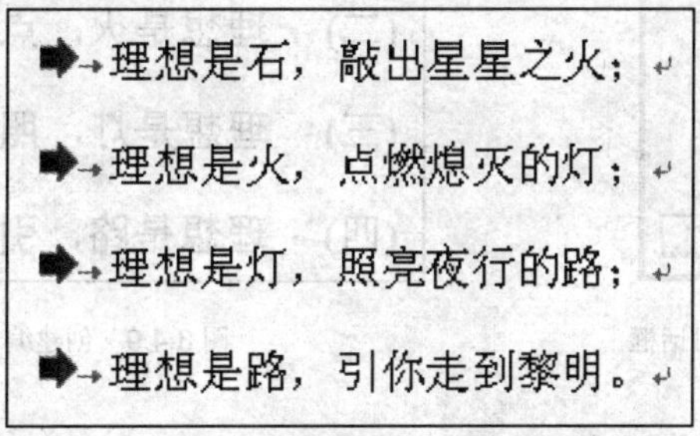

➡理想是石，敲出星星之火；

➡理想是火，点燃熄灭的灯；

➡理想是灯，照亮夜行的路；

➡理想是路，引你走到黎明。

图 3.4.5　创建项目符号列表效果

3.4.2　创建编号列表

编号列表是在实际应用中最常见的一种列表，它和项目符号列表类似，只是编号列表用数字替换了项目符号。在文档中应用编号列表，可以增强文档的顺序感。

创建编号列表的具体操作步骤如下：

（1）将光标定位在要创建列表的开始位置。

（2）在功能区用户界面中的“开始”选项卡中的“段落”组中单击“编号”按钮 右侧的下三角按钮，弹出“编号库”下拉列表，如图 3.4.6 所示。

（3）在该下拉列表中选择编号的格式，选择 定义新编号格式(D)... 选项，弹出 定义新编号格式 对话框，如图 3.4.7 所示。在该对话框中定义新的编号样式、格式以及编号的对齐方式。

（4）选择 设置编号值(V)... 选项，弹出 起始编号 对话框，如图 3.4.8 所示。在该对话框中设置起始编号的具体值。

（5）为文本创建编号列表的效果如图 3.4.9 所示。

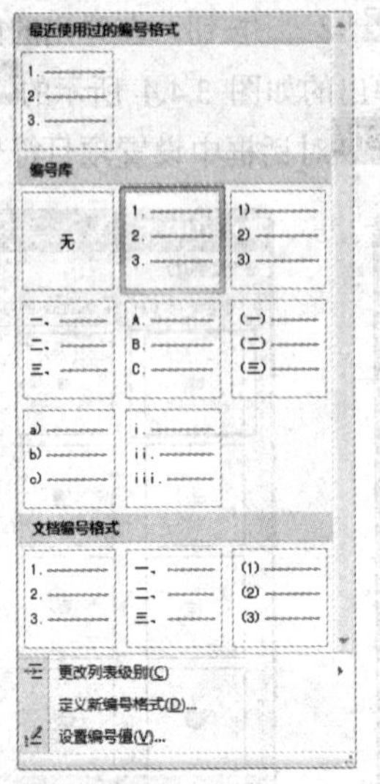

图 3.4.6 “编号库”下拉列表

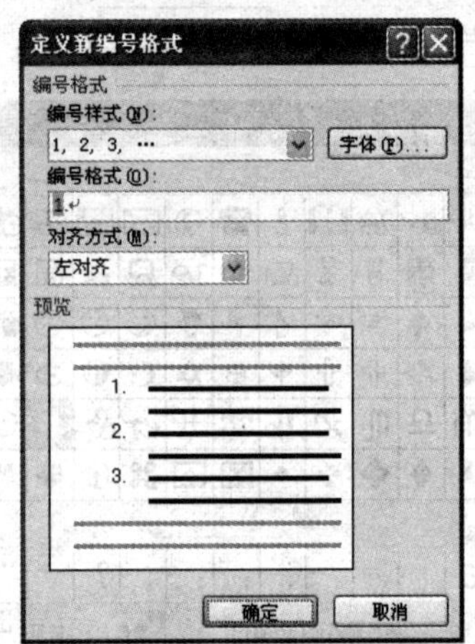

图 3.4.7 “定义新编号格式”对话框

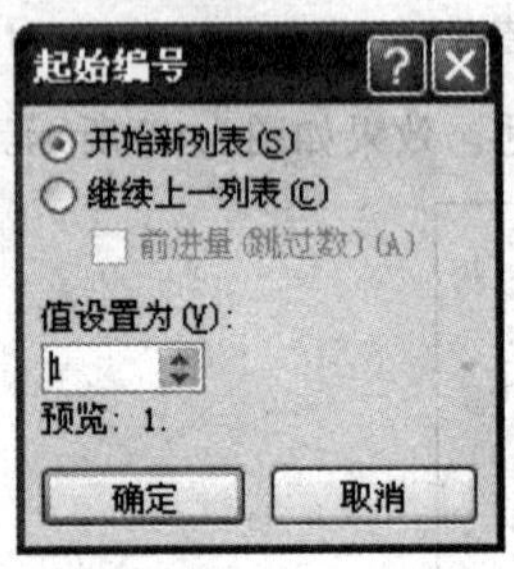

图 3.4.8 “起始编号”对话框

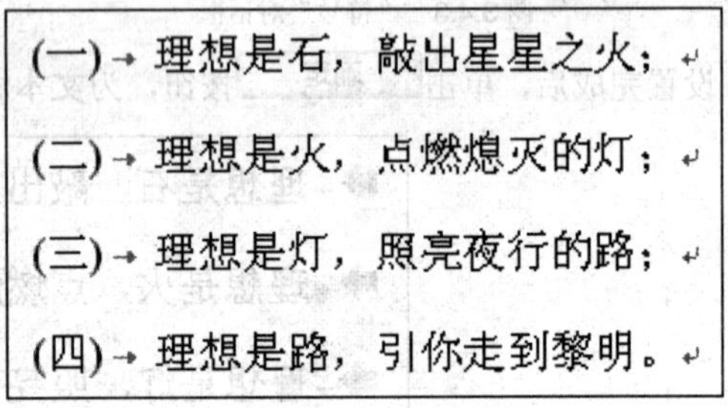

(一)→ 理想是石，敲出星星之火；↵

(二)→ 理想是火，点燃熄灭的灯；↵

(三)→ 理想是灯，照亮夜行的路；↵

(四)→ 理想是路，引你走到黎明。↵

图 3.4.9 创建编号列表效果

3.4.3 创建多级符号列表

多级符号列表中每段的项目符号或编号根据缩进范围而变化，最多可生成有 9 个层次的多级符号列表。

创建多级符号列表的具体操作步骤如下：

（1）在功能区用户界面中的“开始”选项卡中的“段落”组中单击“多级列表”按钮右侧的下三角按钮，弹出“列表库”下拉列表，如图 3.4.10 所示。

（2）在该下拉列表中选择编号的格式，选择 定义新的多级列表(D)... 选项，弹出 **自定义多级符号列表** 对话框，如图 3.4.11 所示。

（3）在“级别”列表框中选择当前要定义的列表级别；在“编号格式”文本框中输入编号或项目符号及其前后紧接的文字；在“编号样式”下拉列表中选择列表要用的项目符号或编号样式；在“起始编号”微调框中设置起始编号。根据需要设置编号位置或文字位置等。

（4）在“列表库”下拉列表中选择 定义新的列表样式(L)... 选项，弹出 **定义新列表样式** 对话框，如图 3.4.12 所示。在该对话框中定义新列表的样式。

（5）开始输入列表内容，并在每一项的结尾按回车键。

图 3.4.10　“列表库”下拉列表

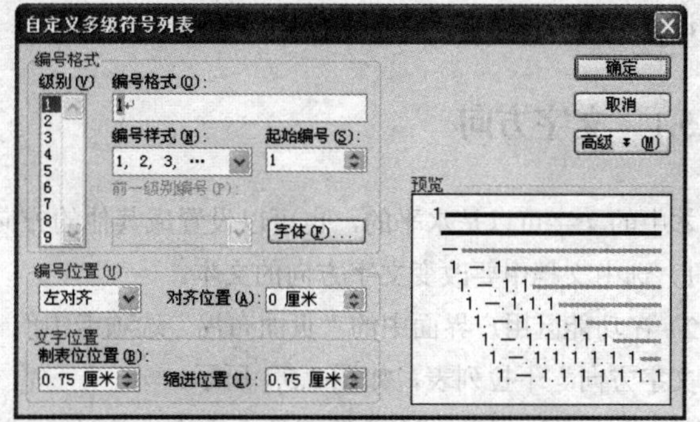

图 3.4.11　“自定义多级符号列表”对话框

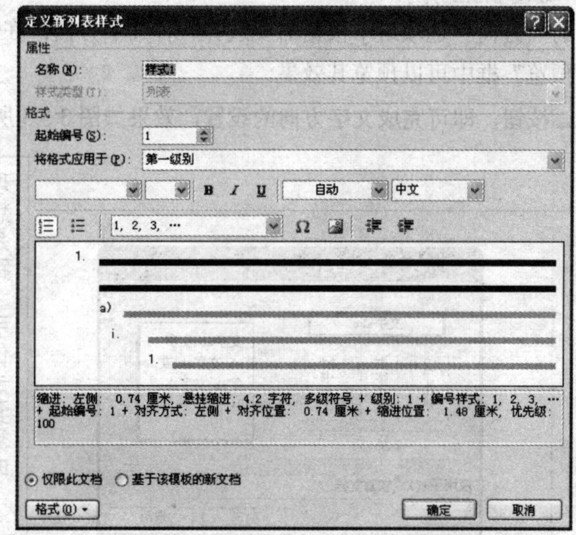

图 3.4.12　“定义新列表样式”对话框

（6）输入完成后，连续按两次回车键，以停止创建多级符号列表。

（7）将光标定位在列表中的任意位置，再单击“格式”工具栏中的“减少缩进量”按钮或“增加缩进量”按钮，或者直接按“Tab”键，调整列表到合适的级别，效果如图 3.4.13 所示。

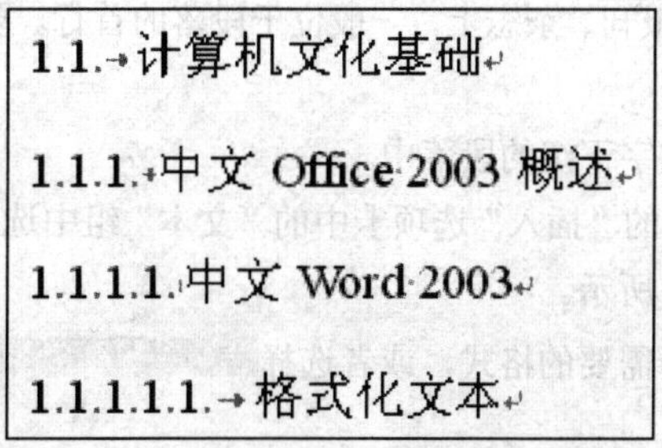

1.1. 计算机文化基础

1.1.1. 中文 Office 2003 概述

1.1.1.1. 中文 Word 2003

1.1.1.1.1. 格式化文本

图 3.4.13　创建多级符号列表效果

3.5 设置中文版式

Word 2007 提供了一些特殊的中文版式，如文字方向、首字下沉、拼音指南等版式。应用这些版式可以设置不同的版面格式，下面分别对其进行介绍。

3.5.1 文字方向

文本中的文字可以是水平的，也可以设置成其他的方向。具体操作步骤如下：

（1）选中文档中要改变文字方向的文本。

（2）在功能区用户界面中的“页面布局”选项卡中的“页面设置”组中选择“文字方向”选项，弹出“文字方向”下拉列表，如图 3.5.1 所示。

（3）在该下拉列表中选择需要的文字方向格式，或者选择 文字方向选项(X)... 选项，弹出 文字方向 - 主文档 对话框，如图 3.5.2 所示。

（4）在该对话框中的“方向”选项组中根据需要选择一种文字方向；在“应用于”下拉列表中选择“整篇文档”，在“预览”框中可以预览其效果。

（5）单击 确定 按钮，即可完成文字方向的设置，效果如图 3.5.3 所示。

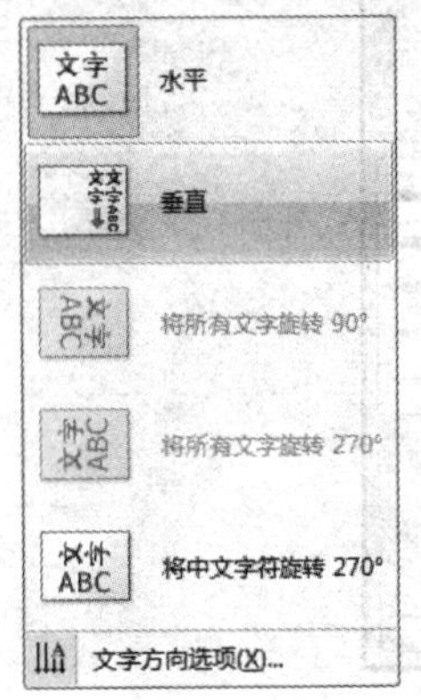

图 3.5.1 “文字方向”下拉列表

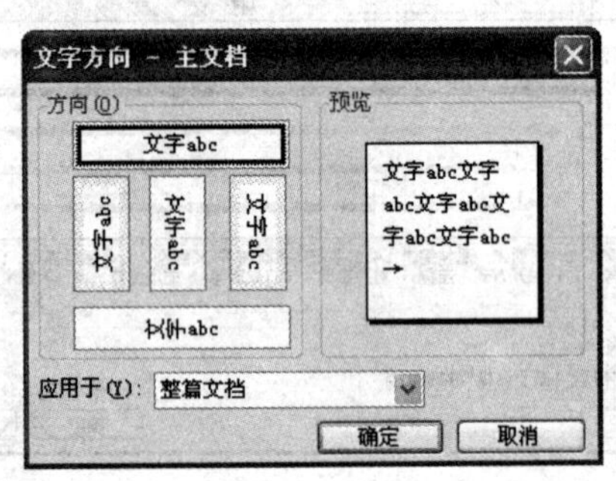

图 3.5.2 “文字方向 - 主文档”对话框

理想是石，敲出星星之火；
理想是火，点燃熄灭的灯；
理想是灯，照亮夜行的路；
理想是路，引你走到黎明。

图 3.5.3 设置文字方向效果

3.5.2 首字下沉

首字下沉经常出现在一些报刊、杂志上，一般位于段落的首行。要设置首字下沉，其具体操作步骤如下：

（1）将光标置于要设置首字下沉的段落中。

（2）在功能区用户界面中的“插入”选项卡中的“文本”组中选择“首字下沉”选项，弹出“首字下沉”下拉列表，如图 3.5.4 所示。

（3）在该下拉列表中选择需要的格式，或者选择 首字下沉选项(D)... 选项，弹出 首字下沉 对话框，如图 3.5.5 所示。

（4）在该对话框中的“位置”选项组中选择一种首字下沉的样式；在“选项”选项组中的“字体”下拉列表中选择一种所需要字体；在“下沉行数”微调框中根据需要调整下沉的行数；在“距正

文”微调框中根据需要设置距正文的距离。

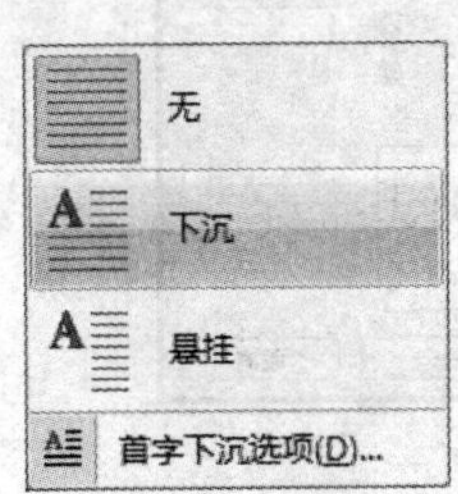

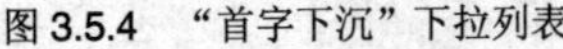
图 3.5.4　“首字下沉”下拉列表

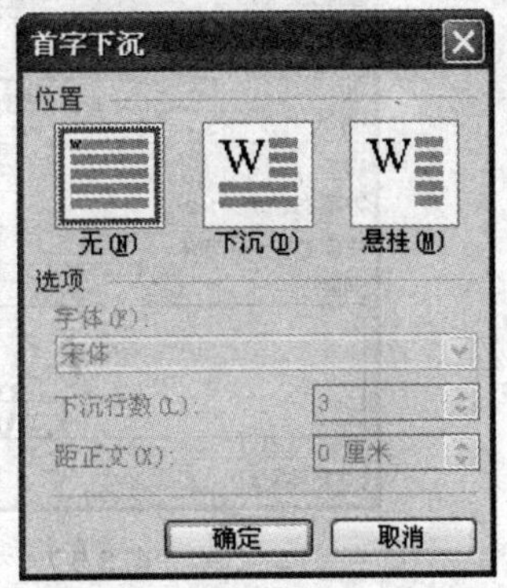

图 3.5.5　“首字下沉”对话框

（5）设置完成后，单击 确定 按钮，首字下沉效果如图 3.5.6 所示。

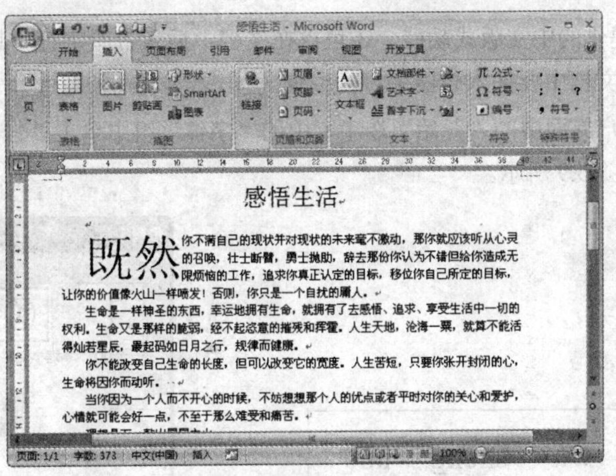

图 3.5.6　设置首字下沉效果

如果要取消首字下沉，其具体操作步骤如下：

（1）选中段落中设置的首字下沉。

（2）在功能区用户界面中的“插入”选项卡中的“文本”组中选择“首字下沉”选项，在弹出的“首字下沉”下拉菜单中选择“无”选项，即可取消首字下沉。

3.5.3　拼音指南

利用 Word 2007 提供的拼音指南功能，可以自动为文本中的汉字标注拼音。具体操作步骤如下：

（1）选中文本中要添加拼音的文本。

（2）在功能区用户界面中的“开始”选项卡中的“字体”组中单击“拼音指南”按钮，弹出 拼音指南 对话框，如图 3.5.7 所示。

（3）在该对话框中的“对齐方式”下拉列表中选择拼音与文字的对齐方式；在“偏移量”微调框中设置所标注的拼音与文本内容的距离；在“字体”下拉列表中选择标注拼音的字体；在“字号”下拉列表中选择标注拼音的字号。

（4）设置完成后，单击 确定 按钮，效果如图 3.5.8 所示。

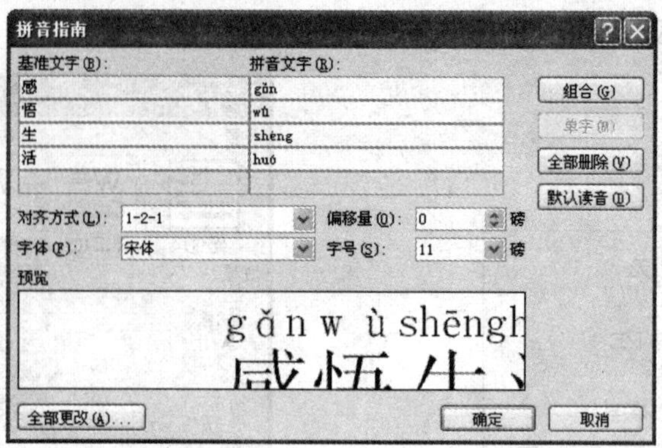

图 3.5.7 “拼音指南”对话框

3.5.4　带圈字符

利用 Word 2007 提供的中文版式功能，还可以在文档中插入带圈字符。具体操作步骤如下：

（1）将光标置于文档中要插入带圈字符的位置。

（2）在功能区用户界面中的“开始”选项卡中的“字体”组中单击“带圈字符”按钮字，弹出带圈字符对话框，如图 3.5.9 所示。

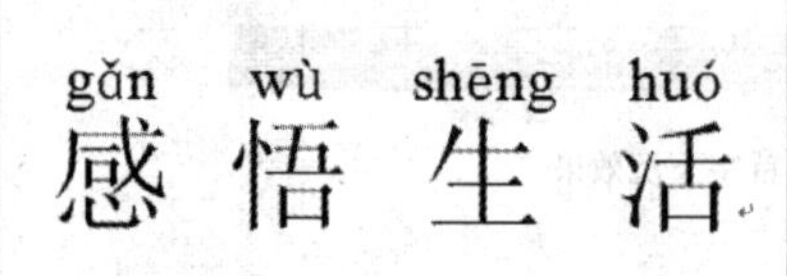

图 3.5.8　设置汉字拼音效果

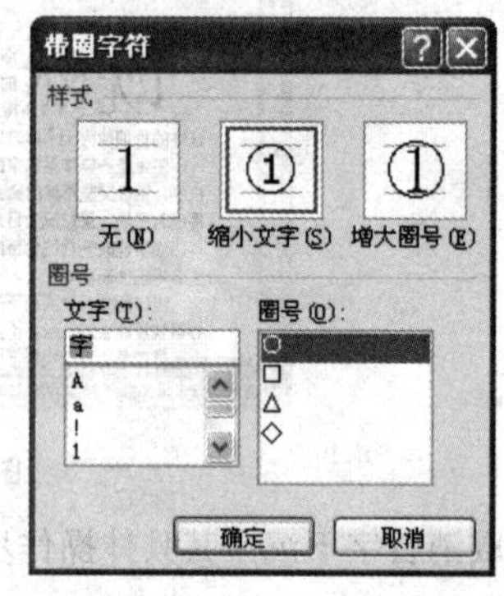

图 3.5.9　“带圈字符”对话框

（3）在该对话框中的“样式”选区中选择一种带圈字符样式；在“圈号”选区中的“文字”文本框中输入字符编号，或在其列表框中选择一种字符编号；在“圈号”选区中的“圈号”列表框中选择一种圈号选项。

（4）设置完成后，单击确定按钮，即可在文档中插入带圈字符。

3.5.5　纵横混排

使用中文版式中的纵横混排功能，可以使选中的文本按纵向或横向排列。这里以选中横向文本为例，其具体操作步骤如下：

（1）选定文本中要进行纵横混排的文字。

（2）在功能区用户界面中的“开始”选项卡中的“段落”组中单击“中文版式”按钮，在弹出的下拉列表中选择纵横混排(T)...选项，弹出纵横混排对话框，如图 3.5.10 所示的。

（3）如果选中☑适应行宽(F)复选框，则纵向排列的文字宽度将与行宽适应。这里不选中此复选框，则纵向排列的文字会按自身的大小排列。

（4）单击 确定 按钮，即可设置文本的纵横混排效果。

（5）如果要取消设置的纵横混排，选中要取消纵横混排的文字，然后单击 删除(R) 按钮即可。

3.5.6　双行合一

利用 Word 2007 提供的双行合一功能，可以实现将两行文本与其他文本在水平上保持一致的效果。具体操作步骤如下：

（1）选中文本中要实现双行合一的文本。

（2）在功能区用户界面中的“开始”选项卡中的“段落”组中单击“中文版式”按钮，在弹出的下拉列表中选择 双行合一(W)... 选项，弹出 双行合一 对话框，如图 3.5.11 所示的。

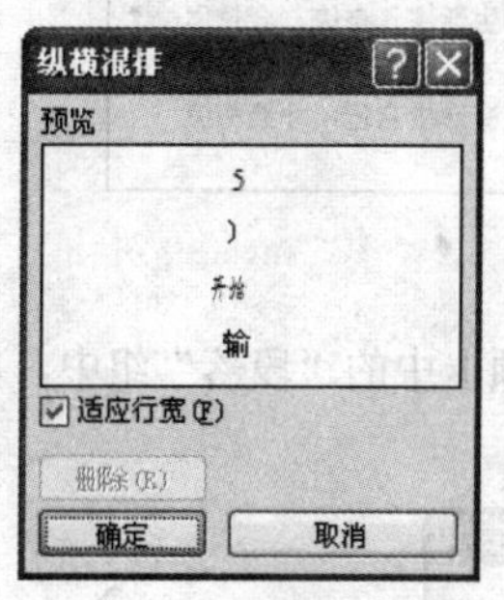

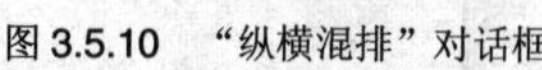
图 3.5.10　“纵横混排”对话框

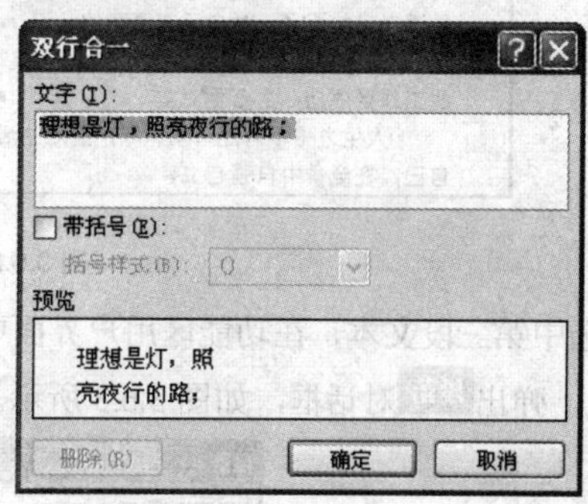

图 3.5.11　“双行合一”对话框

（3）在“文字”文本框中显示了选中的文本。

（4）在“预览”框中可以看见其预览效果，单击 确定 按钮即可。

3.6　典型实例——格式化文本

本节主要介绍在 Word 文档中，利用本章所学的设置字符和段落格式以及添加边框和底纹等知识格式化文本，最终效果如图 3.6.1 所示。

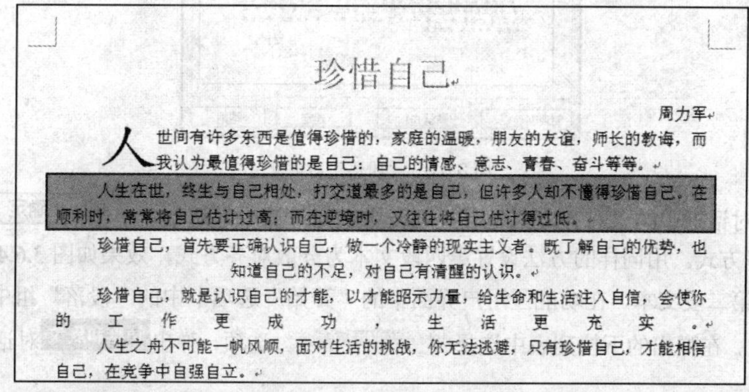
珍惜自己

周力军

人世间有许多东西是值得珍惜的，家庭的温暖，朋友的友谊，师长的教诲，而我认为最值得珍惜的是自己：自己的情感、意志、青春、奋斗等等。

人生在世，终生与自己相处，打交道最多的是自己，但许多人却不懂得珍惜自己。在顺利时，常常将自己估计过高；而在逆境时，又往往将自己估计得过低。

珍惜自己，首先要正确认识自己，做一个冷静的现实主义者。既了解自己的优势，也知道自己的不足，对自己有清醒的认识。

珍惜自己，就是认识自己的才能，以才能昭示力量，给生命和生活注入自信，会使你的工作更成功，生活更充实。

人生之舟不可能一帆风顺，面对生活的挑战，你无法逃避，只有珍惜自己，才能相信自己，在竞争中自强自立。

图 3.6.1　最终效果图

创作步骤

（1）单击“Office”按钮，然后在弹出的菜单中选择 新建(N) 命令，弹出新建文档对话框。

（2）在该对话框左侧的“模板”列表框中选择“空白文档和最近使用的文档”选项，然后在对话框右侧的列表框中选择“空白文档”选项，单击 创建 按钮，即可创建一个空白文档。

（3）在空白文档中输入一段文本，如图 3.6.2 所示。

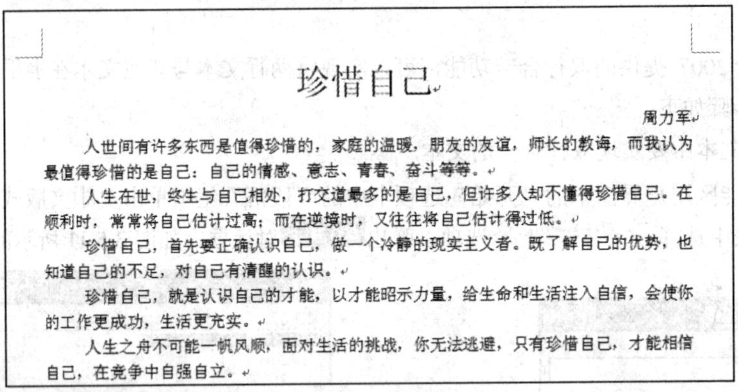

珍惜自己

周力军

人世间有许多东西是值得珍惜的，家庭的温暖，朋友的友谊，师长的教诲，而我认为最值得珍惜的是自己：自己的情感、意志、青春、奋斗等等。

人生在世，终生与自己相处，打交道最多的是自己，但许多人却不懂得珍惜自己。在顺利时，常常将自己估计过高；而在逆境时，又往往将自己估计得过低。

珍惜自己，首先要正确认识自己，做一个冷静的现实主义者。既了解自己的优势，也知道自己的不足，对自己有清醒的认识。

珍惜自己，就是认识自己的才能，以才能昭示力量，给生命和生活注入自信，会使你的工作更成功，生活更充实。

人生之舟不可能一帆风顺，面对生活的挑战，你无法逃避，只有珍惜自己，才能相信自己，在竞争中自强自立。

图 3.6.2　输入文本

（4）选中第三段文本，在功能区用户界面中的“开始”选项卡中的“段落”组中，单击对话框启动器按钮，弹出段落对话框，如图 3.6.3 所示。

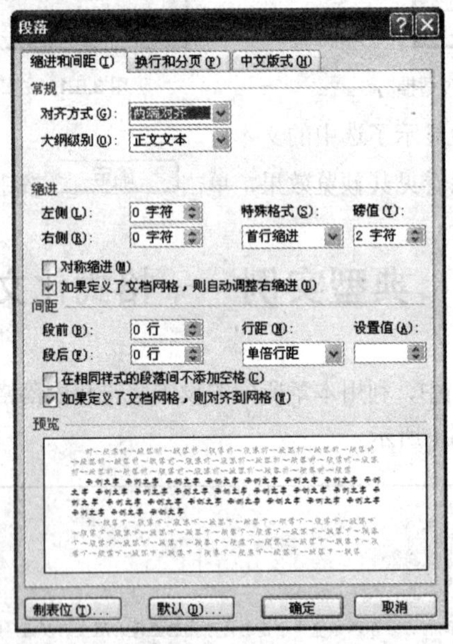

图 3.6.3　“段落”对话框

（5）在该对话框中的“对齐方式”下拉列表中选择“居中”选项，单击 确定 按钮，设置段落为居中对齐方式。用同样的方法设置第四段文本为分散对齐方式，效果如图 3.6.4 所示。

（6）选中第二段文本，在功能区用户界面中的“开始”选项卡中的“段落”组中单击“边框和底纹”按钮，在弹出的下拉列表中选择 边框和底纹(O)... 选项，弹出边框和底纹对话框，如图 3.6.5 所示。

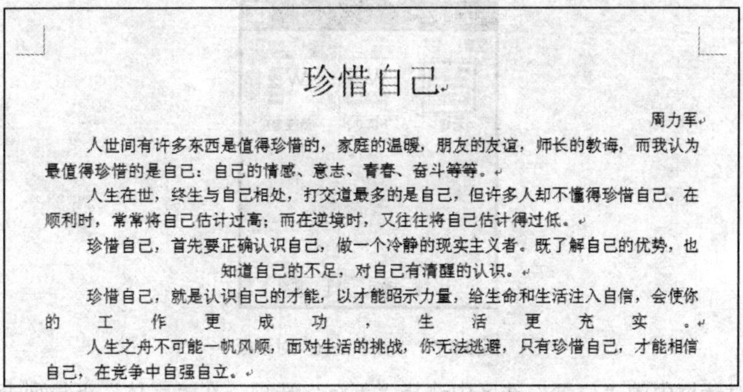

珍惜自己

周力军

人世间有许多东西是值得珍惜的，家庭的温暖，朋友的友谊，师长的教诲，而我认为最值得珍惜的是自己：自己的情感、意志、青春、奋斗等等。

人生在世，终生与自己相处，打交道最多的是自己，但许多人却不懂得珍惜自己。在顺利时，常常将自己估计过高；而在逆境时，又往往将自己估计得过低。

珍惜自己，首先要正确认识自己，做一个冷静的现实主义者。既了解自己的优势，也知道自己的不足，对自己有清醒的认识。

珍惜自己，就是认识自己的才能，以才能昭示力量，给生命和生活注入自信，会使你的 工 作 更 成 功 ， 生 活 更 充 实 。

人生之舟不可能一帆风顺，面对生活的挑战，你无法逃避，只有珍惜自己，才能相信自己，在竞争中自强自立。

图 3.6.4 设置段落对齐方式

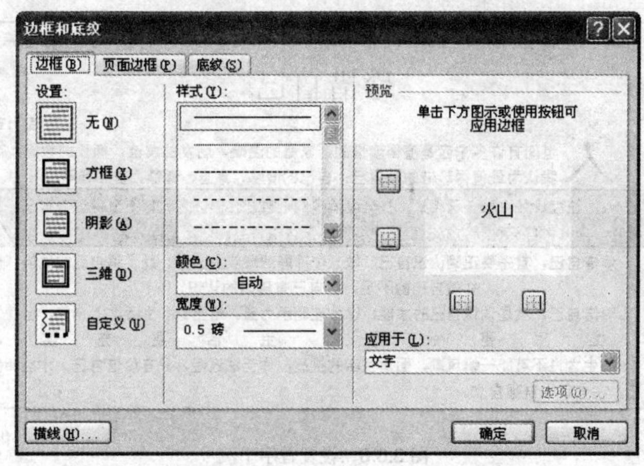

图 3.6.5 “边框和底纹”对话框

（7）在该对话框中设置文本的边框和底纹，效果如图 3.6.6 所示。

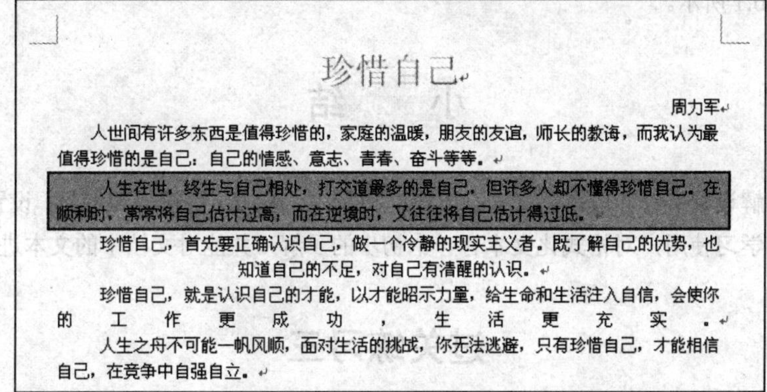

珍惜自己

周力军

人世间有许多东西是值得珍惜的，家庭的温暖，朋友的友谊，师长的教诲，而我认为最值得珍惜的是自己：自己的情感、意志、青春、奋斗等等。

人生在世，终生与自己相处，打交道最多的是自己，但许多人却不懂得珍惜自己。在顺利时，常常将自己估计过高；而在逆境时，又往往将自己估计得过低。

珍惜自己，首先要正确认识自己，做一个冷静的现实主义者。既了解自己的优势，也知道自己的不足，对自己有清醒的认识。

珍惜自己，就是认识自己的才能，以才能昭示力量，给生命和生活注入自信，会使你的 工 作 更 成 功 ， 生 活 更 充 实 。

人生之舟不可能一帆风顺，面对生活的挑战，你无法逃避，只有珍惜自己，才能相信自己，在竞争中自强自立。

图 3.6.6 为文本添加边框和底纹

（8）选定第一段的第一个字，在功能区用户界面中的“插入”选项卡中的“文本”组中选择“首字下沉”选项，在弹出的“首字下沉”下拉列表中选择 首字下沉选项(D)... 选项，弹出 首字下沉 对话框，如图 3.6.7 所示。

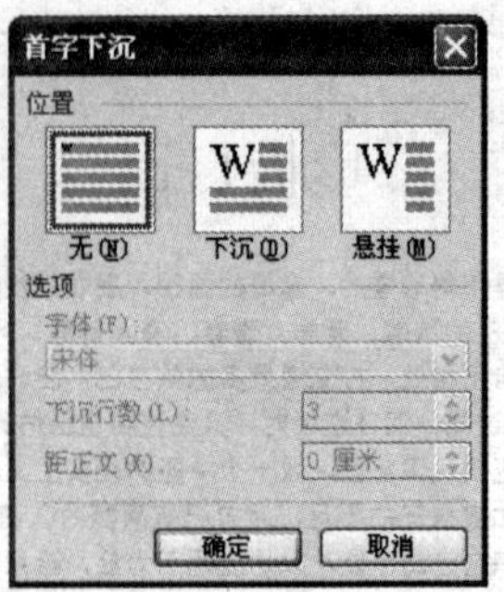

图 3.6.7 “首字下沉”对话框

（9）在该对话框中的“位置”选区中选择“下沉”选项，在“字体”下拉列表中选择“华文楷体”选项；在“下沉行数”微调框中输入“2”，单击 确定 按钮，效果如图 3.6.8 所示。

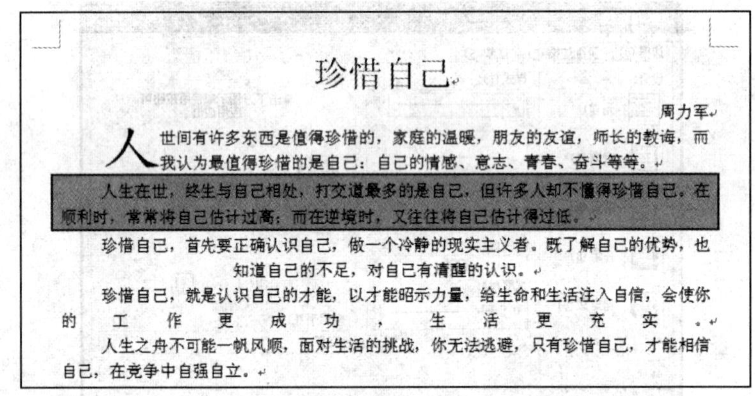

珍惜自己

周力军

人世间有许多东西是值得珍惜的，家庭的温暖，朋友的友谊，师长的教诲，而我认为最值得珍惜的是自己：自己的情感、意志、青春、奋斗等等。

人生在世，终生与自己相处，打交道最多的是自己，但许多人却不懂得珍惜自己。在顺利时，常常将自己估计过高；而在逆境时，又往往将自己估计得过低。

珍惜自己，首先要正确认识自己，做一个冷静的现实主义者。既了解自己的优势，也知道自己的不足，对自己有清醒的认识。

珍惜自己，就是认识自己的才能，以才能昭示力量，给生命和生活注入自信，会使你的 工 作 更 成 功 ， 生 活 更 充 实 。

人生之舟不可能一帆风顺，面对生活的挑战，你无法逃避，只有珍惜自己，才能相信自己，在竞争中自强自立。

图 3.6.8 设置首字下沉

（10）选定“珍惜自己”文本，在功能区用户界面中的“开始”选项卡中的“字体”组中选择“字体颜色”按钮右侧的下三角按钮，在弹出的“字体颜色”下拉列表中设置字体颜色为“粉红”，最终效果如图 3.6.1 所示。

小 结

本章主要讲解设置字符和段落格式、添加边框和底纹、添加项目符号和编号、设置中文版式等知识，通过本章的学习使用户对格式化文本有一个初步的了解，并能对文档中的文本进行格式化操作。

过关练习三

一、填空题

1．格式化文本主要包括__________、__________、__________、__________和__________等操作。

2．系统默认中文字体为__________，英文字体为__________。

3．我国国家标准规定字体大小的计量单位是__________，西方国家的计量单位是__________。

它们之间的换算关系是__________。

4．在设置段落对齐方式中，按快捷键__________设置两端对齐；按快捷键__________设置居中对齐；按快捷键__________设置右对齐；按快捷键__________设置分散对齐。

5．水平标尺上有__________、__________、__________和__________4 个滑块，

6．段落的对齐方式有__________、__________、__________、__________、__________等。其中__________是系统默认的对齐方式。

二、问答题

1．简述段落对齐方式的具体含义。

2．简述创建项目符号列表、编号列表和多级符号列表的具体方法。

3．简述设置文字方向和首字下沉的具体方法。

三、上机操作题

输入一篇文章，设置其标题字体为“华文新魏”，字号为“一号”；设置其正文字体为“宋体”，字号为“五号”；在正文第一段中设置首字下沉效果；在第二段中添加边框，并设置边框颜色和底纹效果；最后再设置第三段文本为居中对齐，第四段文本为两端对齐。

第4章　图文混排

在文档中添加一些图片，可以使文档更加生动形象。Word 2007 具有强大的图文混排功能。在 Word 2007 中，用户可以将各种图形插入到文档中，例如图片、剪贴画、自选图形、SmartArt、图表、艺术字和文本框等，使文档图文并茂、生动形象。

本章重点

（1）图片的使用。

（2）自选图形的使用。

（3）SmartArt 图形的使用。

（4）图表的使用。

（5）艺术字的使用。

（6）文本框的使用。

4.1　图片的使用

图片是由其他文件和工具创建的图形，比如在 Photoshop 中创建的图像或扫描到计算机中的照片等。图片包括扫描的图片和照片、位图以及剪贴画。在 Word 文档中插入图片，并对其进行编辑可以使文档更加形象和生动。

4.1.1　插入图片

用户可以方便地在 Word 2007 文档中插入各种图片，例如 Word 2007 提供的剪贴画和图形文件（如 BMP，GIF，JPEG 等格式）。

1．插入文件图片

在 Word 文档中还可以插入由其他程序创建的图片，具体操作步骤如下：

（1）将光标定位在需要插入图片的位置。

（2）在功能区用户界面中的“插入”选项卡中的“插图”组中选择“图片”选项，弹出插入图片对话框，如图 4.1.1 所示。

（3）在“查找范围”下拉列表中选择合适的文件夹，在其列表框中选中所需的图片文件。

（4）单击插入(S)按钮，即可在文档中插入图片。

2．插入剪贴画

剪贴画是一种表现力很强的图片，使用它可以在文档中插入各种具有特色的图片。例如人物图片、动物图片、建筑类图片等。

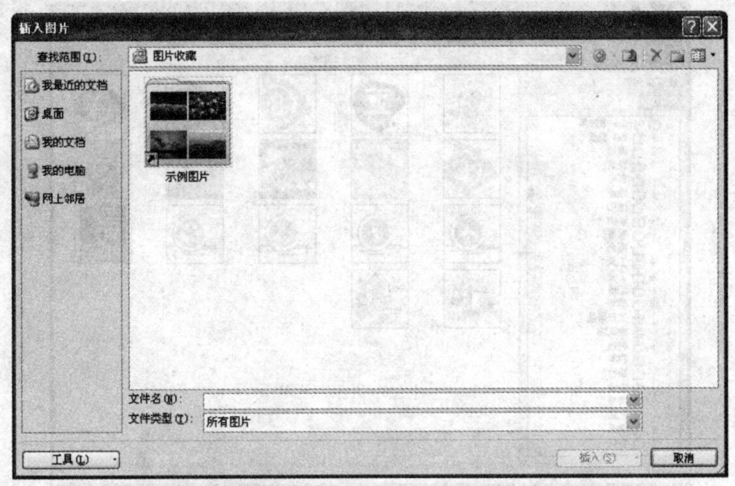

图 4.1.1　“插入图片”对话框

在文档中插入剪贴画的具体操作步骤如下：

（1）将光标定位在需要插入剪贴画的位置。

（2）在功能区用户界面中的“插入”选项卡中的“插图”组中选择“剪贴画”选项，打开“剪贴画”任务窗格，如图 4.1.2 所示。

（3）在“搜索文字”文本框中输入剪贴画的相关主题或类别；在“搜索范围”下拉列表中选择要搜索的范围；在“结果类型”下拉列表中选择文件类型。

（4）单击 搜索 按钮，即可在“剪贴画”任务窗格中显示查找到的剪贴画，如图 4.1.3 所示。

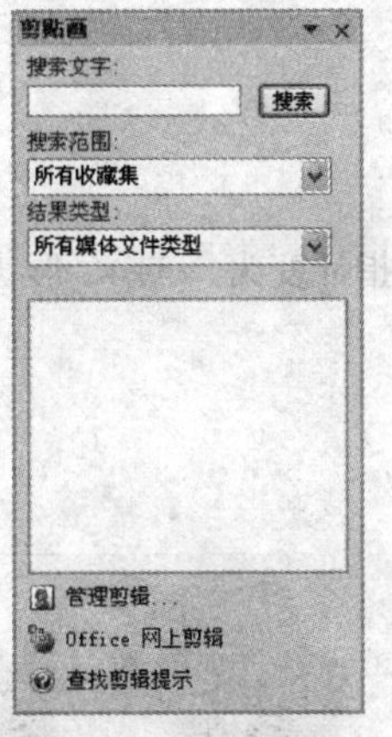

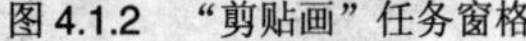

图 4.1.2　“剪贴画”任务窗格

图 4.1.3　搜索剪贴画

（5）单击要插入到文件的剪贴画，即可插入到文件中。

提示　用户还可以在“剪贴画”任务窗格中单击 管理剪辑... 超链接，在打开的如图 4.1.4 所示的“剪辑管理器”窗口中选择需要插入的剪贴画，单击剪贴画右侧的下三角按钮，在弹出的菜单中选择 复制(C) 命令，在 Word 文档中单击鼠标右键，从弹出的快捷菜单中选择 粘贴(P) 命令，即可将剪贴画插入到文档中。

图 4.1.4 “剪辑管理器”窗口

4.1.2 编辑图片

在文档中插入图片后，图片的大小、位置和格式等不一定符合要求，需要进行各种编辑才能达到令人满意的效果。选中图片，然后在上下文工具中的“格式”选项卡中对图片进行各种编辑操作。

1. 调整图片大小

调整图片大小的方法主要有快速调整和精确调整两种。

（1）快速调整图片大小的具体操作步骤如下：

1）选中要调整大小的图片。

2）此时图片周围出现 8 个控制点，如图 4.1.5 所示。

3）将鼠标指针移至图片周围的控制点上，此时鼠标指针变为↘或↗形状，按住鼠标左键并拖动，如图 4.1.6 所示。

4）当达到合适大小时释放鼠标，即可调整图片大小。

图 4.1.5 选中图片

图 4.1.6 调整图片大小

（2）精确调整图片大小的具体操作步骤如下：

1）在需要调整大小的图片中单击鼠标右键，从弹出的快捷菜单中选择 大小(Z)... 命令，弹出 大小 对话框，打开 大小 选项卡，如图 4.1.7 所示。

2）在该选项卡中的“尺寸和旋转”选区中设置图片的高度、宽度和旋转角度；在“缩放比例”

选区中设置图片高度和宽度的比例。

3）选中☑锁定纵横比(A)复选框，可使图片的高度和宽度保持相同的尺寸比例；选中☑相对于图片原始尺寸(R)复选框，可使图片的大小相对于图片的原始大小进行调整。

4）设置完成后，单击 关闭 按钮即可精确调整图片大小。

注意 按住“Ctrl”键并拖动图片控制点时，将从图片的中心向外垂直、水平或沿对角线缩放图片，如图 4.1.8 所示。

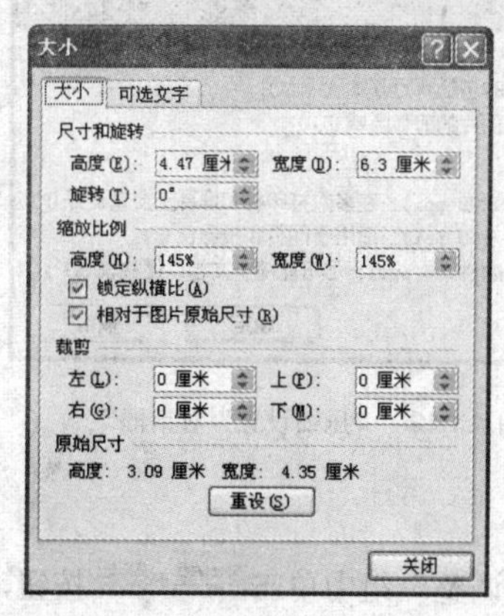

图 4.1.7　“大小”对话框

图 4.1.8　按住“Ctrl”键缩放图片

2. 设置亮度和对比度

（1）设置图片亮度。选中图片，然后在上下文工具中的“格式”选项卡中的“调整”组中单击 亮度 按钮，在弹出的下拉菜单中设置图片的亮度。

（2）设置图片对比度。选中图片，然后在上下文工具中的“格式”选项卡中的“调整”组中单击 对比度 按钮，在弹出的下拉菜单中设置图片的对比度。

3. 重新着色

选中图片，然后在上下文工具中的“格式”选项卡中的“调整”组中单击 重新着色 按钮，弹出其下拉列表，如图 4.1.9 所示。在该下拉列表中可对图片进行重新着色操作，效果如图 4.1.10 所示。

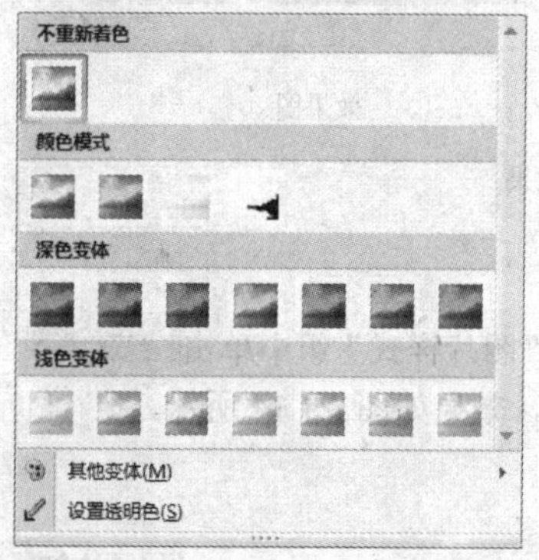

图 4.1.9　“重新着色”下拉列表

图 4.1.10　重新着色效果

4．压缩图片

由于图片的存储空间都很大，所以插入到 Word 文档中，使得文档体积也相应变大。压缩图片可减小图片存储空间，缩小文档体积，并可提高文档的打开速度。选中图片后，在上下文工具中的“格式”选项卡中的“调整”组中单击 压缩图片 按钮，弹出 压缩图片 对话框，如图 4.1.11 所示。在该对话框中选中 ☑ 仅应用于所选图片(A) 复选框，然后单击 选项(O)... 按钮，弹出 压缩设置 对话框，如图 4.1.12 所示。在该对话框中进行相应的设置，单击 确定 按钮，返回到 压缩图片 对话框中，单击 确定 按钮，即可对图片进行压缩设置。

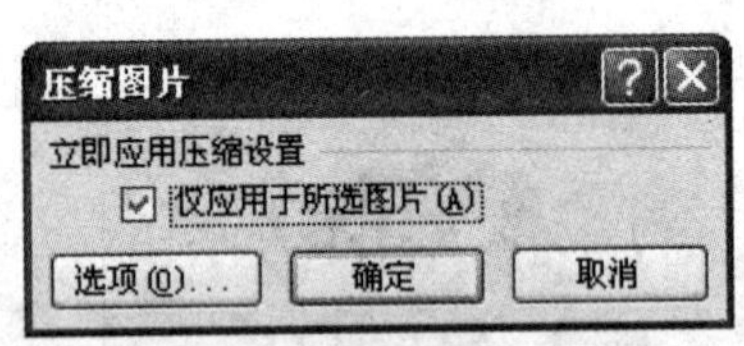

图 4.1.11 “压缩图片”对话框

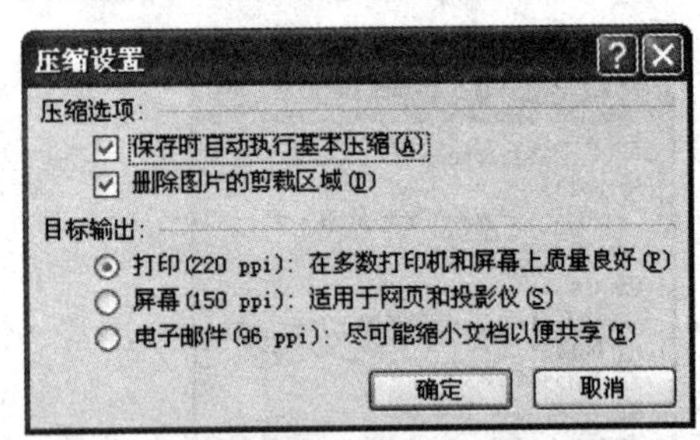

图 4.1.12 “压缩设置”对话框

5．重设图片

选中图片后，在上下文工具中的“格式”选项卡中的“调整”组中单击 重设图片 按钮，可使图片恢复到原来的大小和格式。

6．图片艺术效果

选中图片后，在上下文工具中的“格式”选项卡中的“图片样式”组中设置图片的艺术效果，效果如图 4.1.13 所示。

原图

效果图

图 4.1.13 图片艺术效果

7．图片形状

选中图片后，在上下文工具中的“格式”选项卡中的“图片样式”组中单击 图片形状 按钮，在弹出的下拉列表中选择相应的选项，即可设置图片的形状，效果如图 4.1.14 所示。

8．图片边框

选中图片后，在上下文工具中的“格式”选项卡中的“图片样式”组中单击 图片边框 按钮，在弹出的下拉列表中设置图片边框的颜色、粗细和形状，效果如图 4.1.15 所示。

原图

效果图

图 4.1.14　图片形状效果

原图

效果图

图 4.1.15　图片边框效果

9. 图片三维效果

选中图片后，在上下文工具中的“格式”选项卡中的“图片样式”组中单击“图片效果”按钮，在弹出的下拉列表中设置图片的预设、阴影、映像、发光、柔化边缘、棱台、三维旋转等三维效果，效果如图 4.1.16 所示。

原图

效果图

图 4.1.16　图片效果

10. 环绕方式

设置图片的环绕方式，可以使图片的周围环绕文字，实现 Word 的图文混排功能。选中图片后，在上下文工具中的“格式”选项卡中的“图片样式”组中单击“文字环绕”按钮，弹出如图 4.1.17 所示的下拉列表。在该下拉列表中选择相应的选项，即可设置图片的环绕方式。选择“其他布局选项(L)...”选项，弹出“高级版式”对话框，打开“文字环绕”选项卡，如图 4.1.18 所示。在该对话框中可对图片的环绕方式进行精确设置。

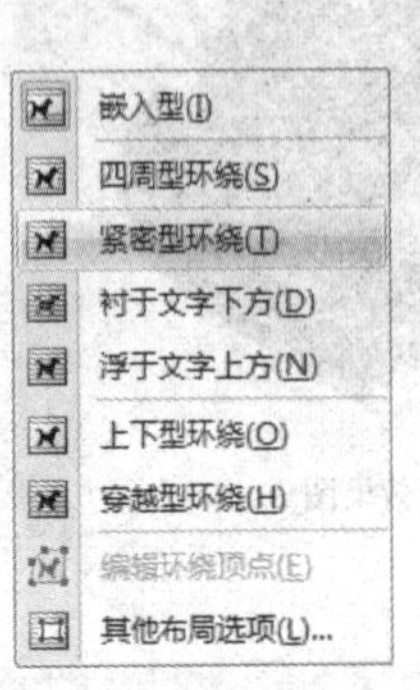

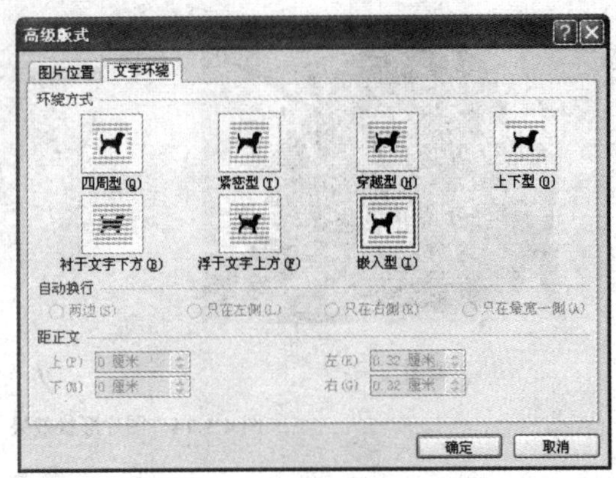

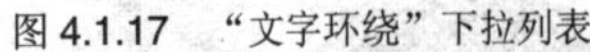
图 4.1.17 “文字环绕”下拉列表

图 4.1.18 “文字环绕”选项卡

11. 裁剪图片

选中图片后，在上下文工具中的“格式”选项卡中的“大小”组中选择“裁剪”选项，此时鼠标指针变为形状，将鼠标指针移至图片的控制点上即可对图片进行裁剪，效果如图 4.1.19 所示。

原图

效果图

图 4.1.19 裁剪图片效果

12. 旋转图片

在需要旋转的图片上单击鼠标右键，从弹出的快捷菜单中选择 大小(Z)... 命令，弹出 大小 对话框，打开 大小 选项卡，在该选项卡中的“尺寸和旋转”选区中的“旋转”微调框中输入旋转的角度，效果如图 4.1.20 所示。

原图

效果图

图 4.1.20 旋转图片效果

13．设置透明色

选中需要设置透明色的图片，在上下文工具中的“格式”选项卡中的“调整”组中单击 重新着色 按钮，在弹出的下拉列表中选择 设置透明色(S) 选项，此时鼠标变为 形状，将鼠标指向需要设置为透明色的部分，单击鼠标左键，即可将所选部分设置为透明色，效果如图 4.1.21 所示。

原图

效果图

图 4.1.21　透明色效果

注意　在图片上单击鼠标右键，从弹出的快捷菜单中选择 设置图片格式(O)... 命令，弹出 设置图片格式 对话框，如图 4.1.22 所示。在该对话框中可精确设置图片的填充、线条颜色、线型、阴影、三维格式、三维旋转、图片的重新着色等选项参数。

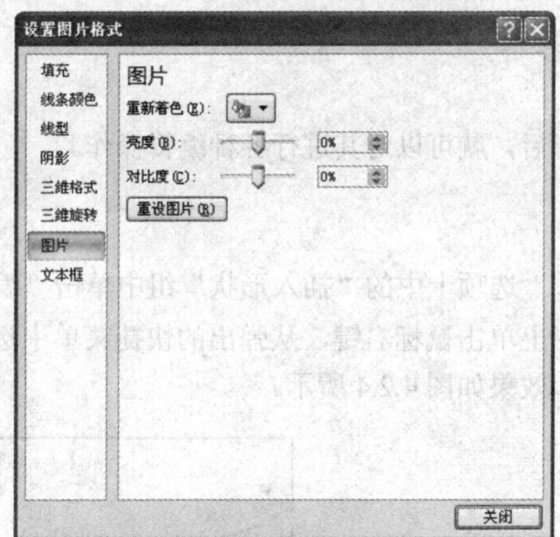

图 4.1.22　“设置图片格式”对话框

4.2　自选图形的使用

在实际工作中，有时需要在文档中插入一些简单的图形，来说明一些特殊的问题。在 Word 2007 文档中用户可以直接绘制和编辑各种图形。

4.2.1 绘制自选图形

在 Word 2007 文档中，用户可以插入现成的形状，例如矩形、圆、箭头、线条、流程图等符号和标注。在功能区用户界面中的“插入”选项卡中的“插图”组中选择“形状”选项，弹出其下拉菜单，如图 4.2.1 所示。在该下拉列表中选择需要绘制的自选图形的形状，此时光标变为十形状，按住鼠标左键在绘图画布上拖动到适当的位置释放鼠标，即可绘制相应的自选图形，如图 4.2.2 所示。

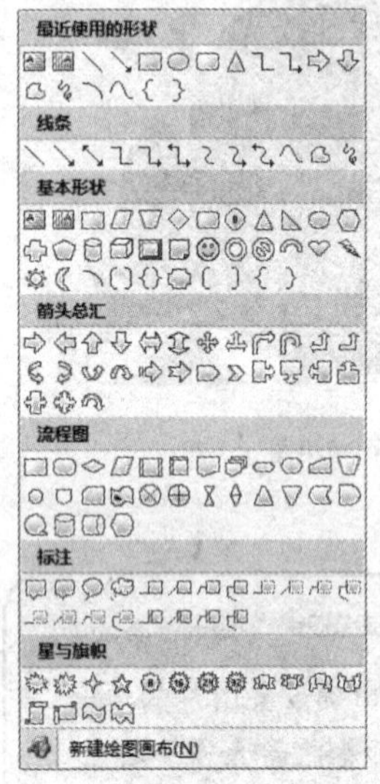

图 4.2.1 “形状”下拉列表

图 4.2.2 绘制自选图形

4.2.2 编辑自选图形

在文档中绘制好自选图形后，就可以对其进行各种编辑操作。

1. 为图形添加文本

在上下文工具中的“格式”选项卡中的“插入形状”组中单击“编辑文本”按钮，如图 4.2.3 所示，或者在插入的自选图形上单击鼠标右键，从弹出的快捷菜单中选择 添加文字(X) 命令，即可输入要添加的文本，效果如图 4.2.4 所示。

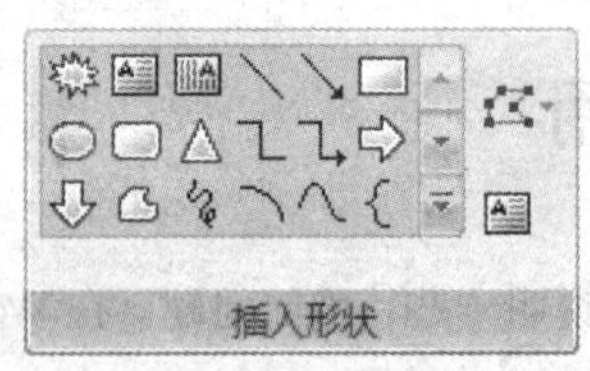

图 4.2.3 “插入形状”组

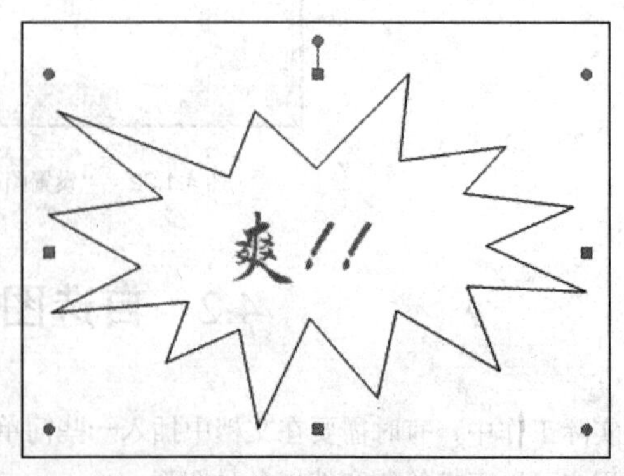

图 4.2.4 为图形添加文本

2. 组合自选图形

对于绘制的自选图形，用户还可以对其进行组合。组合可以将不同的部分合成为一个整体，便于图形的移动和其他操作。选中需要组合的全部图形，如图 4.2.5 所示。单击鼠标右键，从弹出的快捷菜单中选择 组合(G) → 组合(G) 命令，即可将图形组合成一个整体，效果如图 4.2.6 所示。

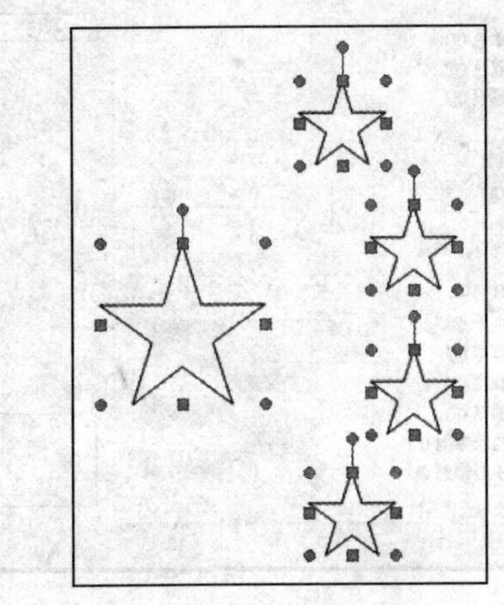

图 4.2.5　选中全部图形

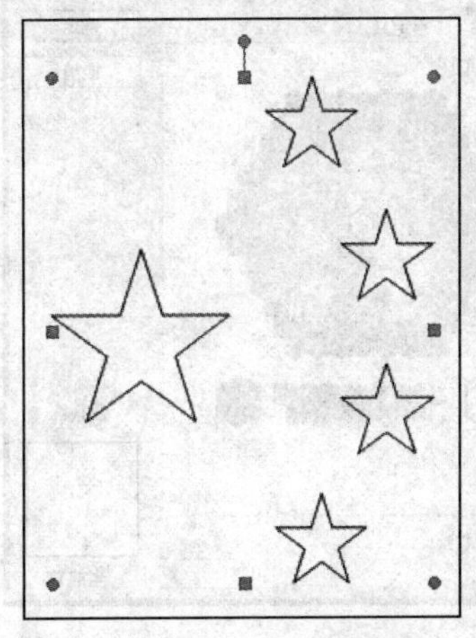

图 4.2.6　组合图形

3. 设置填充效果

默认情况下，用白色填充所绘制的自选图形对象。用户还可以用颜色过渡、纹理、图案以及图片等对自选图形进行填充，具体操作步骤如下：

（1）选定需要进行填充的自选图形。

（2）单击鼠标右键，从弹出的快捷菜单中选择 设置自选图形格式(O)... 命令，弹出 设置自选图形格式 对话框，打开 颜色与线条 选项卡，如图 4.2.7 所示。

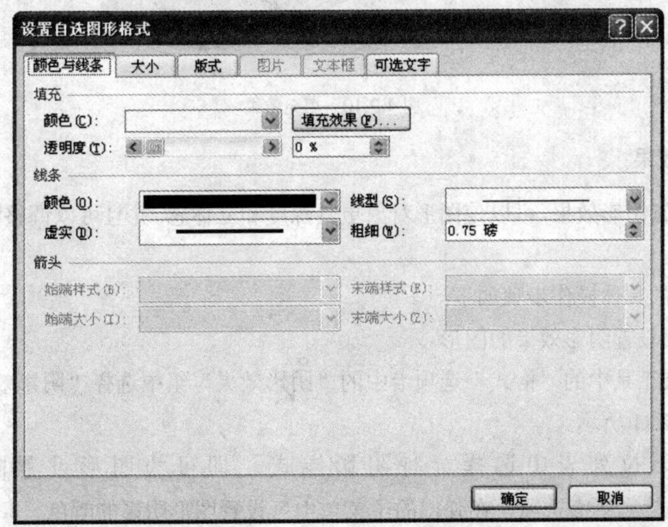

图 4.2.7　“颜色与线条”选项卡

（3）在该选项卡中的“填充”选区中的“颜色”下拉列表中选择 其他颜色(M)... 选项，在弹出的如图 4.2.8 所示的 颜色 对话框中设置填充颜色。单击 填充效果(F)... 按钮，在弹出的如图 4.2.9 所示的 填充效果 对话框中可设置图形的填充效果，如图 4.2.10 所示。

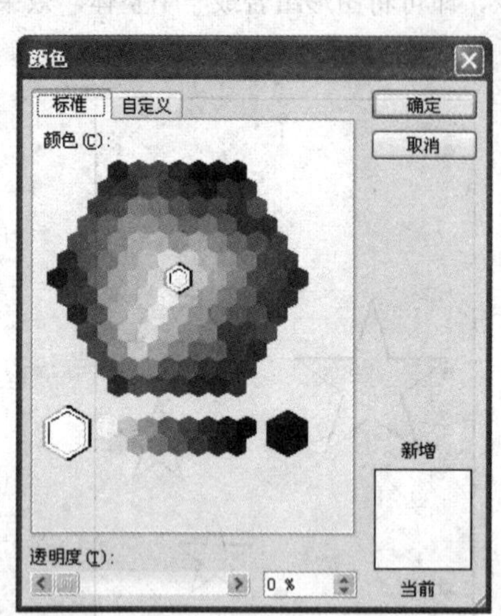

图 4.2.8 “颜色”对话框

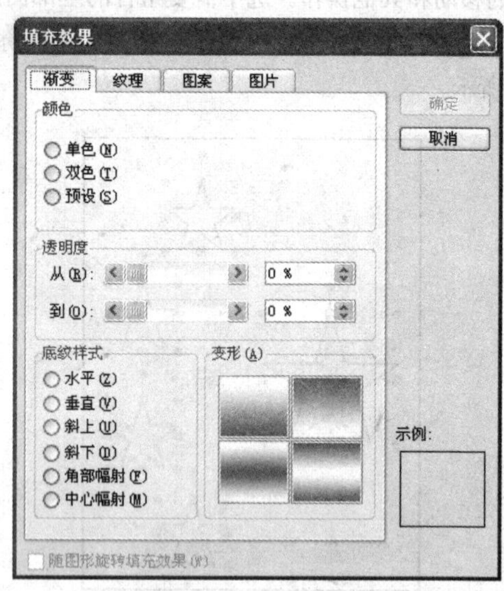

图 4.2.9 “填充效果”对话框

图 4.2.10 填充效果

4．设置阴影效果

给自选图形设置阴影效果，可以使图形对象更具深度和立体感。并且可以调整阴影的位置和颜色，而不影响图形本身。

设置阴影效果的具体操作步骤如下：

（1）选定需要设置阴影效果的图形。

（2）在上下文工具中的“格式”选项卡中的“阴影效果”组中选择“阴影效果”选项，弹出其下拉列表，如图 4.2.11 所示。

（3）在该下拉列表中选择一种阴影样式，即可为图形设置阴影效果；选择 阴影颜色(C) 选项，在弹出的子菜单中可设置图形阴影的颜色。

（4）用户还可以在“阴影效果”选项后对图形阴影的位置进行调整，效果如图 4.2.12 所示。

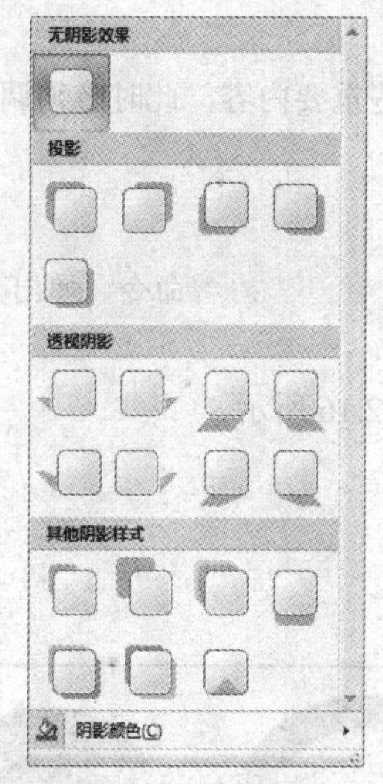

图 4.2.11　“阴影样式”下拉列表

图 4.2.12　阴影效果

5. 设置三维效果

为图形设置三维效果使图形更加逼真、形象，其具体操作步骤如下：

（1）选定需要设置三维效果的图形。

（2）在上下文工具中的“格式”选项卡中的“三维效果”组中选择“三维效果”选项，弹出其下拉列表，如图 4.2.13 所示。

（3）在该下拉列表中选择一种三维样式，即可为图形设置三维效果，并可在该下拉列表中设置图形三维效果的颜色、方向等参数。

（4）用户还可以在“阴影效果”选项后对图形三维效果的位置进行调整，效果如图 4.2.14 所示。

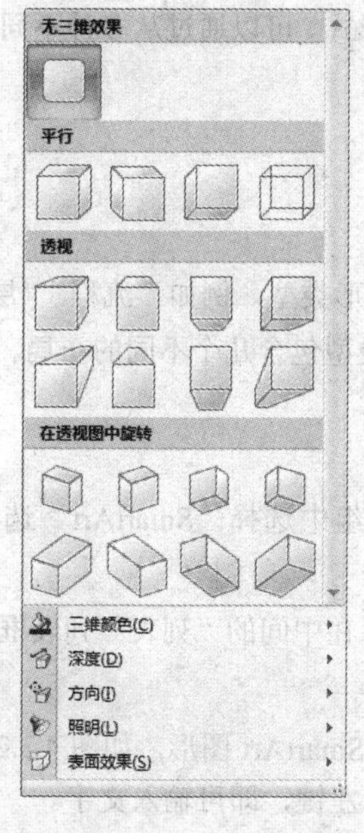

图 4.2.13　“三维效果样式”下拉列表

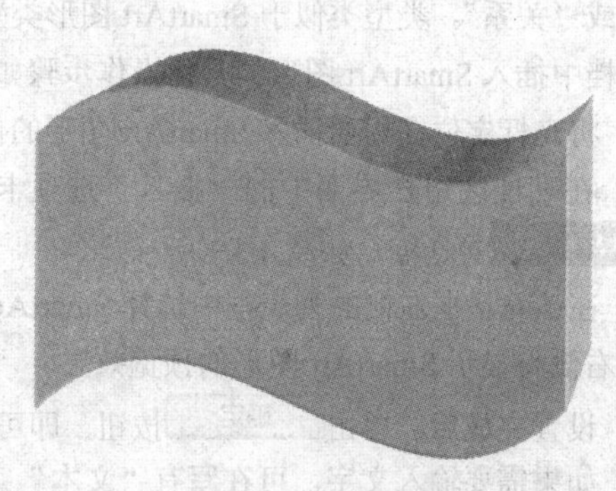

图 4.2.14　三维效果

6．设置叠放次序

当绘制的图形与其他图形位置重叠时，就会遮盖图片的某些重要内容，此时必须调整叠放次序，具体操作步骤如下：

（1）选定需要调整叠放次序的图片。

（2）单击鼠标右键，从弹出的快捷菜单中选择命令，弹出其子菜单，如图 4.2.15 所示。

（3）在该子菜单中根据需要选择相应的命令，效果如图 4.2.16 所示。

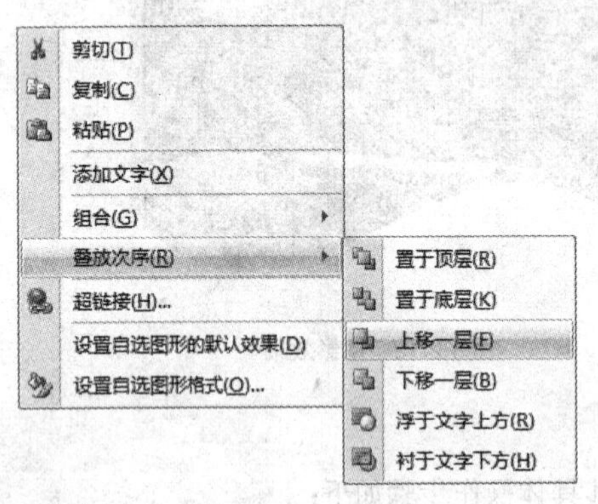

图 4.2.15 “叠放次序”子菜单

图 4.2.16 设置叠放次序效果

4.3 SmartArt 图形的使用

虽然插图和图形比文字更有助于读者理解和记忆信息，但大多数人仍创建仅包含文字的内容。创建具有设计师水准的插图很困难，用户可以使用 SmartArt 图形功能，只需单击几下鼠标，即可创建具有设计师水准的插图。SmartArt 图形是信息和观点的视觉表示形式。可以通过从多种不同布局中进行选择来创建 SmartArt 图形，从而快速、轻松、有效地传达信息。

4.3.1 插入 SmartArt 图形

创建 SmartArt 图形时，系统将提示用户选择一种 SmartArt 图形类型，例如“流程”“层次结构”“循环”或“关系”。类型类似于 SmartArt 图形类别，而且每种类型包含几个不同的布局。

在文档中插入 SmartArt 图形的具体操作步骤如下：

（1）将光标定位在需要插入 SmartArt 图形的位置。

（2）在功能区用户界面中的“插入”选项卡中的“插图”组中选择“SmartArt”选项，弹出 选择 SmartArt 图形 对话框，如图 4.3.1 所示。

（3）在该对话框左侧的列表框中选择 SmartArt 图形的类型；在中间的“列表”列表框中选择子类型；在右侧将显示 SmartArt 图形的预览效果。

（4）设置完成后，单击 确定 按钮，即可在文档中插入 SmartArt 图形，如图 4.3.2 所示。

（5）如果需要输入文字，可在写有“文本”字样处单击鼠标左键，即可输入文字。

（6）选中输入的文字，即可像普通文本一样进行格式化编辑。

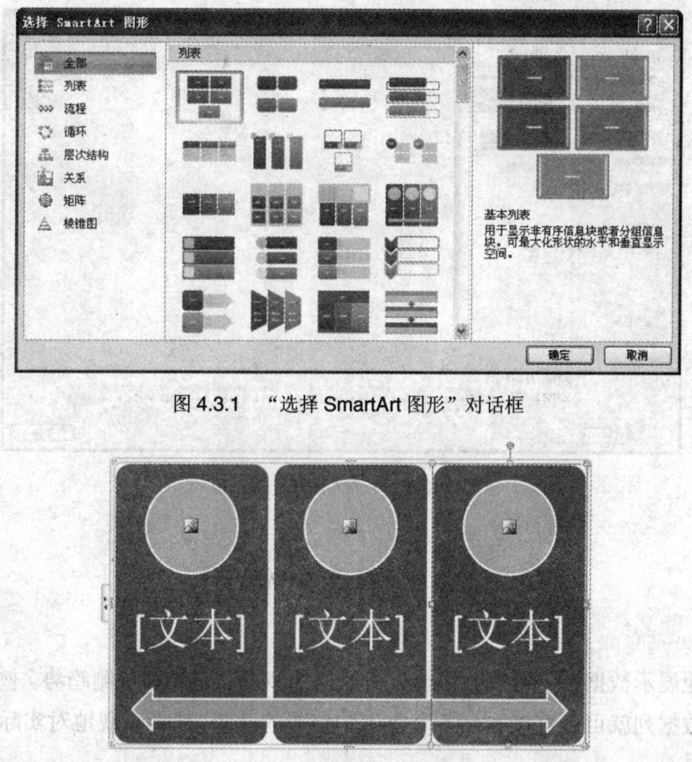

图 4.3.1　“选择 SmartArt 图形”对话框

图 4.3.2　插入 SmartArt 图形

4.3.2　编辑 SmartArt 图形

在 Word 文档中插入 SmartArt 图形后，还可以对其进行编辑操作。在上下文工具“SmartArt 工具”中的“设计”选项卡中可对 SmartArt 图形的布局、颜色、样式等进行设置，如图 4.3.3 所示。

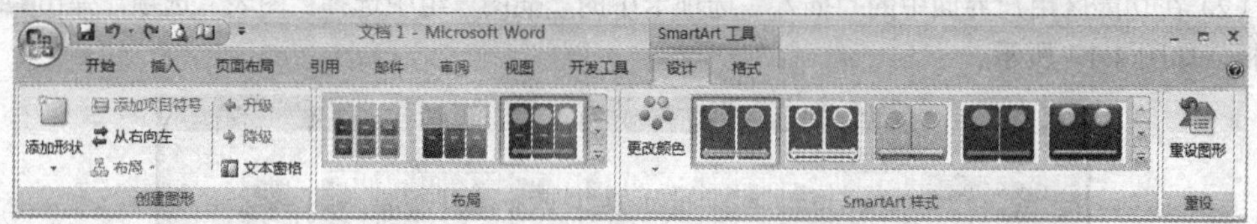

图 4.3.3　“设计”选项卡

在上下文工具“SmartArt 工具”中的“格式”选项卡中可对 SmartArt 图形的形状、形状样式、艺术字样式、排列、大小等进行设置，如图 4.3.4 所示。

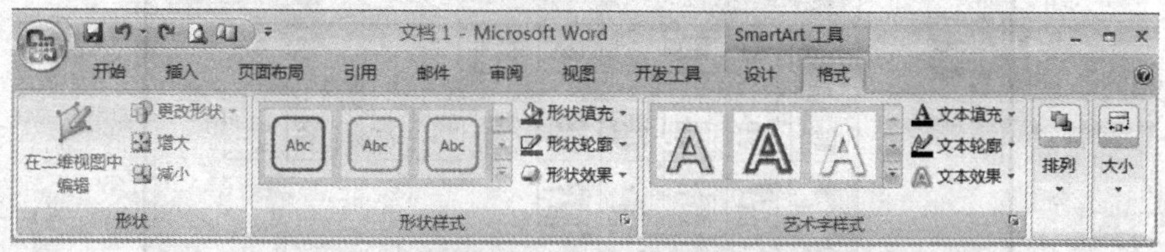

图 4.3.4　“格式”选项卡

单击 SmartArt 图形中的图片占位符，弹出 插入图片 对话框，如图 4.3.5 所示。在该对话框中选择需要的图片，单击 插入(S) 按钮，即可在 SmartArt 图形中插入图片。

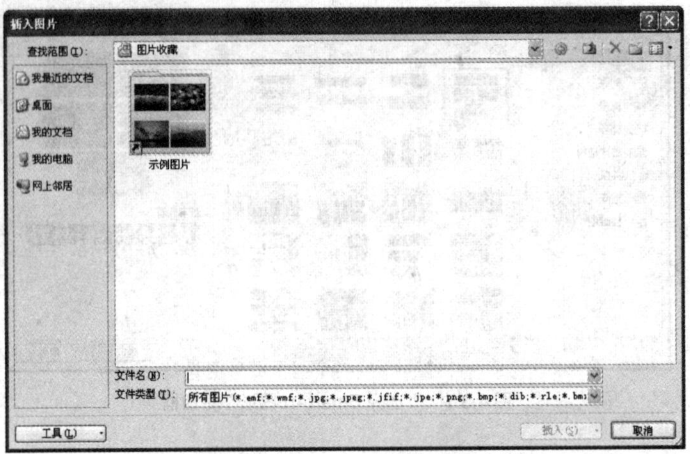

图 4.3.5 “插入图片”对话框

4.4 图表的使用

图表能直观地展示数据，使用户方便地分析数据的概况、差异和预测趋势。例如，用户不必分析工作表中的多个数据列就可以直接看到各个季度销售额的升降，或者直观地对实际销售额与销售计划进行比较。

4.4.1 插入图表

在 Word 文档中，能够方便地插入图表，具体操作步骤如下：

（1）将光标定位在需要插入图表的位置。

（2）在功能区用户界面中的“插入”选项卡中的“插图”组中选择“图表”选项，弹出**插入图表**对话框，如图 4.4.1 所示。

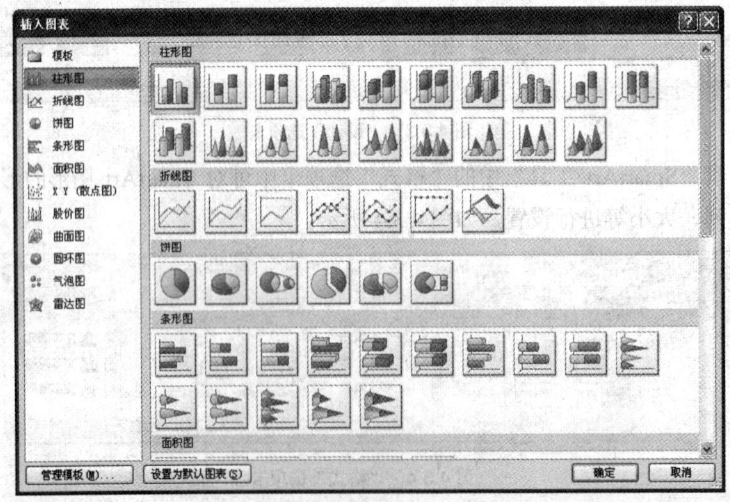

图 4.4.1 “插入图表”对话框

（3）在该对话框左侧选择图表类型模板；在右侧选择其子类型，单击 确定 按钮，即可在文档中插入图表，效果如图 4.4.2 所示。同时打开 Excel 窗口，如图 4.4.3 所示。在 Excel 表格中对的数据进行修改，在 Word 文档中的图表中即可显示出来。

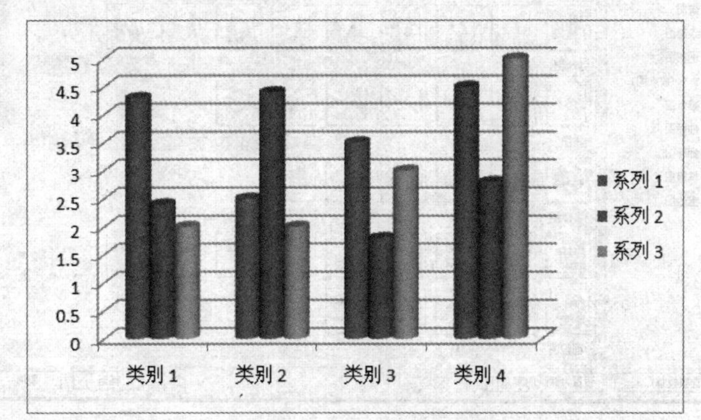

图 4.4.2　插入图表

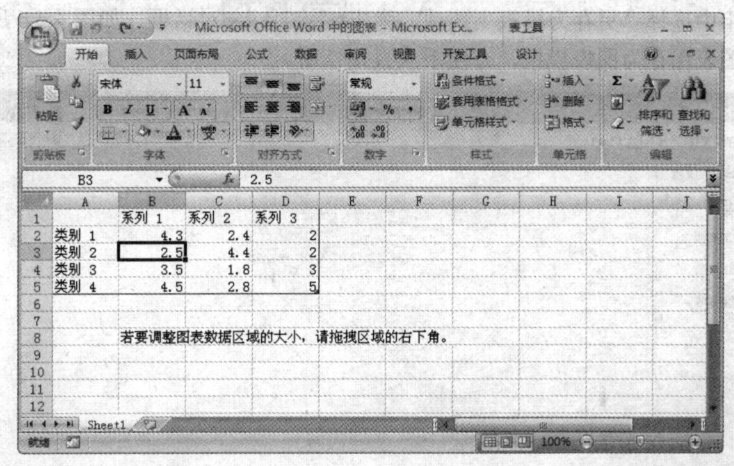

	A	B	C	D
1		系列 1	系列 2	系列 3
2	类别 1	4.3	2.4	2
3	类别 2	2.5	4.4	2
4	类别 3	3.5	1.8	3
5	类别 4	4.5	2.8	5

图 4.4.3　Excel 窗口

4.4.2　编辑图表

在 Word 文档中插入图表后，还可以对其进行编辑操作。在上下文工具“图表工具”中的“设计”选项卡中可对图表的类型、数据、布局、样式等进行设置，如图 4.4.4 所示。例如在“类型”组中选择“更改图表类型”选项，弹出 更改图表类型 对话框，如图 4.4.5 所示。在该对话框中可对图表的类型进行修改。

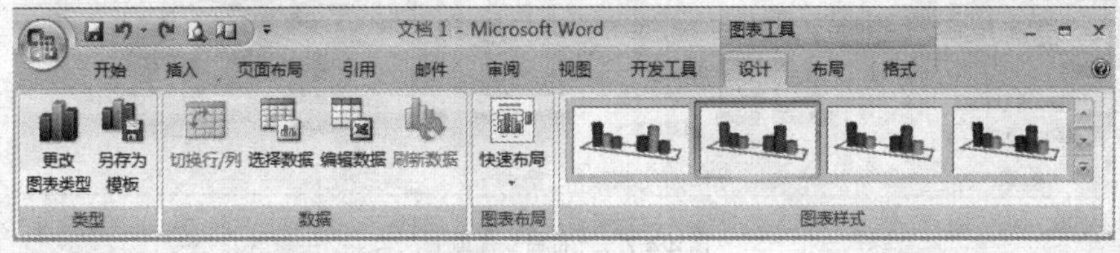

图 4.4.4　“设计”选项卡

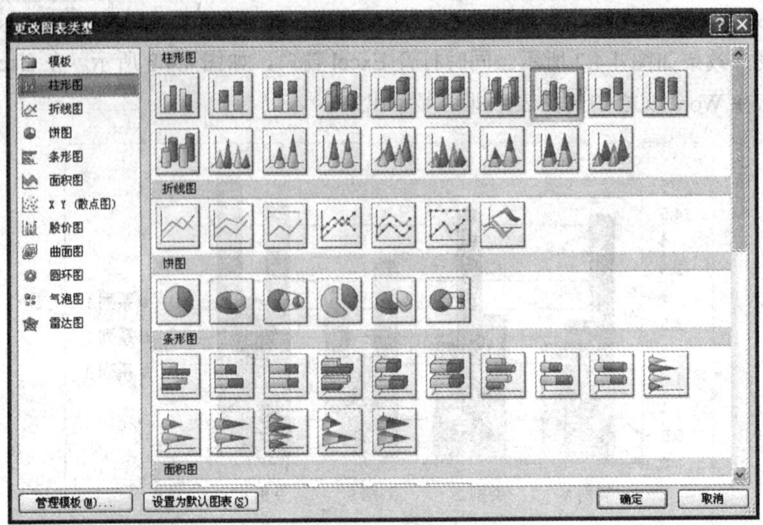

图 4.4.5 “更改图表类型”对话框

在“类型”组中选择“另存为模板”选项，弹出保存图表模板对话框，如图 4.4.6 所示。在该对话框中可将创建的图表保存为图表模板，方便下次直接使用。

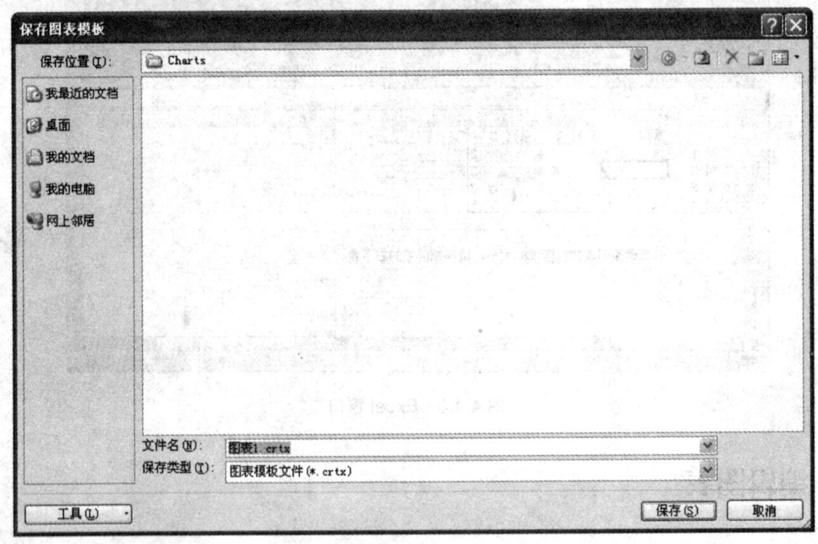

图 4.4.6 “保存图表模板”对话框

在上下文工具“图表工具”中的“布局”选项卡中可对图表当前所选内容、标签、坐标轴、背景、分析等进行设置，如图 4.4.7 所示。

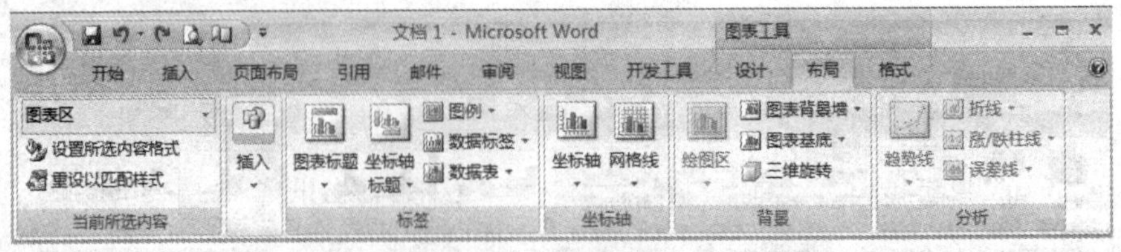

图 4.4.7 “布局”选项卡

在上下文工具“图表工具”中的“格式”选项卡中可对图表的形状样式、艺术字样式、排列以及大小等进行设置，如图 4.4.8 所示。

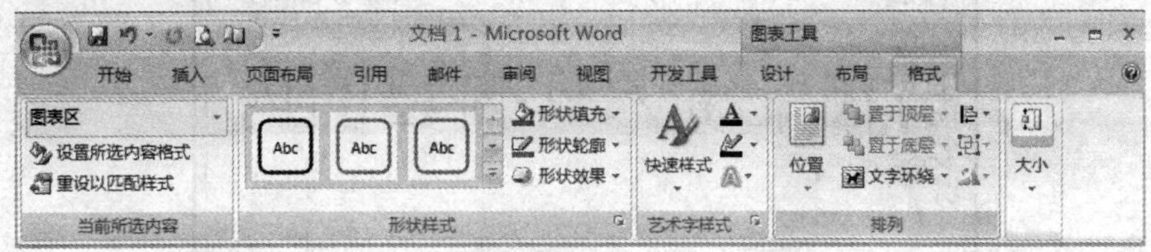

图 4.4.8　“格式”选项卡

4.5　艺术字的使用

在编辑文档过程中，为了使文字的字形变得更具艺术性，可以应用 Word 2007 提供的艺术字功能来绘制特殊的文字。在 Word 2007 中，艺术字是作为一种图形对象插入的，所以用户可以像编辑图形对象那样编辑艺术字。

4.5.1　插入艺术字

在文档中插入艺术字的具体操作步骤如下：

（1）将光标定位在需要插入艺术字的位置。

（2）在功能区用户界面中的“插入”选项卡中的“文本”组中选择“艺术字”选项，弹出其下拉列表，如图 4.5.1 所示。

图 4.5.1　“艺术字”下拉列表

（3）在该下拉列表中选择一种艺术字样式，弹出编辑艺术字文字对话框，如图 4.5.2 所示。

（4）在该对话框中的“文本”文本框中输入需要插入的艺术字；在“字体”下拉列表中设置艺术字字体；在“字号”下拉列表中设置艺术字大小。

（5）设置完成后，单击确定按钮即可在文档中插入艺术字，效果如图 4.5.3 所示。

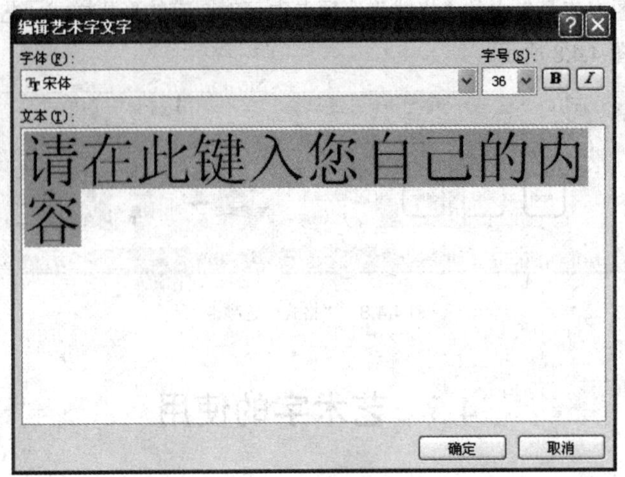

图 4.5.2 “编辑艺术字文字”对话框

图 4.5.3 插入艺术字效果

4.5.2 编辑艺术字

在文档中插入艺术字后，用户可以根据需要对其进行各种修饰和编辑。单击插入的艺术字，在上下文工具“艺术字工具”中的“格式”选项卡中可对艺术字进行各种格式化操作，如图 4.5.4 所示。

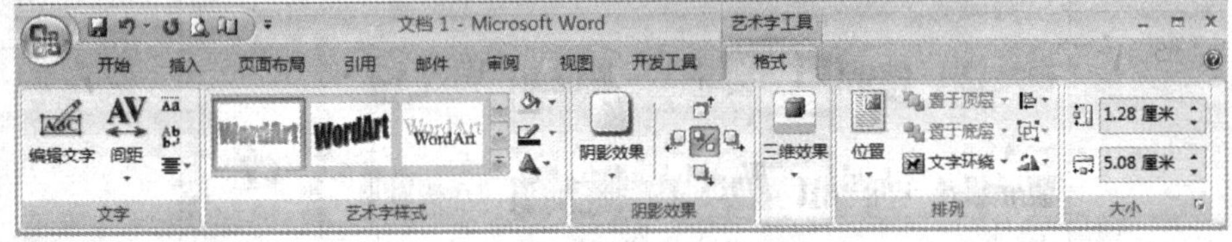

图 4.5.4 “格式”选项卡

1. 设置艺术字形状

在上下文工具“艺术字工具”中的“格式”选项卡中的“艺术字样式”组中单击 更改形状 按钮，弹出如图 4.5.5 所示的下拉列表。在该下拉列表中单击任意形状，艺术字形状将随之改变。

2. 设置文字环绕

在上下文工具“艺术字工具”中的“格式”选项卡中的“艺术字样式”组中单击 文字环绕 按钮，弹出如图 4.5.6 所示的下拉列表。用户可根据需要在下拉列表中选择所需的文字环绕方式。

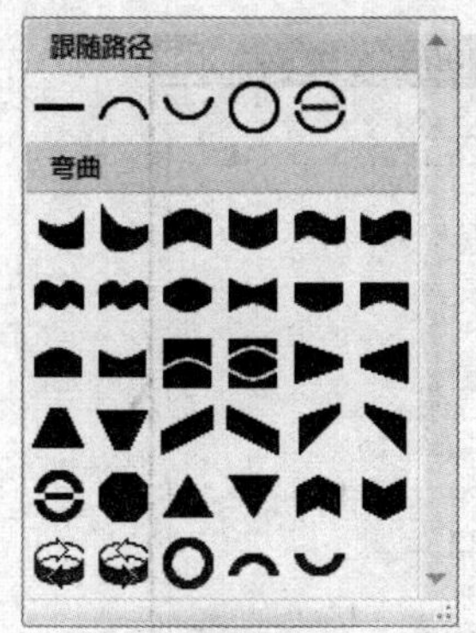

图 4.5.5　“艺术字形状”下拉列表

图 4.5.6　“文字环绕”下拉列表

3．设置艺术字阴影效果

在上下文工具“艺术字工具”中的“格式”选项卡中的“阴影效果”组中选择“阴影效果”选项，弹出如图 4.5.7 所示的下拉列表。用户可根据需要在下拉列表中选择所需的阴影效果。

4．设置艺术字三维效果

在上下文工具“艺术字工具”中的“格式”选项卡中的“三维效果”组中选择“三维效果”选项，弹出如图 4.5.8 所示的下拉列表。用户可根据需要在下拉列表中选择所需的三维效果。

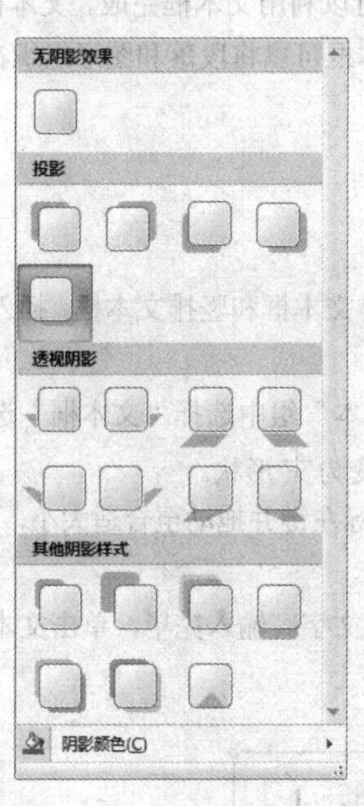

图 4.5.7　“阴影效果”下拉列表

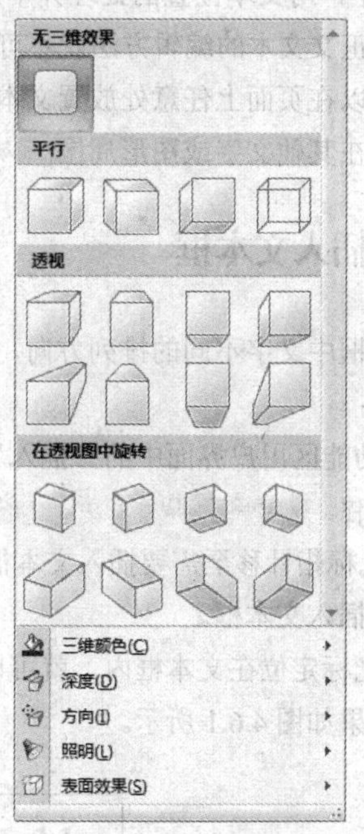

图 4.5.8　“三维效果”下拉列表

5．设置艺术字格式

选中插入的艺术字，单击鼠标右键，从弹出的下拉菜单中选择 设置艺术字格式(O)... 命令，弹出 设置艺术字格式 对话框，如图 4.5.9 所示。在该对话框中可对艺术字的颜色与线条、大小、版式等进行精确的设置。

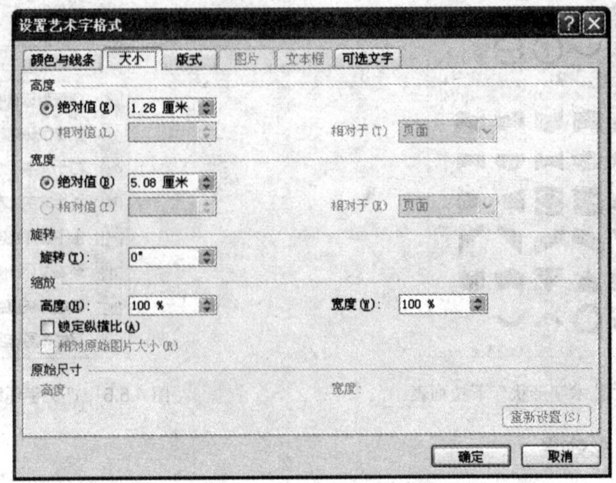

图 4.5.9 “设置艺术字格式”对话框

4.6 文本框的使用

在 Word 中，对文本位置的处理并不是随心所欲的。例如，当在一页横排文档中的某处使用竖排文本时，使用正文文本的编辑方法就不可能做到。此时就可以利用文本框完成。文本框是 Word 2007 提供的一种可以在页面上任意处放置文本的工具。使用文本框可以将段落和图形组织在一起，或者将某些文字排列在其他文字或图形周围。

4.6.1 插入文本框

根据文本框中文字不同的排列方向，文本框可分为横排文本框和竖排文本框。插入文本框的具体操作步骤如下：

（1）在功能区用户界面中的“插入”选项卡中的“文本”组中选择“文本框”选项，在弹出的下拉列表中选择 绘制文本框(D) 选项，此时光标变为十形状。

（2）将鼠标指针移至需要插入文本框的位置，单击鼠标左键并拖动至合适大小，松开鼠标左键，即可在文档中插入文本框。

（3）将光标定位在文本框内，就可以在文本框中输入文字。输入完毕，单击文本框以外的任意地方即可。效果如图 4.6.1 所示。

图 4.6.1 插入文本框

在功能区用户界面中的“插入”选项卡中的“文本”组中选择“文本框”选项，在弹出的下拉列表中选择 绘制竖排文本框(V) 选项，即可在文档中插入竖排文本框。

4.6.2　编辑文本框

在文档中插入文本框后，可对其格式进行设置，并调整其文字方向。

1. 设置文本框格式

设置文本框格式的具体操作步骤如下：

（1）选定要设置格式的文本框，单击鼠标右键，从弹出的快捷菜单中选择 设置文本框格式(O)... 命令，或者双击鼠标左键，弹出 设置文本框格式 对话框，默认情况下打开 大小 选项卡，如图 4.6.2 所示。在该选项卡中可对文本框的大小进行设置。

（2）在 设置文本框格式 对话框中打开 颜色与线条 选项卡，如图 4.6.3 所示。在该选项卡中可对文本框的颜色与线条进行设置。

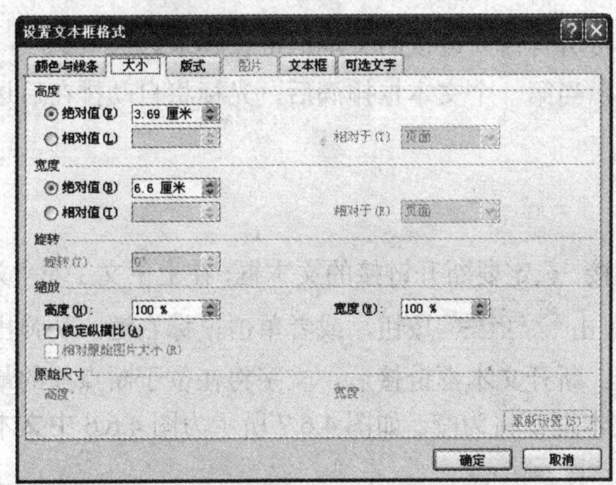

图 4.6.2　“大小”选项卡

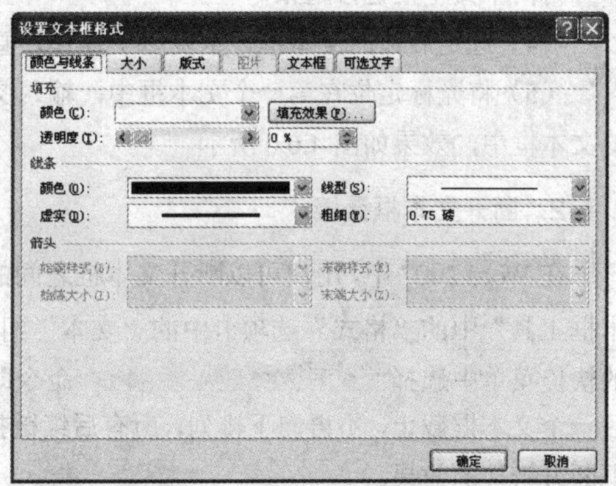

图 4.6.3　“颜色与线条”选项卡

（3）在 设置文本框格式 对话框中打开其他的选项卡，可对文本框的其他格式进行设置。设置文本框的格式效果如图 4.6.4 所示。

2. 调整文字方向

调整文字方向的具体操作步骤如下：

（1）选定要调整文字方向的文本框。

（2）在上下文工具“文本框工具”中的“格式”选项卡中，单击“文本”组中 文字方向 按钮，即可改变文本框中文字的方向，效果如图 4.6.5 所示。

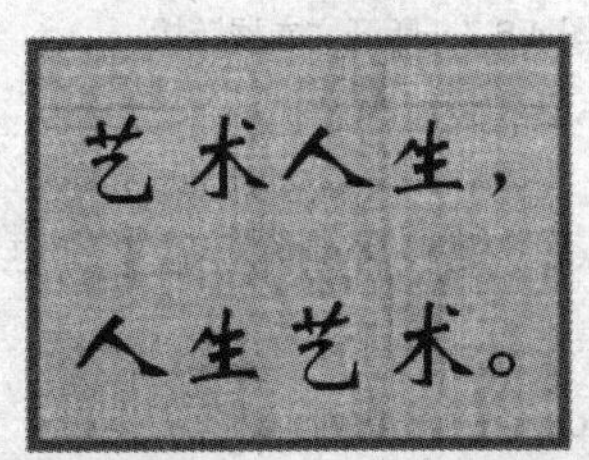

图 4.6.4　设置文本框格式

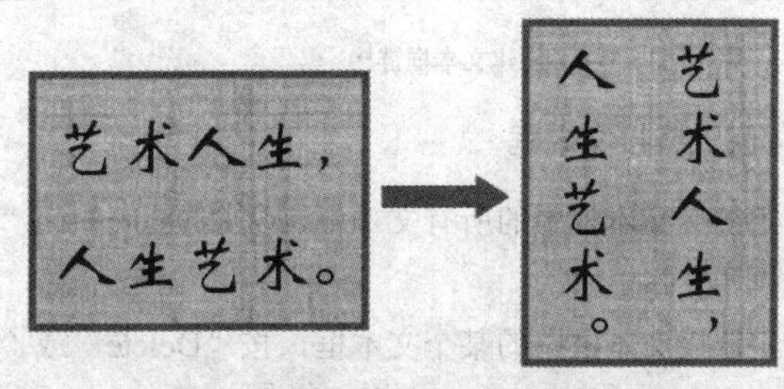

图 4.6.5　调整文字方向

4.6.3 链接文本框

链接文本框可以将文档中不同位置的文本框连接在一起，使之成为一个整体。在链接文本框中输入文本，如果第一个文本框写满，插入点自动跳到第二个文本框内，继续输入文本。如果第一个文本框没有写满，第二个文本框就不可以编辑，即文本按照“就前”原则进行排列。

1. 创建文本框链接

创建文本框链接的具体操作步骤如下：

（1）在文档中需要创建链接文本框的位置创建多个空白文本框。

（2）选中第一个文本框，在上下文工具“文本框工具”中的“格式”选项卡中的“文本”组中单击 创建链接 按钮，或者单击鼠标右键，从弹出的快捷菜单中选择 创建文本框链接(R) 命令，此时鼠标指针变为形状。

（3）将鼠标指针移至需要链接的下一个文本框中，此时鼠标指针变为形状，单击鼠标左键，即可将两个文本框链接起来。

（4）选定后边的文本框，重复以上操作，直到将所有需要链接的文本框链接起来。

（5）将光标定位在第一个文本框中，输入文本，当第一个文本框排满后，光标将自动排在后边的文本框中，效果如图 4.6.6 所示。

2. 断开文本框链接

在 Word 2007 中，用户可以断开文本框之间的链接。选定要断开链接的文本框，在上下文工具“文本框工具”中的“格式”选项卡中的“文本”组中单击 断开链接 按钮，或者单击鼠标右键，从弹出的快捷菜单中选择 断开向前链接(B) 命令即可。断开文本框链接后，文字将在位于断点前的最后一个文本框截止，不再向下排列，所有后续链接文本框都将为空。如图 4.6.7 所示为图 4.6.6 中文本框断开链接的效果。

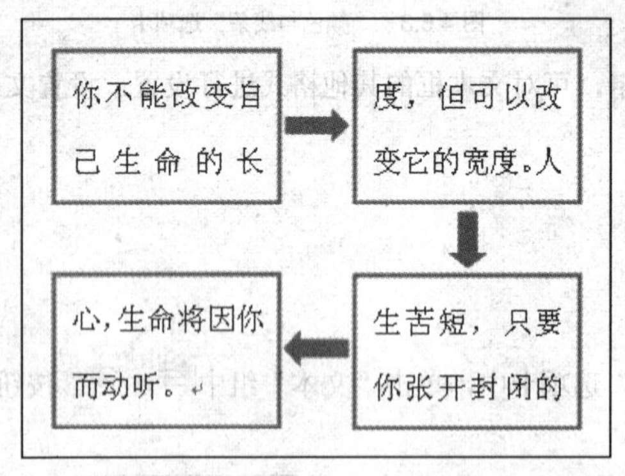

图 4.6.6 创建文本框链接

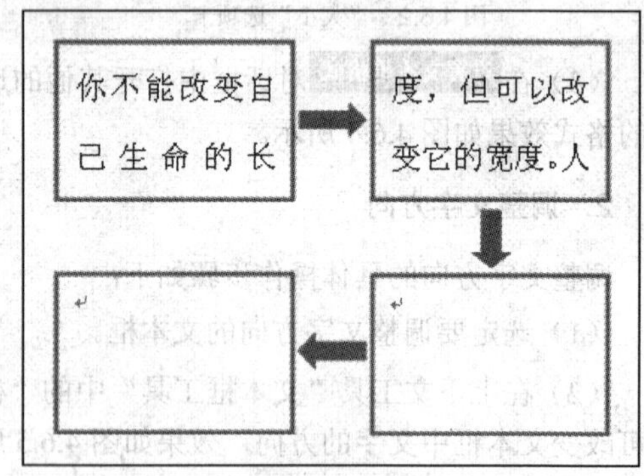

图 4.6.7 断开文本框链接

3. 删除链接文本框

选定链接文本框中的所有文本框，按“Delete”或“Back Space”键，可删除链接文本框中的所有文本框和文本。

选定链接文本框中的某个文本框，按“Delete”或“Back Space”键，可删除该文本框，而保留其中的文本，并且转到后边的链接文本框中。

注意 在文档中单击鼠标左键，即可插入一个系统默认的文本框。创建文本框链接后，所链接的各文本框的格式可独立设置。

4.7　典型实例——图文混排

本节主要介绍在 Word 文档中，利用本章学过的图片、自选图形、艺术字等知识编辑图形，最终效果如图 4.7.1 所示。

图 4.7.1　最终效果图

创作步骤

（1）单击“Office”按钮，然后在弹出的菜单中选择 新建(N) 命令，弹出 新建文档 对话框。

（2）在该对话框左侧的“模板”列表框中选择“空白文档和最近使用的文档”选项，然后在对话框右侧的列表框中选择“空白文档”选项，单击 创建 按钮，即可创建一个空白文档。

（3）在功能区用户界面中的“页面布局”选项卡中的“页面设置”组中单击对话框启动按钮，弹出 页面设置 对话框，打开 页边距 选项卡，如图 4.7.2 所示。在该“页边距”选区中设置页边距“上”“下”“左”和“右”均为“1 厘米”；在“方向”选区中设置页面方向为“横向”。

（4）在 页面设置 对话框中打开 纸张 选项卡，如图 4.7.3 所示。在该选项卡“纸张大小”选区中设置纸张“宽度”和“高度”分别为“15 厘米”和“10 厘米”。

（5）设置完成后，单击 确定 按钮，在文档中输入文本，如图 4.7.4 所示。

（6）在功能区用户界面中的“插入”选项卡中的“插图”组中选择“图片”选项，弹出 插入图片 对话框，如图 4.7.5 所示。

（7）在该对话框中选择需要插入的图片文件，单击 插入(S) 按钮，在文档中插入图片。

（8）选中插入的图片，单击鼠标右键，从弹出的快捷菜单中选择 文字环绕(W) 命令，在弹出的子菜单中选择 浮于文字上方(N) 命令。调整图片的大小和位置，效果如图 4.7.6 所示。

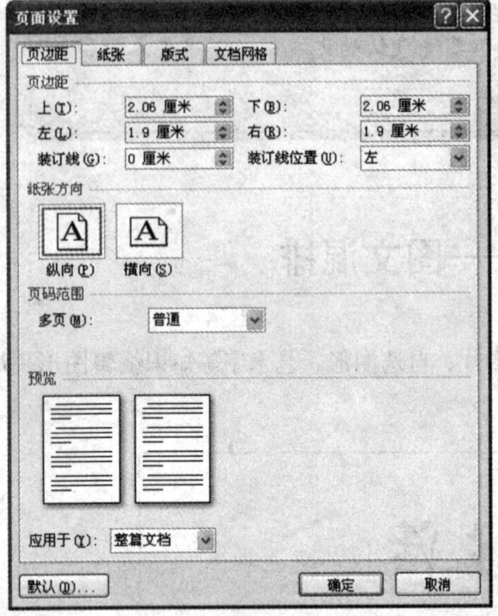

图 4.7.2 “页边距”选项卡

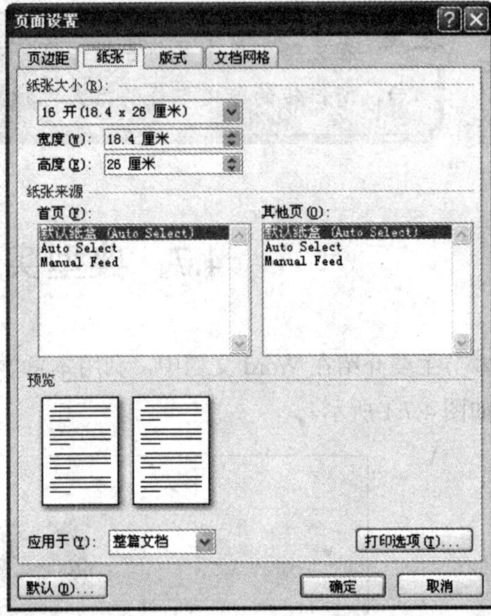

图 4.7.3 “纸张”选项卡

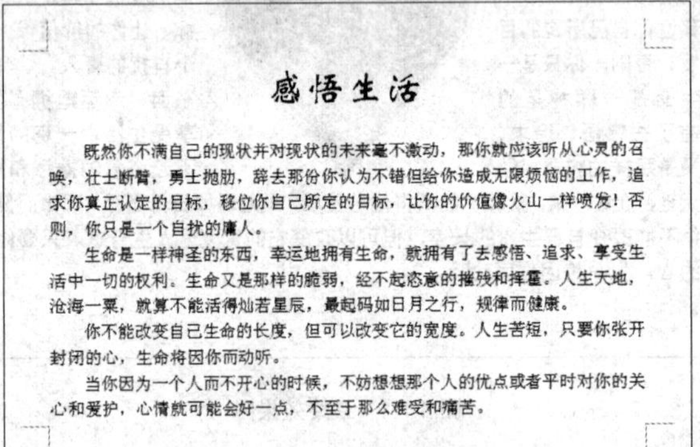

感悟生活

既然你不满自己的现状并对现状的未来毫不激动，那你就应该听从心灵的召唤，壮士断臂，勇士抛肋，辞去那份你认为不错但给你造成无限烦恼的工作，追求你真正认定的目标，移位你自己所定的目标，让你的价值像火山一样喷发！否则，你只是一个自扰的庸人。

生命是一样神圣的东西，幸运地拥有生命，就拥有了去感悟、追求、享受生活中一切的权利。生命又是那样的脆弱，经不起恣意的摧残和挥霍。人生天地，沧海一粟，就算不能活得灿若星辰，最起码如日月之行，规律而健康。

你不能改变自己生命的长度，但可以改变它的宽度。人生苦短，只要你张开封闭的心，生命将因你而动听。

当你因为一个人而不开心的时候，不妨想想那个人的优点或者平时对你的关心和爱护，心情就可能会好一点，不至于那么难受和痛苦。

图 4.7.4 输入文本

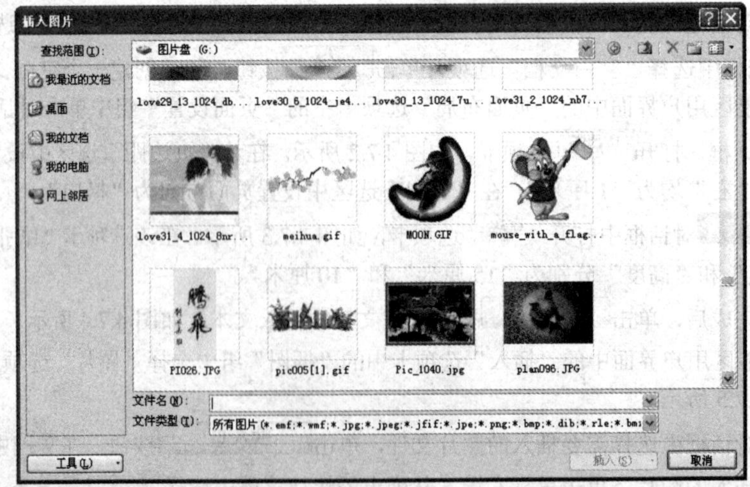

图 4.7.5 “插入图片”对话框

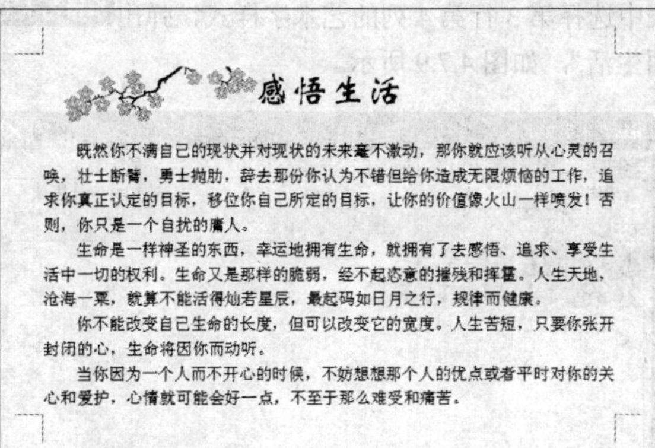

感悟生活

既然你不满自己的现状并对现状的未来毫不激动，那你就应该听从心灵的召唤，壮士断臂，勇士抛肋，辞去那份你认为不错但给你造成无限烦恼的工作，追求你真正认定的目标，移位你自己所定的目标，让你的价值像火山一样喷发！否则，你只是一个自扰的庸人。

生命是一样神圣的东西，幸运地拥有生命，就拥有了去感悟、追求、享受生活中一切的权利。生命又是那样的脆弱，经不起恣意的摧残和挥霍。人生天地，沧海一粟，就算不能活得灿若星辰，最起码如日月之行，规律而健康。

你不能改变自己生命的长度，但可以改变它的宽度。人生苦短，只要你张开封闭的心，生命将因你而动听。

当你因为一个人而不开心的时候，不妨想想那个人的优点或者平时对你的关心和爱护，心情就可能会好一点，不至于那么难受和痛苦。

图 4.7.6　设置图片环绕方式

（9）重复步骤（6）～（8）的操作方法，在文档中插入另外一幅图片，设置图片的环绕方式分别为“浮于文字上方”，并调整图片大小和位置，效果如图 4.7.7 所示。

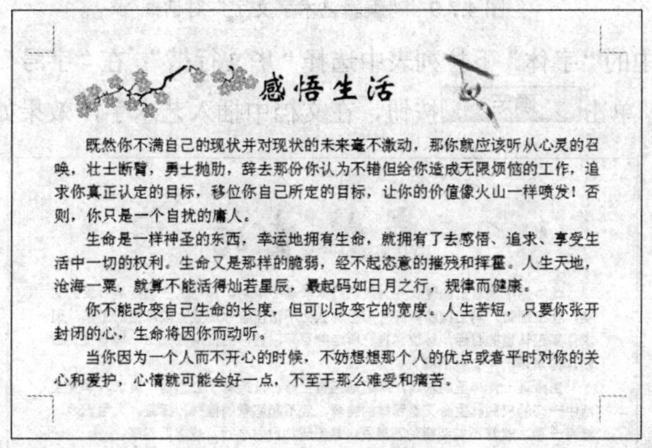

感悟生活

既然你不满自己的现状并对现状的未来毫不激动，那你就应该听从心灵的召唤，壮士断臂，勇士抛肋，辞去那份你认为不错但给你造成无限烦恼的工作，追求你真正认定的目标，移位你自己所定的目标，让你的价值像火山一样喷发！否则，你只是一个自扰的庸人。

生命是一样神圣的东西，幸运地拥有生命，就拥有了去感悟、追求、享受生活中一切的权利。生命又是那样的脆弱，经不起恣意的摧残和挥霍。人生天地，沧海一粟，就算不能活得灿若星辰，最起码如日月之行，规律而健康。

你不能改变自己生命的长度，但可以改变它的宽度。人生苦短，只要你张开封闭的心，生命将因你而动听。

当你因为一个人而不开心的时候，不妨想想那个人的优点或者平时对你的关心和爱护，心情就可能会好一点，不至于那么难受和痛苦。

图 4.7.7　插入第 2 幅图片

（10）选中文本“感悟生活”，在功能区用户界面中的“插入”选项卡中的“文本”组中选择“艺术字”选项，弹出其下拉列表，如图 4.7.8 所示。

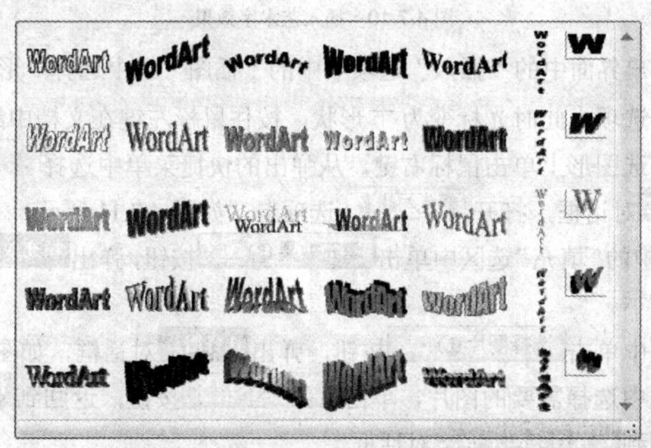

图 4.7.8　“艺术字”下拉列表

（11）在该下拉列表中选择第 3 行第 4 列的艺术字样式，弹出**编辑艺术字文字**对话框，在“文本”文本框中输入文本“感悟生活”，如图 4.7.9 所示。

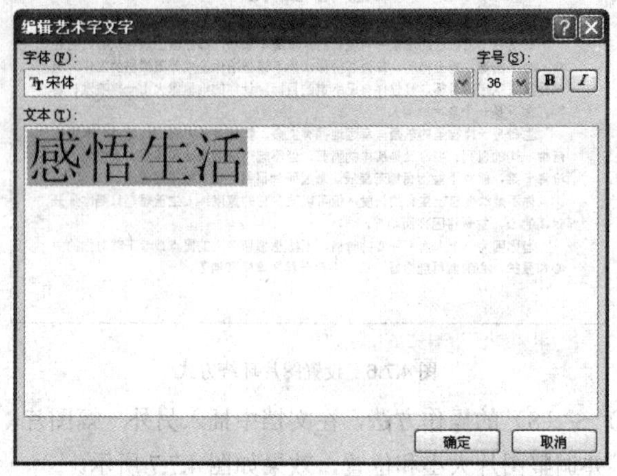

图 4.7.9 “编辑艺术字文字”对话框

（12）在该对话框中的“字体”下拉列表中选择“华文行楷”；在“字号”下拉列表选择“36 磅”；单击“加粗”按钮**B**，单击**确定**按钮，在文档中插入艺术字，效果如图 4.7.10 所示。

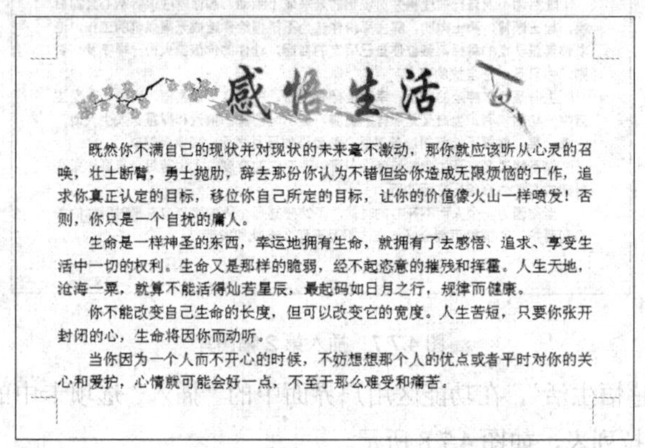
感悟生活

既然你不满自己的现状并对现状的未来毫不激动，那你就应该听从心灵的召唤，壮士断臂，勇士抛肋，辞去那份你认为不错但给你造成无限烦恼的工作，追求你真正认定的目标，移位你自己所定的目标，让你的价值像火山一样喷发！否则，你只是一个自扰的庸人。

生命是一样神圣的东西，幸运地拥有生命，就拥有了去感悟、追求、享受生活中一切的权利。生命又是那样的脆弱，经不起恣意的摧残和挥霍。人生天地，沧海一粟，就算不能活得灿若星辰，最起码如日月之行，规律而健康。

你不能改变自己生命的长度，但可以改变它的宽度。人生苦短，只要你张开封闭的心，生命将因你而动听。

当你因为一个人而不开心的时候，不妨想想那个人的优点或者平时对你的关心和爱护，心情就可能会好一点，不至于那么难受和痛苦。

图 4.7.10 插入艺术字效果

（13）在功能区用户界面中的“插入”选项卡中的“插图”组中选择“形状”选项，在弹出的下拉菜单中选择“心形”选项，此时光标变为十形状，按住鼠标左键在文档中绘制一个心形图形。

（14）在绘制的自选图形上单击鼠标右键，从弹出的快捷菜单中选择**设置自选图形格式(O)...**命令，弹出**设置自选图形格式**对话框，打开**颜色与线条**选项卡，如图 4.7.11 所示。

（15）在该选项卡中的“填充”选区中单击**填充效果(F)...**按钮，弹出**填充效果**对话框，打开**图片**选项卡，如图 4.7.12 所示。

（16）在该对话框中单击**选择图片(L)...**按钮，弹出**选择图片**对话框，如图 4.7.13 所示。

（17）在该对话框中选择需要的图片，单击**插入(S)**按钮，返回到**填充效果**对话框中，单击**确定**按钮，返回到**设置自选图形格式**对话框。

（18）在**设置自选图形格式**对话框中的“线条”选区中的“颜色”下拉列表中选择“黄色”；在“粗细”微调框中输入“3 磅”。

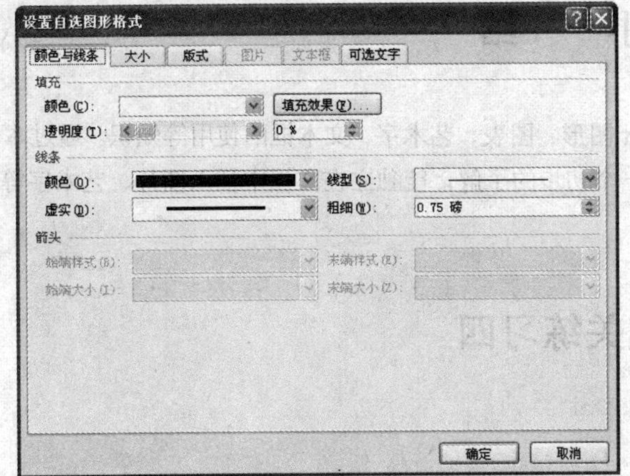

图 4.7.11　“颜色与线条”选项卡

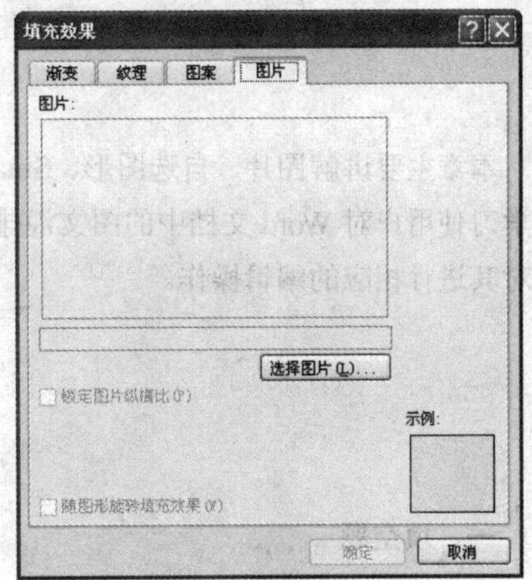

图 4.7.12　“图片”选项卡

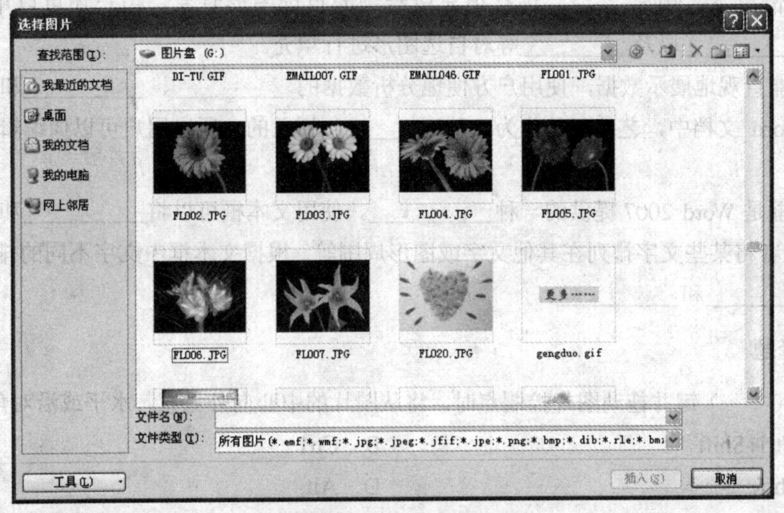

图 4.7.13　“选择图片”对话框

（19）在**设置自选图形格式**对话框中打开**版式**选项卡，如图 4.7.14 所示。在该选项卡中的“环绕方式”选区中选择“四周型”选项，单击**确定**按钮，最终效果如图 4.7.1 所示。

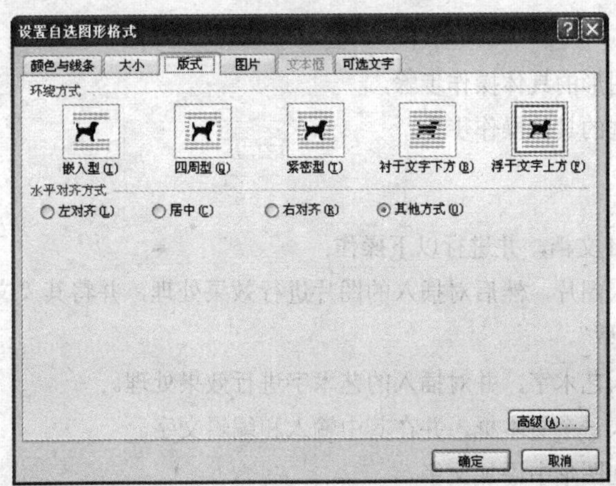

图 4.7.14　“版式”选项卡

小　　结

本章主要讲解图片、自选图形、SmartArt 图形、图表、艺术字、文本框的使用等知识。通过本章的学习使用户对 Word 文档中的图文混排有一个初步的了解，能独立在文档中插入图片、艺术字等，并对其进行相应的编辑操作。

过关练习四

一、填空题

1．图片包括__________、__________以及__________。

2．默认情况下，用_________进行填充所绘制的自选图形对象。用户还可以用_________、_________、_________以及_________等对自选图形进行填充。

3．图表能直观地展示数据，使用户方便地分析数据的__________、__________和__________。

4．在 Word 文档中，艺术字是作为一种__________插入的，所以用户可以像编辑图形对象那样编辑艺术字。

5．文本框是 Word 2007 提供的一种__________。使用文本框可以将__________和__________组织在一起，或者将某些文字排列在其他文字或图形周围等。根据文本框中文字不同的排列方向，文本框可分为__________和__________。

二、选择题

1．按住（　　）键并拖动图片控制点时，将从图片的中心向外垂直、水平或沿对角线缩放图片。

A．Ctrl+Shift　　B．Ctrl

C．Shift　　D．Alt

2．在文档中（　　）鼠标左键，即可插入一个系统默认的文本框。

A．单击　　B．双击

C．三击　　D．单击并拖动

三、问答题

1．简述绘制自选图形的具体操作步骤。

2．简述链接文本框的具体操作步骤。

四、上机操作题

创建一个新的 Word 文档，并进行以下操作：

（1）在文档中插入图片，然后对插入的图片进行效果处理，并将其“文字环绕”格式分别设置为“嵌入型”和“四周型”。

（2）在文档中插入艺术字，并对插入的艺术字进行效果处理。

（3）在文档中插入一个文本框，并在其中输入和编辑文字。

（4）在创建的自选图形中添加文字。

第 5 章　使用表格

表格是文档中的一个重要组成部分，它是由许多行和列的单元格构成的，具有简明、直观、信息量大的特点。在 Word 中使用表格，可以使文档的内容更加丰富，并且可以表达一些文本所不能充分表达的信息。

本章重点

（1）插入表格。

（2）编辑表格。

（3）格式化表格。

（4）数据处理。

5.1　插入表格

在 Word 2007 中，可以通过从一组预先设好格式的表格（包括示例数据）中选择，或通过选择需要的行数和列数来插入表格，同时也可以将表格插入到文档中或将一个表格插入到其他表格中以创建更复杂的表格。

5.1.1　使用表格模板

可以使用表格模板插入一组预先设好格式的表格。表格模板包含有示例数据，便于用户理解添加数据时的正确位置。

使用按钮插入表格的具体操作步骤如下：

（1）将光标定位在需要插入表格的位置。

（2）在“插入”选项卡的“表格”组中选择“表格”选项，在弹出下拉列表中选择 快速表格(T) → 将所选内容保存到快速表格库(S)... 命令，弹出 新建构建基块 对话框，如图 5.1.1 所示。

（3）在该对话框中设置表格模板的名称、类别、说明、保存位置以及插入的位置，单击 确定 按钮，即可使用所需的数据替换模板中的数据。

5.1.2　使用表格菜单

使用表格菜单插入表格的具体操作步骤如下：

（1）将光标定位在需要插入表格的位置。

（2）在“插入”选项卡的“表格”组中选择“表格”选项，然后在弹出下拉列表中拖动鼠标以选择需要的行数和列数，如图 5.1.2 所示。

5.1.3 使用“插入表格”命令

使用“插入表格”命令插入表格，可以让用户在将表格插入文档之前，选择表格尺寸和格式。具体操作步骤如下：

（1）将光标定位在需要插入表格的位置。

（2）在“插入”选项卡的“表格”组中选择“表格”选项，然后在弹出下拉列表中选择 插入表格(I)... 选项，弹出 插入表格 对话框，如图 5.1.3 所示。

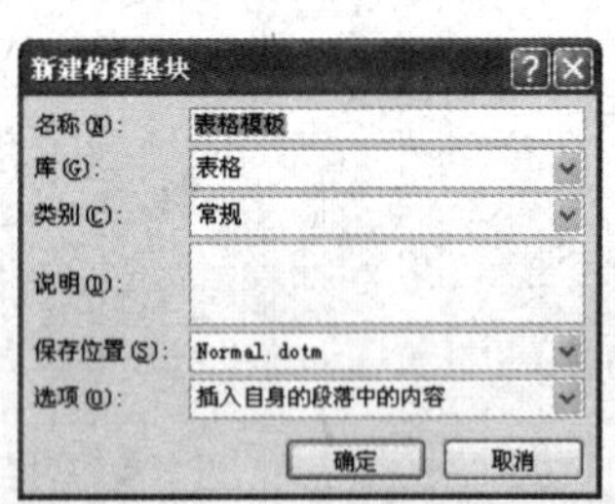

图 5.1.1 “新建构建基块”对话框

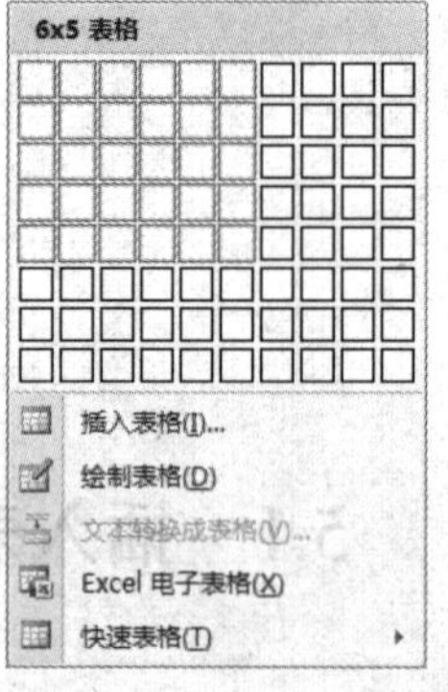

图 5.1.2 选择表格的行数和列数

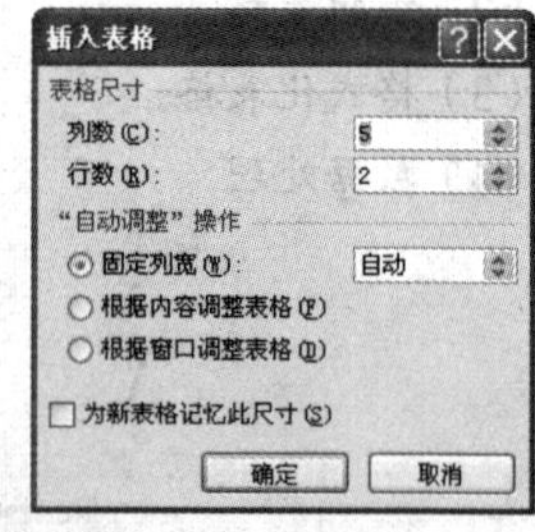

图 5.1.3 “插入表格”对话框

（3）在该对话框中的“表格尺寸”选区中的“列数”和“行数”微调框中输入具体的数值；在“‘自动调整’操作”选区中选中相应的单选按钮，设置表格的列宽。

（4）设置完成后，单击 确定 按钮，即可插入相应的表格。

5.1.4 绘制表格

在 Word 文档中，用户可以绘制复杂的表格，例如，绘制包含不同高度的单元格的表格或每行的列数不同的表格。绘制表格的具体操作步骤如下：

（1）将光标定位在需要插入表格的位置。

（2）在“插入”选项卡的“表格”组中选择“表格”选项，然后在弹出下拉列表中选择 绘制表格(D) 选项，此时光标变为 形状，将鼠标移动到文档中需要插入表格的定点处。

（3）按住鼠标左键并拖动，当到达合适的位置后释放鼠标左键，即可绘制表格边框。

（4）用鼠标继续在表格边框内自由绘制表格的横线、竖线或斜线，绘制出表格的单元格，如图 5.1.4 所示为手绘表格效果。

（5）如果要擦除单元格边框线，可在“表格工具”上下文工具中的“设计”选项卡的“绘图边框”组中选择“擦除”选项，此时光标变为 形状，按住鼠标左键并拖动经过要删除的线，即可删除表格的边框线。

5.1.5 文本转换成表格

在 Word 2007 中，可以将用段落标记、逗号、制表符、空格或者其他特定字符隔开的文本转换成表格，具体操作步骤如下：

（1）将光标定位在需要插入表格的位置。

（2）选定要转换成表格的文本，在“插入”选项卡的“表格”组中选择“表格”选项，然后在弹出下拉列表中选择 文本转换成表格(V)... 选项，弹出 将文字转换成表格 对话框，如图 5.1.5 所示。

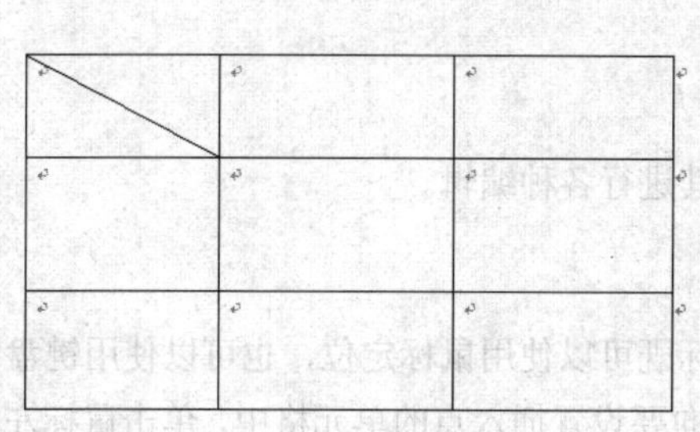

图 5.1.4　手绘表格效果

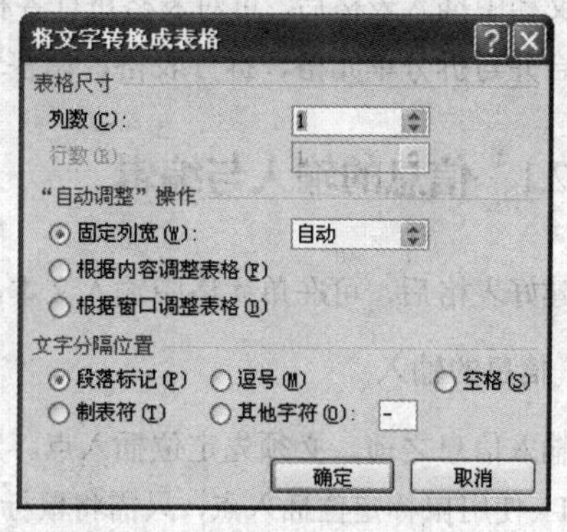

图 5.1.5　“将文字转换成表格”对话框

（3）在该对话框中的“表格尺寸”选区中“列数”微调框中的数值为 Word 自动检测出的列数。用户可以根据情况，在“‘自动调整’操作”选区中选择所需的选项，在“文字分隔位置”选区中选择或者输入一种分隔符。

（4）设置完成后，单击 确定 按钮，即可将文本转换成表格。

5.1.6　插入 Excel 电子表格

在 Word 2007 中，不但可以插入普通表格，而且还可以插入 Excel 电子表格。插入 Excel 电子表格具体操作步骤如下：

（1）将光标定位在需要插入电子表格的位置。

（2）选定要转换成表格的文本，在“插入”选项卡的“表格”组中选择“表格”选项，然后在弹出下拉列表中选择 Excel 电子表格(X) 选项，即可在文档中插入一个电子表格，如图 5.1.6 所示。

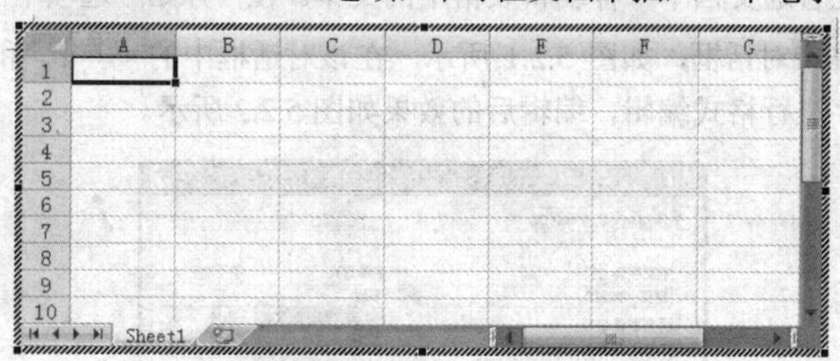

图 5.1.6　插入 Excel 电子表格

（3）在示意网格上按住鼠标左键并拖动到合适的位置，释放鼠标即可。

（4）在插入的 Excel 电子表格中输入内容，编辑完成后单击电子表格以外的空白处即可。

注意　Excel 电子表格插入后，将被视为图片对象，而不再是普通电子表格。如果想要继续对插入的 Excel 电子表格进行编辑，可在插入的 Excel 电子表格处双击鼠标左键，使其处于编辑状态。

5.2 编辑表格

在文档中插入表格后，可对表格进行各种编辑操作，主要包括信息的输入与编辑、插入与删除单元格、合并与拆分单元格、拆分表格、调整表格大小等。

5.2.1 信息的输入与编辑

创建好表格后，可在单元格中输入文本，并对其进行各种编辑。

1. 信息的输入

在输入信息之前，必须先定位插入点。定位光标既可以使用鼠标定位，也可以使用键盘定位。

（1）使用鼠标定位插入点，只需将鼠标指针指向要设置插入点的单元格中，单击鼠标左键即可。

（2）使用键盘定位插入点的具体操作方法如表 5.1 所示。定位好插入点之后，可直接在单元格中输入所需的信息。

表 5.1 在表格中定位插入点的快捷键

快捷键	定位目标
↑	移至上一行
↓	移至下一行
←	左移一个字符，插入点位于单元格开头时移至上一个单元格中
→	右移一个字符，插入点位于单元格末尾时移至下一个单元格中
Tab	移至下一个单元格中
Shift+Tab	移至前一个单元格中
Alt+Home	移至本行的第一个单元格中
Alt+End	移至本行的最后一个单元格中
Alt+PageUp	移至本列的第一个单元格中
Alt+PageDown	移至本列的最后一个单元格中

2. 信息的编辑

在表格中可以像在普通文档中一样编辑表格中的文本。在“开始”选项卡中的“字体”组中单击对话框启动器，弹出字体对话框，如图 5.2.1 所示。在该对话框中的字体(N)和字符间距(R)两个选项卡中可对表格中的文字进行格式编辑，编辑后的效果如图 5.2.2 所示。

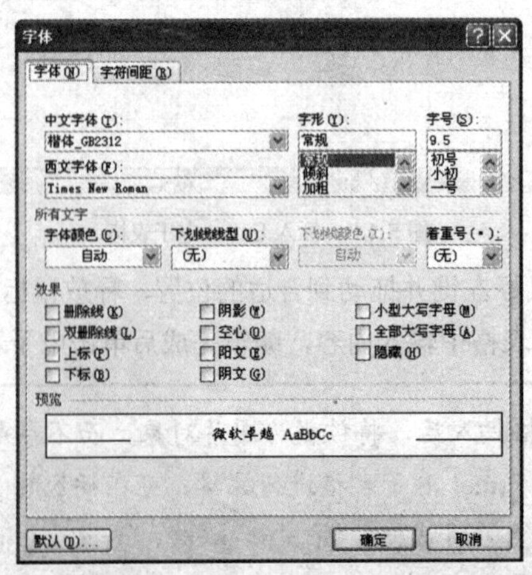

图 5.2.1 “字体”对话框

图 5.2.2　编辑表格文本效果

5.2.2　选定表格

在对表格进行操作之前，必须先选定表格。主要包括选定整个表格、选定行、选定列和选定表格中的单元格等。

1．选定整个表格

选定整个表格的具体操作步骤如下：

（1）将光标定位在表格中的任意位置。

（2）表格左上角出现一个移动控制点，当鼠标指针指向该移动控制点时，鼠标指针变成✥状，单击鼠标左键，或者在"表格工具"上下文工具中的"布局"选项卡中的"表"组中选择 选择 → 选择表格(T) 命令，即可选定整个表格，效果如图 5.2.3 所示。

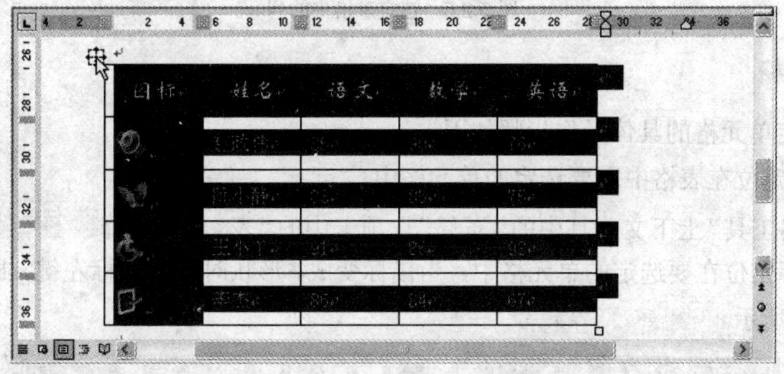

图 5.2.3　选定整个表格

2．选定行

在表格中选定行的具体操作步骤如下：

（1）将光标定位在表格中需要选定的某一行。

（2）在"表格工具"上下文工具中的"布局"选项卡中的"表"组中选择 选择 → 选择行(R) 命令，或者将鼠标定位在要选定行的左侧，当鼠标变成↗形状时单击鼠标左键，即可选定所需的行，如图 5.2.4 所示。

3．选定列

在表格中选定列的具体操作步骤如下：

（1）将光标定位在表格中需要选定的某一列。

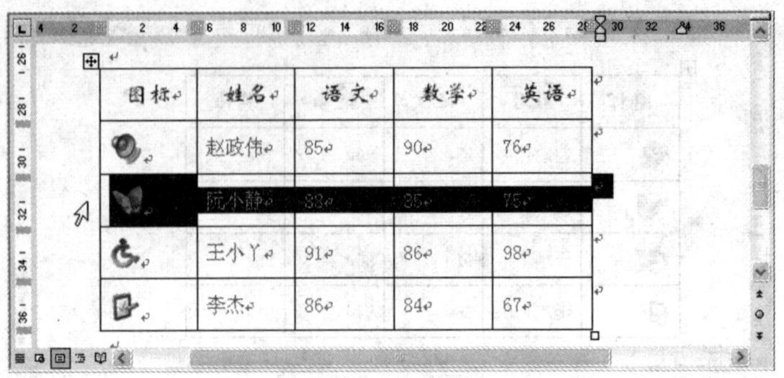

图标	姓名	语文	数学	英语
	赵政伟	85	90	76
	阮小静	88	85	75
	王小丫	91	86	98
	李杰	86	84	67

图 5.2.4　选定表格中的行

（2）在“表格工具”上下文工具中的“布局”选项卡中的“表”组中选择 选择 → 选择列(C) 命令，或者将鼠标定位在要选定列的上方，当鼠标变成⬇形状时单击鼠标左键，即可选定所需的列，如图 5.2.5 所示。

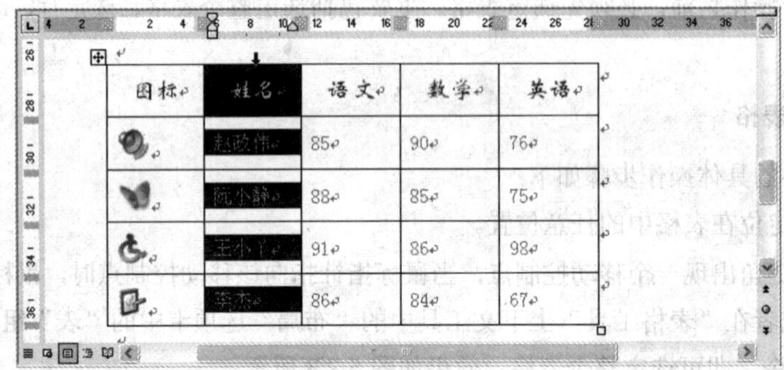

图标	姓名	语文	数学	英语
	赵政伟	85	90	76
	阮小静	88	85	75
	王小丫	91	86	98
	李杰	86	84	67

图 5.2.5　选定表格中的列

4．选定单元格

在表格中选定单元格的具体操作步骤如下：

（1）将光标定位在表格中需要选定的单元格中。

（2）在“表格工具”上下文工具中的“布局”选项卡中的“表”组中选择 选择 → 选择单元格(L) 命令，或者将鼠标定位在要选定的单元格中，当鼠标变成↗形状时单击鼠标左键，即可选定所需的单元格，如图 5.2.6 所示。

图标	姓名	语文	数学	英语	总成绩
	王小丫	91	86	98	275
	赵政伟	85	90	76	251
	阮小静	88	85	75	248
	李杰	86	84	67	237

图 5.2.6　选定表格中的单元格

提示 当鼠标指针变为 ，⬇ 或 ↗ 形状时，单击鼠标左键并且拖动鼠标，可选定表格中的多行、多列或多个连续的单元格。按住“Shift”键可选定连续的行、列和单元格；按住“Ctrl”键可选定不连续的行、列和单元格，效果如图 5.2.7 所示。

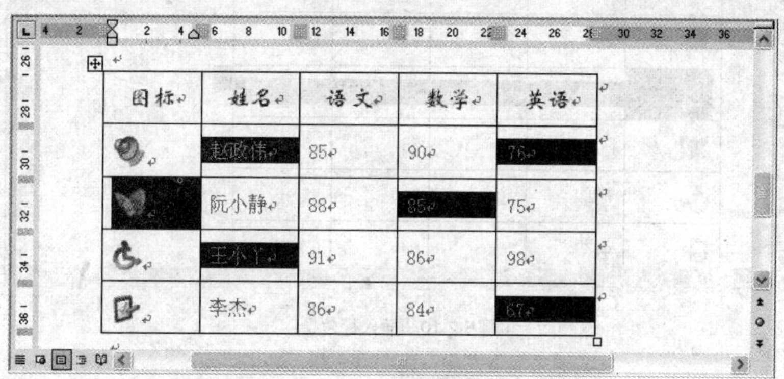

图 5.2.7　选定不连续的单元格

5.2.3　插入单元格、行或列

用户制作表格时，可根据需要在表格中插入单元格、行或列。

1．插入单元格

插入单元格的具体操作步骤如下：

（1）将光标定位在需要插入单元格的位置。

（2）在“表格工具”上下文工具中的“布局”选项卡中的“行和列”组中单击对话框启动器，弹出 插入单元格 对话框，如图 5.2.8 所示。

（3）在该对话框中选择相应的单选按钮，例如选中 活动单元格右移(I) 单选按钮，单击 确定 按钮，即可插入单元格，效果如图 5.2.9 所示。

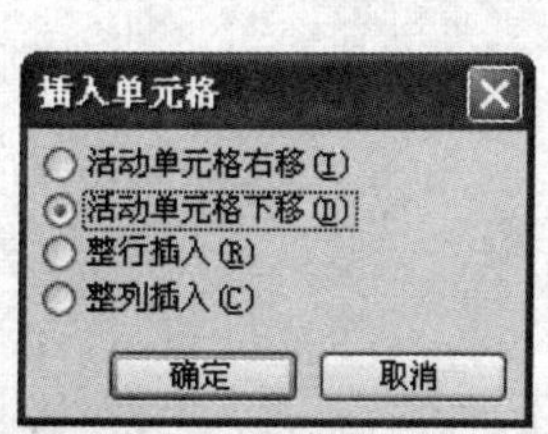

图 5.2.8　“插入单元格”对话框

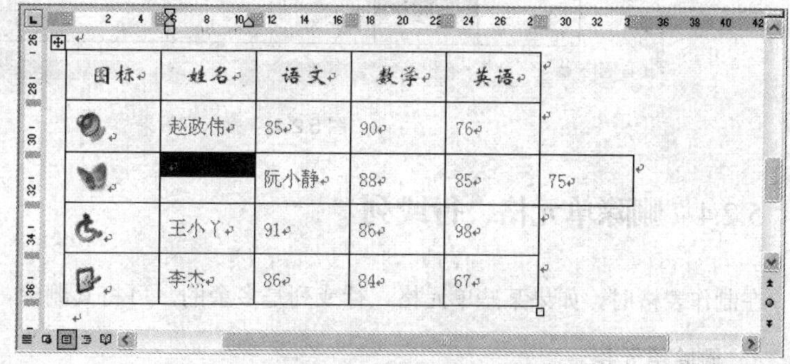

图 5.2.9　插入单元格效果

2．插入行

插入行的具体操作步骤如下：

（1）将光标定位在需要插入行的位置。

（2）在“表格工具”上下文工具中的“布局”选项卡中的“行和列”组中选择“在上方插入”或“在下方插入”选项，或者单击鼠标右键，从弹出的快捷菜单中选择 插入(I) → 在上方插入行(A) 或 在下方插入行(B) 命令，即可在表格中插入所需的行，效果如图 5.2.10 所示。

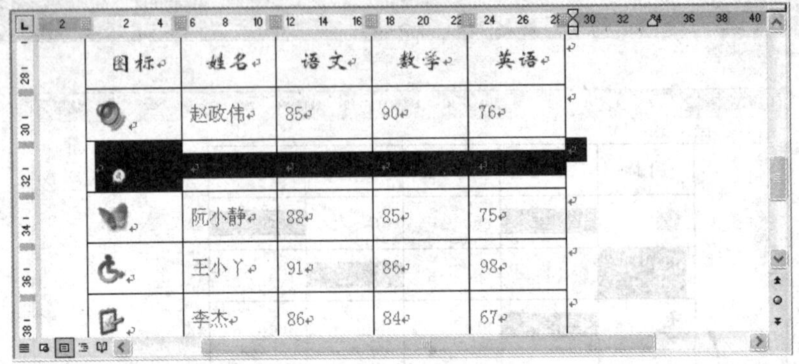

图标	姓名	语文	数学	英语
	赵政伟	85	90	76
	阮小静	88	85	75
	王小丫	91	86	98
	李杰	86	84	67

图 5.2.10　插入行效果

3．插入列

插入列的具体操作步骤如下：

（1）将光标定位在需要插入列的位置。

（2）在“表格工具”上下文工具中的“布局”选项卡中的“行和列”组中选择“在左侧插入”或“在右侧插入”选项，或者单击鼠标右键，从弹出的快捷菜单中选择 插入(I) → 在左侧插入列(L) 或 在右侧插入列(R) 命令，即可在表格中插入所需的列，效果如图 5.2.11 所示。

图标		姓名	语文	数学	英语
		赵政伟	85	90	76
		阮小静	88	85	75
		王小丫	91	86	98
		李杰	86	84	67

图 5.2.11　插入列效果

5.2.4　删除单元格、行或列

在制作表格时，如果某些单元格、行或列是多余的，可将其删除。

1．删除单元格

删除单元格的具体操作步骤如下：

（1）将光标定位在需要删除的单元格中。

（2）在“表格工具”上下文工具中的“布局”选项卡中的“行和列”组中选择“删除”选项，在弹出的下拉列表中选择 删除单元格(D)... 选项，或者单击鼠标右键，从弹出的快捷菜单中选择

删除单元格(D)...命令，弹出删除单元格对话框，如图 5.2.12 所示。

（3）在该对话框中选择相应的单选按钮，例如选中 右侧单元格左移(L) 单选按钮，单击 确定 按钮，即可删除单元格，效果如图 5.2.13 所示。

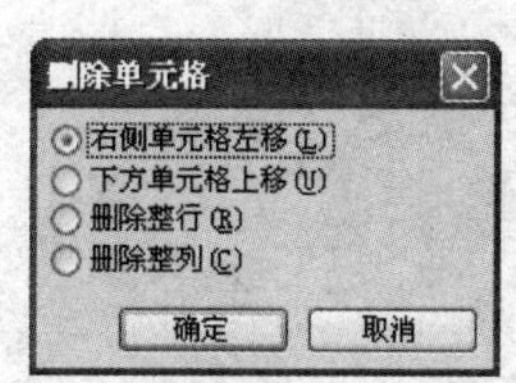

图 5.2.12　“删除单元格”对话框

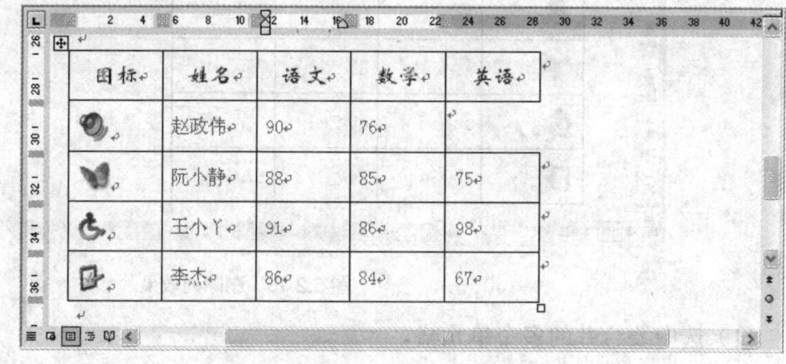

图标	姓名	语文	数学	英语
	赵政伟	90	76	
	阮小静	88	85	75
	王小丫	91	86	98
	李杰	86	84	67

图 5.2.13　删除单元格效果

2. 删除行

删除行的具体操作步骤如下：

（1）选中要删除的行。

（2）在“表格工具”上下文工具中的“布局”选项卡中的“行和列”组中选择“删除”选项，在弹出的下拉列表中选择 删除行(R) 选项，或者单击鼠标右键，从弹出的快捷菜单中选择 删除行(D) 命令，即可删除不需要的行，效果如图 5.2.14 所示。

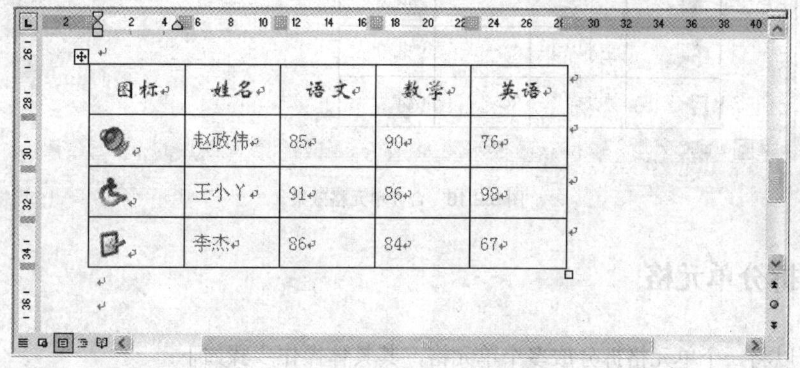

图标	姓名	语文	数学	英语
	赵政伟	85	90	76
	王小丫	91	86	98
	李杰	86	84	67

图 5.2.14　删除行效果

3. 删除列

删除列的具体操作步骤如下：

（1）选中要删除的列。

（2）在“表格工具”上下文工具中的“布局”选项卡中的“行和列”组中选择“删除”选项，在弹出的下拉列表中选择 删除列(C) 选项，或者单击鼠标右键，从弹出的快捷菜单中选择 删除列(D) 命令，即可删除不需要的列，效果如图 5.2.15 所示。

5.2.5　合并单元格

在编辑表格时，有时需要将表格中的多个单元格合并为一个单元格，其具体操作步骤如下：

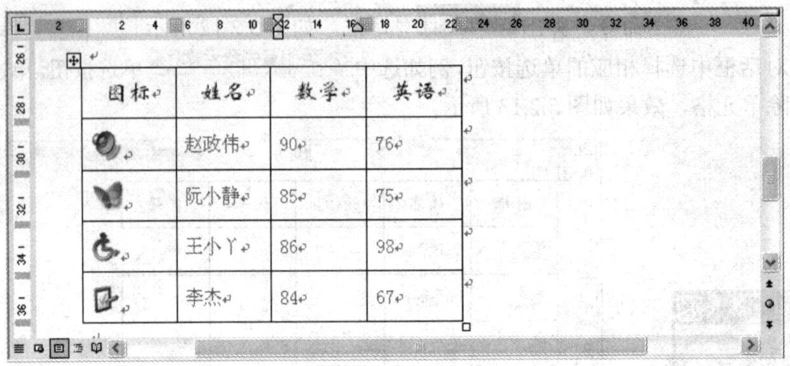

图标	姓名	数学	英语
	赵政伟	90	76
	阮小静	85	75
	王小丫	86	98
	李杰	84	67

图 5.2.15　删除列效果

（1）选中要合并的多个单元格。

（2）在“表格工具”上下文工具中的“布局”选项卡中，单击“合并”组中的 合并单元格 按钮，或者单击鼠标右键，从弹出的快捷菜单中选择 合并单元格(M) 命令，即可清除所选定单元格之间的分隔线，使其成为一个大的单元格，效果如图 5.2.16 所示。

图标	姓名	数学	英语
	赵政伟 90 阮小静 85		76
			75
	王小丫	86	98
	李杰	84	67

图 5.2.16　合并单元格效果

5.2.6　拆分单元格

用户还可以将一个单元格拆分成多个单元格，其具体操作步骤如下：

（1）选定要拆分的一个或多个单元格。

（2）在“表格工具”上下文工具中的“布局”选项卡中的“合并”组中单击 拆分单元格 按钮，或者单击鼠标右键，从弹出的快捷菜单中选择 拆分单元格(P)... 命令，弹出 拆分单元格 对话框，如图 5.2.17 所示。

（3）在该对话框中的“列数”和“行数”微调框中输入相应的列数和行数。

（4）如果希望重新设置表格，可选中 拆分前合并单元格(M) 复选框；如果希望将所设置的列数和行数分别应用于所选的单元格，则不选中该复选框。

（5）设置完成后，单击 确定 按钮，即可将选中的单元格拆分成等宽的小单元格，效果如图 5.2.18 所示。

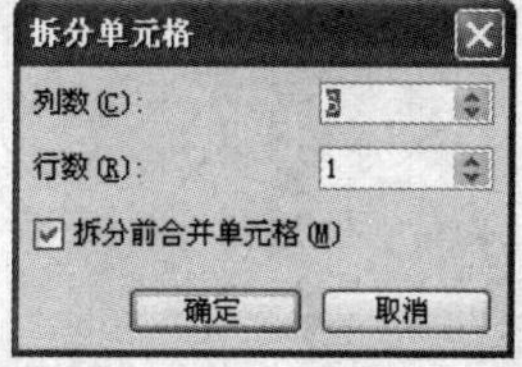

图 5.2.17　“拆分单元格”对话框

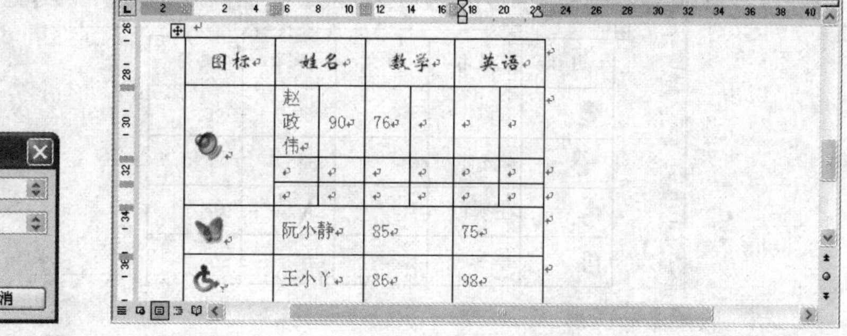

图 5.2.18　拆分单元格效果

5.2.7　拆分表格

有时需要将一个大表格拆分成两个表格，以便于在表格之间插入普通文本。具体操作步骤如下：

（1）将光标定位在要拆分表格的位置。

（2）在“表格工具”上下文工具中的“布局”选项卡中的“合并”组中单击拆分表格按钮，即可将一个表格拆分成两个表格，效果如图 5.2.19 所示。

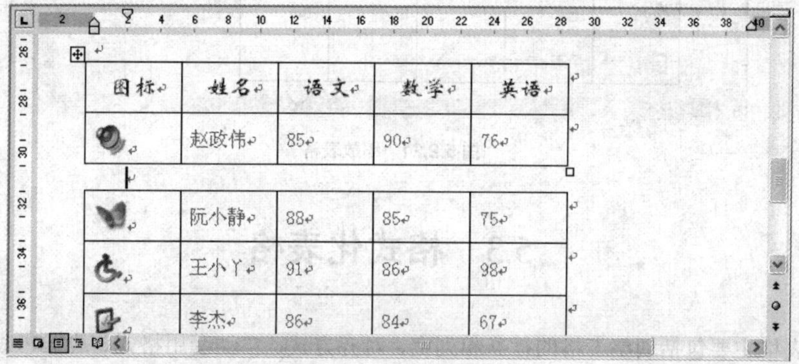

图 5.2.19　拆分表格效果

5.2.8　移动和缩放表格

用户还可以对创建的表格进行移动和缩放操作。

1. 移动表格

表格的位置通常不能一次确定好，此时就需要移动表格来确定其位置。具体操作步骤如下：

（1）将鼠标指针指向移动控制点，此时鼠标指针变成✥形状。

（2）按住鼠标左键并拖动鼠标到合适的位置后，释放鼠标左键，即可完成表格移动操作，如图 5.2.20 所示。

2. 缩放表格

缩放表格的具体操作步骤如下：

（1）将鼠标指针指向调整控制点，此时鼠标指针变成↘形状。

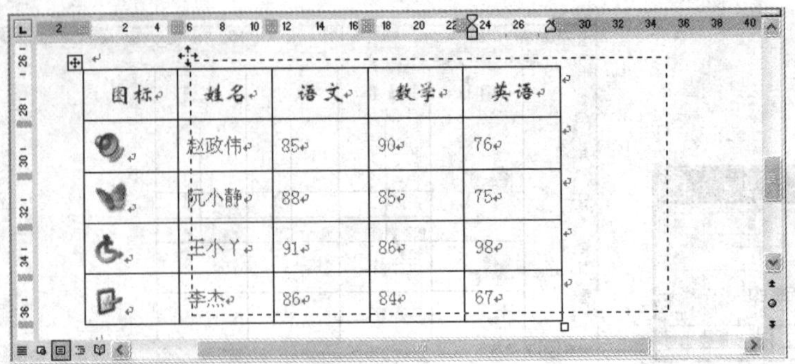

图标	姓名	语文	数学	英语
	赵政伟	85	90	76
	阮小静	88	85	75
	王小丫	91	86	98
	李杰	86	84	67

图 5.2.20　移动表格

（2）单击鼠标左键并拖动鼠标到合适的位置后，释放鼠标左键，即可完成表格缩放操作，如图 5.2.21 所示。

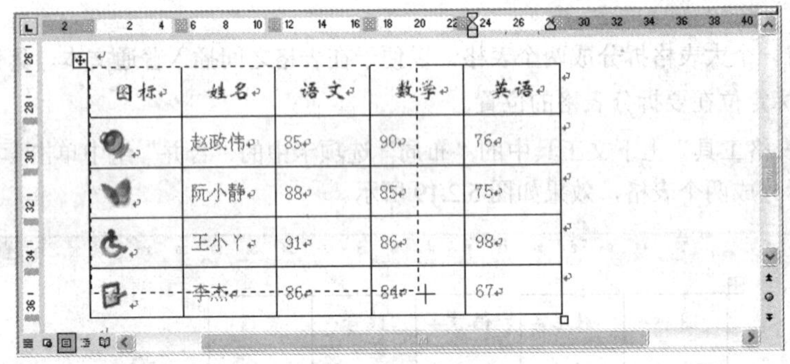

图标	姓名	语文	数学	英语
	赵政伟	85	90	76
	阮小静	88	85	75
	王小丫	91	86	98
	李杰	86	84	67

图 5.2.21　缩放表格

5.3　格式化表格

格式化表格主要包括调整表格的行高和列宽、对齐方式、自动套用格式、边框和底纹、设置表格标题、绘制斜线表头以及混合排版等操作。

5.3.1　调整表格的行高和列宽

在实际应用中，经常需要调整表格的行高和列宽。下面将介绍调整表格行高和列宽的具体方法。

1．调整表格的行高

调整表格行高的具体操作步骤如下：

（1）将光标定位在需要调整行高的表格中。

（2）在“表格工具”上下文工具中的“布局”选项卡中的“单元格大小”组中设置表格行高和列宽，或者单击鼠标右键，从弹出的快捷菜单中选择 表格属性(R)... 命令，弹出 表格属性 对话框，打开 行(R) 选项卡，如图 5.3.1 所示。

（3）在该选项卡中选中 指定高度(S): 复选框，并在其后的微调框中输入相应的行高值。

（4）单击 上一行(P) 或 下一行(N) 按钮，继续设置相邻的行高。

（5）选中 允许跨页断行(K) 复选框，允许所选中的行跨页断行。

（6）设置完成后，单击 确定 按钮。

2. 调整表格的列宽

调整表格列宽的具体操作步骤如下：

（1）将光标定位在需要调整列宽的表格中。

（2）在“表格工具”上下文工具中的“布局”选项卡中的“单元格大小”组中设置表格行高和列宽，或者单击鼠标右键，从弹出的快捷菜单中选择 表格属性(R)... 命令，弹出 表格属性 对话框，打开 列(U) 选项卡，如图 5.3.2 所示。

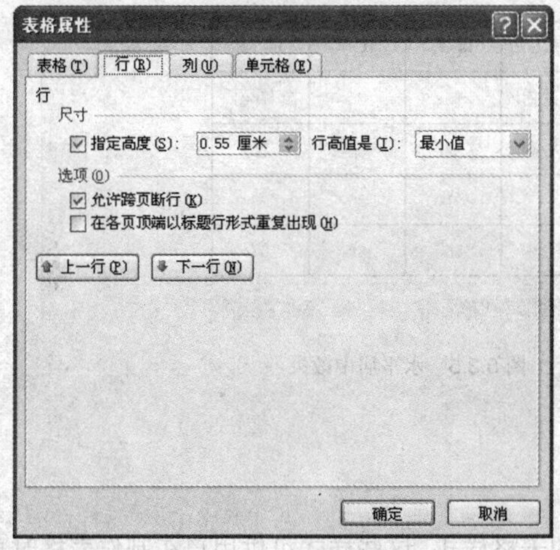

图 5.3.1　“行”选项卡

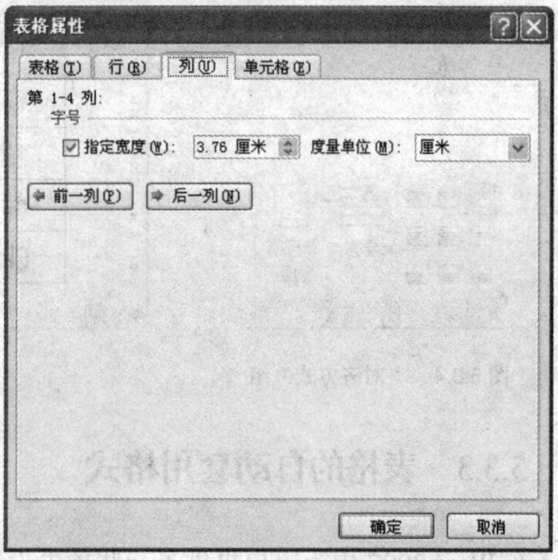

图 5.3.2　“列”选项卡

（3）在该选项卡中选中 指定宽度(W): 复选框，并在其后的微调框中输入相应的列宽值。

（4）单击 前一列(P) 或 后一列(N) 按钮，继续设置相邻的列宽。

（5）设置完成后，单击 确定 按钮。

3. 自动调整表格

Word 2007 还提供了自动调整表格功能，使用该功能，可以根据需要方便地调整表格。具体操作步骤如下：

（1）选定要调整的表格或表格中的某部分。

（2）在“表格工具”上下文工具中的“布局”选项卡中的“单元格大小”组中选择“自动调整”选项，弹出如图 5.3.3 所示的级联菜单。

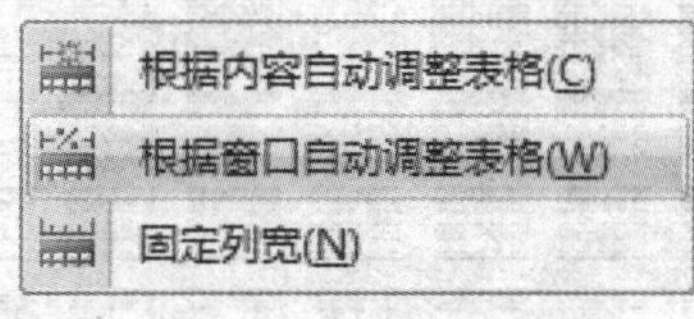

图 5.3.3　“自动调整”级联菜单

（3）在该级联菜单中选择相应的选项，对表格进行调整。

注意　将鼠标指针移动到要调整的行或列的边框线上，当鼠标变为 ÷ 或 +||+ 形状时，拖动鼠标到合适的位置后释放鼠标，也可调整表格的行高和列宽。

5.3.2　表格的对齐方式

对表格中的文本可设置其对齐方式，具体操作步骤如下：

（1）选定要设置对齐方式的区域。

（2）在“表格工具”上下文工具中的“布局”选项卡中的“对其方式”组设置文本的对齐方式，如图 5.3.4 所示。例如单击“水平居中”按钮，效果如图 5.3.5 所示。

图 5.3.4　“对齐方式”组

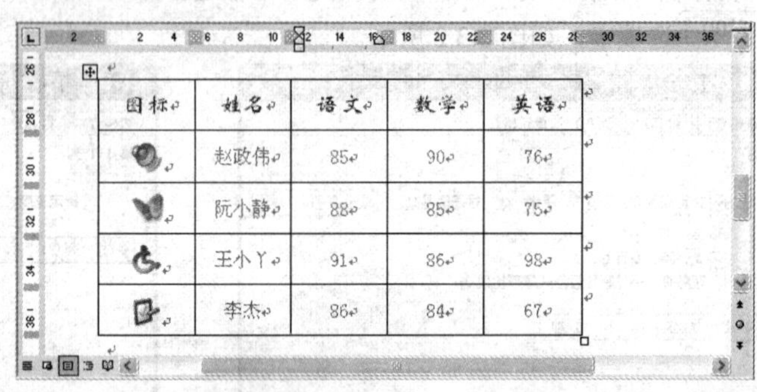

图标	姓名	语文	数学	英语
	赵政伟	85	90	76
	阮小静	88	85	75
	王小丫	91	86	98
	李杰	86	84	67

图 5.3.5　水平居中效果

5.3.3　表格的自动套用格式

在 Word 2007 中为用户提供了一些预先设置好的表格样式，这些样式可供用户在制作表格时直接套用，可省去许多调整表格细节的时间，而且制作出来的表格更加美观。

使用表格自动套用格式的具体操作步骤如下：

（1）将光标定位在需要套用格式的表格中的任意位置。

（2）在“表格工具”上下文工具中的“设计”选项卡中的“表样式”组中设置，在弹出的“表格样式”下拉列表中选择表格的样式，如图 5.3.6 所示。

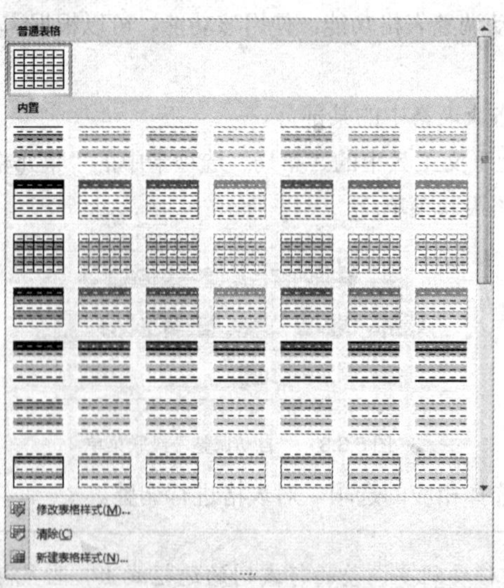

图 5.3.6　“表格样式”下拉列表

（3）在该下拉列表中选择 修改表格样式(M)... 选项，弹出 修改样式 对话框，如图 5.3.7 所示。在该对话框中可修改所选表格的样式。

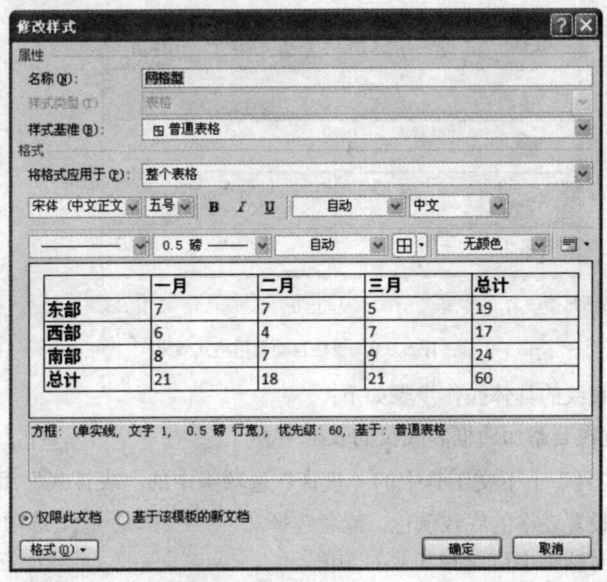

图 5.3.7　“修改样式”对话框

（4）在该下拉列表中选择 新建表格样式(N)... 选项，弹出 根据格式设置创建新样式 对话框，如图 5.3.8 所示。在该对话框中新建表格样式。

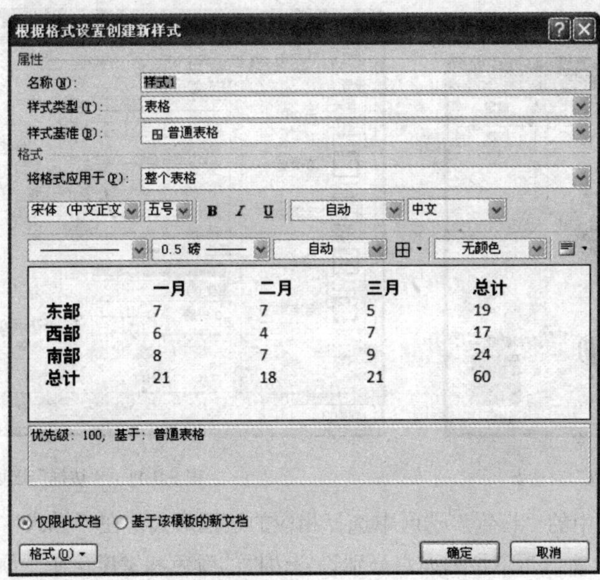

图 5.3.8　“根据格式设置创建新样式”对话框

表格的自动套用格式效果如图 5.3.9 所示。

5.3.4　表格的边框和底纹

为表格添加边框和底纹类似于为字符、段落添加边框和底纹。在表格中添加边框和底纹，使得表格中的内容更加突出和醒目，文档的外观效果更加美观。

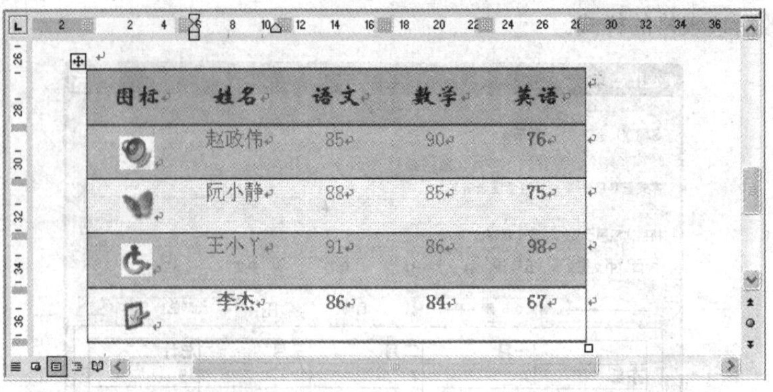

图 5.3.9 表格自动套用格式效果

设置表格边框和底纹的具体操作步骤如下：

（1）将光标定位在要添加边框和底纹的表格中。

（2）在"表格工具"上下文工具中的"设计"选项卡中的"表样式"组中单击 底纹 按钮，在弹出的下拉列表中设置表格的底纹颜色，或者选择 其他颜色(M)... 选项，弹出 颜色 对话框，如图 5.3.10 所示。在该对话框中可选择其他的颜色。

（4）在"表格工具"上下文工具中的"设计"选项卡中的"表样式"组中单击 边框 按钮，或者单击鼠标右键，从弹出的快捷菜单中选择 边框和底纹(B)... 命令，弹出 边框和底纹 对话框，打开 边框(B) 选项卡，如图 5.3.11 所示。

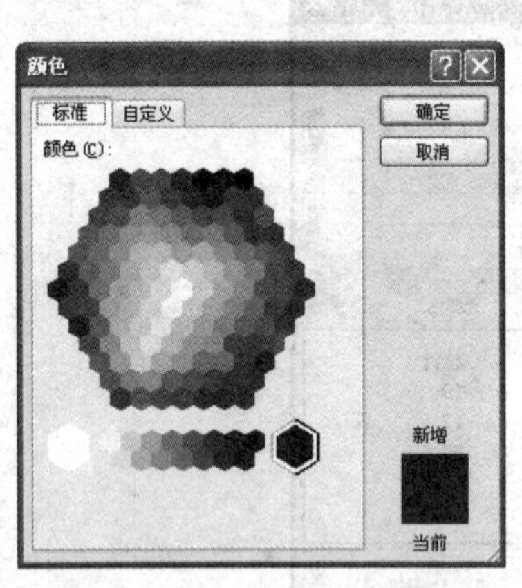

图 5.3.10 "颜色"对话框

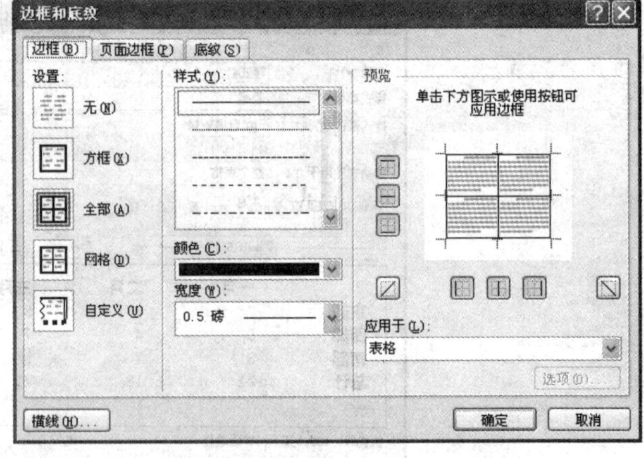

图 5.3.11 "边框"选项卡

（5）在该选项卡中的"设置"选区中选择相应的边框形式；在"样式"列表框中设置边框线的样式；在"颜色"和"宽度"下拉列表中分别设置边框的颜色和宽度；在"预览"区中设置相应的边框或者单击"预览"区中左侧和下方的按钮；在"应用于"下拉列表中选择应用的范围。

（6）设置完成后，单击 确定 按钮，效果如图 5.3.12 所示。

5.3.5 绘制斜线表头

绘制斜线表头的具体操作步骤如下：

（1）将光标定位在需要绘制斜线表头的单元格中。

（2）在“表格工具”上下文工具中的“布局”选项卡中的“表”组中选择“绘制斜线表头”选项，弹出插入斜线表头对话框，如图 5.3.13 所示。

（3）在该对话框中的“表头样式”下拉列表中选择一种样式；在“字体大小”下拉列表中选择一种字号。

（4）设置表头的“行标题”和“列标题”，单击确定按钮完成设置。

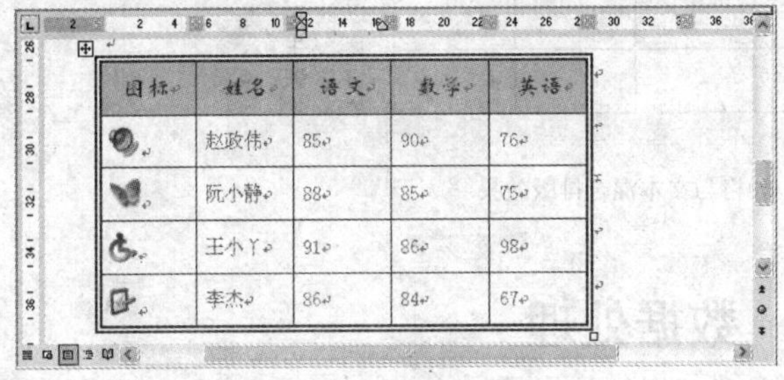

图标	姓名	语文	数学	英语
	赵政伟	85	90	76
	阮小静	88	85	75
	王小丫	91	86	98
	李杰	86	84	67

图 5.3.12　设置表格边框和底纹效果

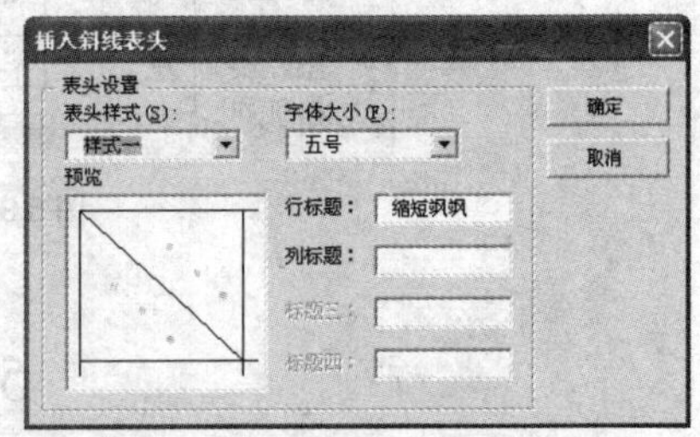

图 5.3.13　“插入斜线表头”对话框

5.3.6　混合排版

在 Word 2007 中，表格和文本可以混合排版。具体操作步骤如下：

（1）将光标定位在表格中的任意位置。

（2）在“表格工具”上下文工具中的“布局”选项卡中的“表”组中单击属性按钮，或者单击鼠标右键，从弹出的快捷菜单中选择表格属性(R)...命令，弹出表格属性对话框，打开表格(T)选项卡，如图 5.3.14 所示。

（3）在该选项卡中的“对齐方式”选区中选择一种表格与文字的对齐方式；在“文字环绕”选区中选择环绕方式，单击选项(O)...按钮，弹出表格选项对话框，如图 5.3.15 所示。

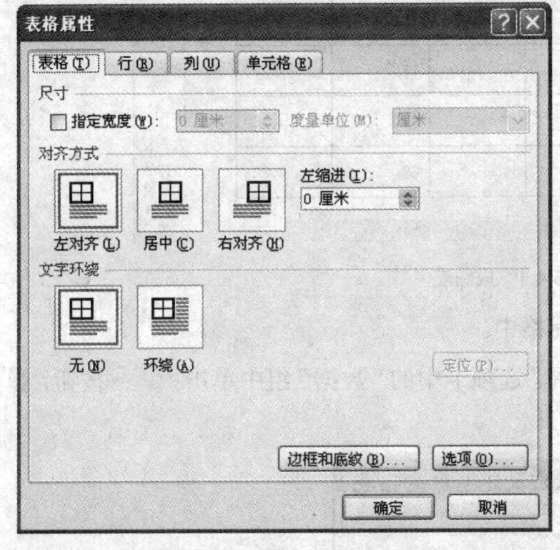

图 5.3.14　“表格”选项卡

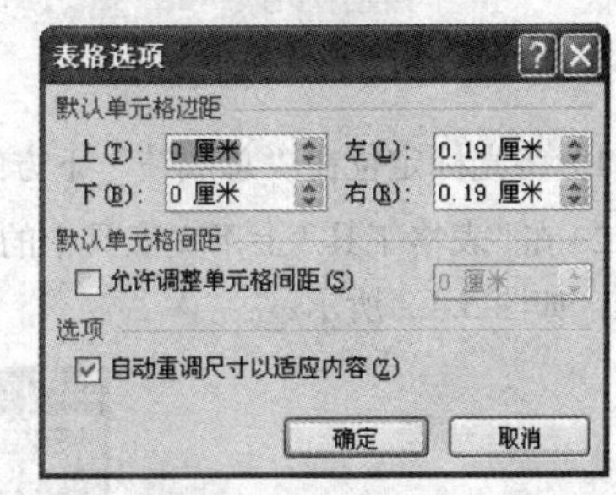

图 5.3.15　“表格选项”对话框

（4）在该对话框中设置相应的参数，设置完成后，单击确定按钮，效果如图 5.3.16 所示。

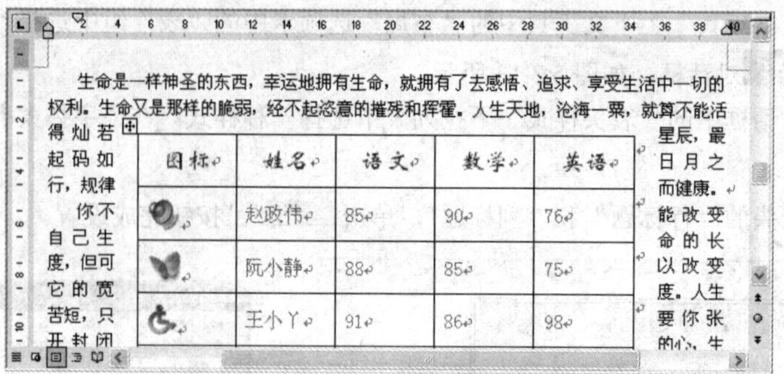

图 5.3.16　表格与文本混合排版效果

5.4　数据处理

Word 2007 中的表格除了可以系统地存放数据外，还具有电子表格的一些简单的功能，可对表格中的数据进行排序、计算等一些简单的操作。

5.4.1　数据计算

在 Word 2007 中，行号的标识为 1，2，3，4 等，列号的标识为 a，b，c，d 等，所以对应的单元格的标识为 a1，b2，c3，d4 等。利用该单元格的标识符可以对表格中的数据进行计算，例如对如图 5.4.1 所示的"成绩表"中的"总成绩"进行数据计算的具体操作步骤如下：

图标	姓名	语文	数学	英语	总成绩
	赵政伟	85	90	76	
	阮小静	88	85	75	
	王小丫	91	86	98	
	李杰	86	84	67	

图 5.4.1　成绩表

（1）将光标定位在"总成绩"下方的单元格中。

（2）在"表格工具"上下文工具中的"布局"选项卡中的"数据"组中单击 公式 按钮，弹出 公式 对话框，如图 5.4.2 所示。

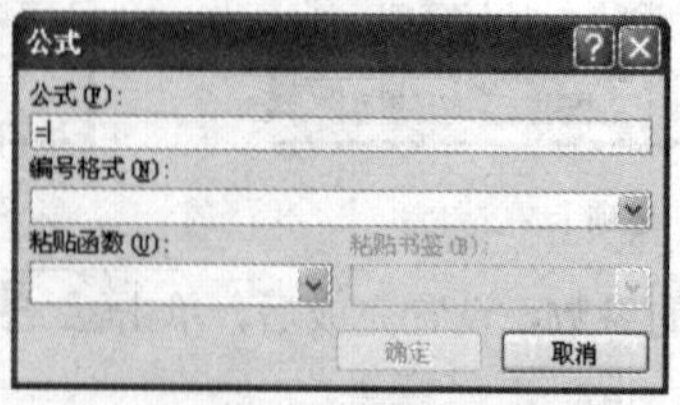

图 5.4.2　"公式"对话框

（3）在该对话框中的“公式”文本框中输入“=SUM(c2,d2,e2)”；在“数字格式”下拉列表中选择一种合适的计算结果格式。

（4）单击确定按钮，即可在表格中显示计算结果。依此类推，计算表格中的其他数据，效果如图 5.4.3 所示。

图标	姓名	语文	数学	英语	总成绩
	赵政伟	85	90	76	251
	阮小静	88	85	75	248
	王小丫	91	86	98	275
	李杰	86	84	67	237

图 5.4.3　计算结果

5.4.2　数据排序

在实际操作过程中，经常需要将表格中的内容按一定的规则排列。例如对如图 5.4.3 所示的计算结果中的“总成绩”进行排序，具体操作步骤如下：

（1）将光标定位在需要排序的表格中。

（2）在“表格工具”上下文工具中的“布局”选项卡中，选择“数据”组中的“排序”选项，弹出排序对话框，如图 5.4.4 所示。

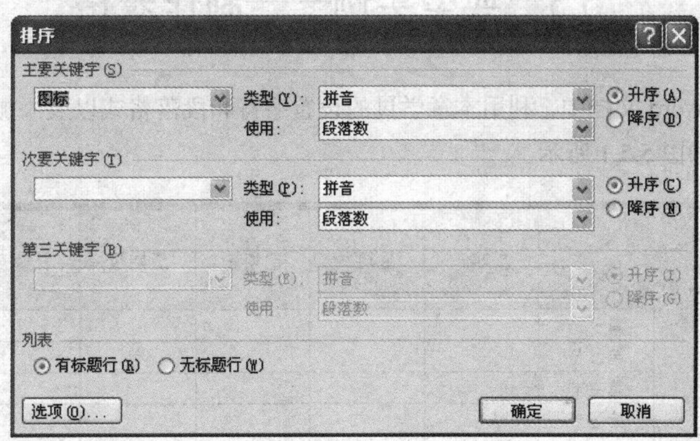

图 5.4.4　“排序”对话框

（3）在该对话框中的“主要关键字”下拉列表中选择一种排序依据，这里选择“总成绩”；在“类型”下拉列表中选择一种排序类型；选中降序(D)单选按钮。

（4）单击选项(O)...按钮，在弹出的如图 5.4.5 所示的排序选项对话框中可设置排序选项。

（5）设置完成后，单击确定按钮，效果如图 5.4.6 所示。

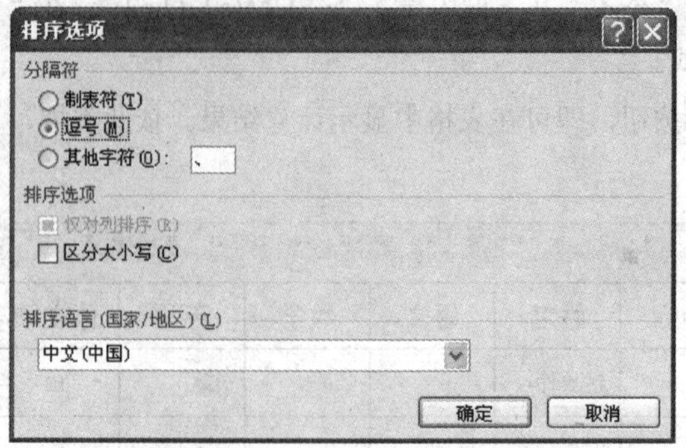

图 5.4.5 “排序选项”对话框

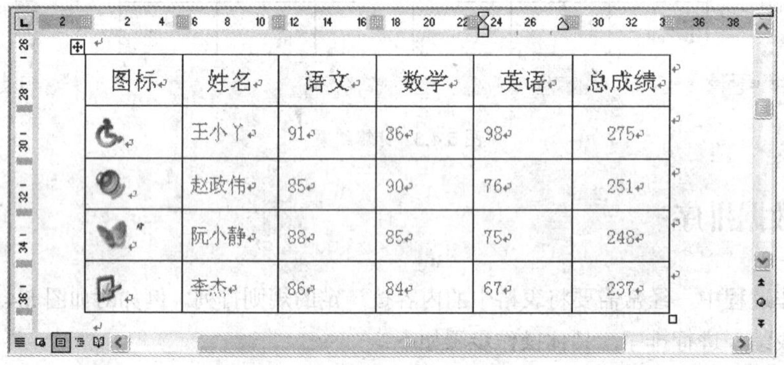

图标	姓名	语文	数学	英语	总成绩
	王小丫	91	86	98	275
	赵政伟	85	90	76	251
	阮小静	88	85	75	248
	李杰	86	84	67	237

图 5.4.6 排序结果

5.5 典型实例——制作表格

本节主要介绍在 Word 文档中，利用本章学过的设置字符和段落格式以及添加边框和底纹等知识制作表格，最终效果如图 5.5.1 所示。

星期 时间		星期一	星期二	星期三	星期四	星期五
上午	第一节					
	第二节					
	第三节					
	第四节					
下午	第五节					
	第六节					
	第七节					
	第八节					

图 5.5.1 最终效果图

创作步骤

（1）单击“Office”按钮，然后在弹出的菜单中选择新建(N)命令，弹出新建文档对话框。

（2）在该对话框左侧的“模板”列表框中选择“空白文档和最近使用的文档”选项，然后在对

话框右侧的列表框中选择“空白文档”选项，单击创建按钮，即可创建一个空白文档。

（2）在“插入”选项卡的“表格”组中选择“表格”选项，然后在弹出下拉列表中选择插入表格(I)...选项，弹出插入表格对话框，如图 5.5.2 所示。

（3）在“表格尺寸”选区中设置表格的列数和行数分别为 7 和 9，单击确定按钮，即可在文档中插入表格，效果如图 5.5.3 所示。

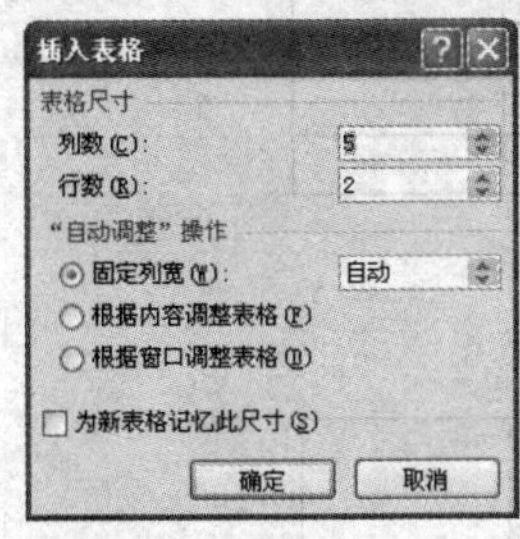

图 5.5.2　“插入表格”对话框

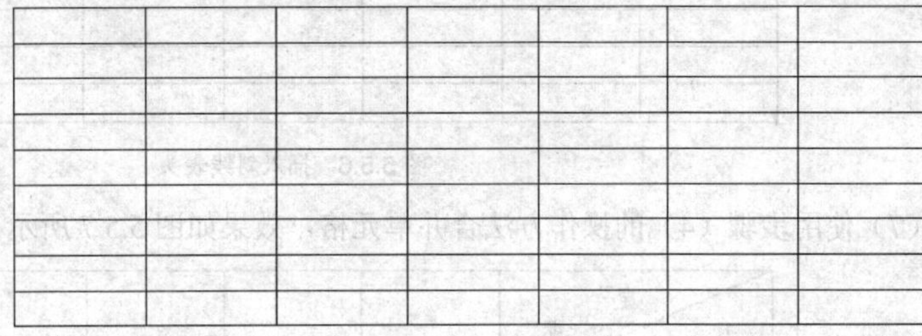

图 5.5.3　插入表格

（4）选中第一行的前两个单元格，在“表格工具”上下文工具中的“布局”选项卡中，单击“合并”组中的合并单元格按钮，或者单击鼠标右键，从弹出的快捷菜单中选择合并单元格(M)命令，合并单元格，效果如图 5.5.4 所示。

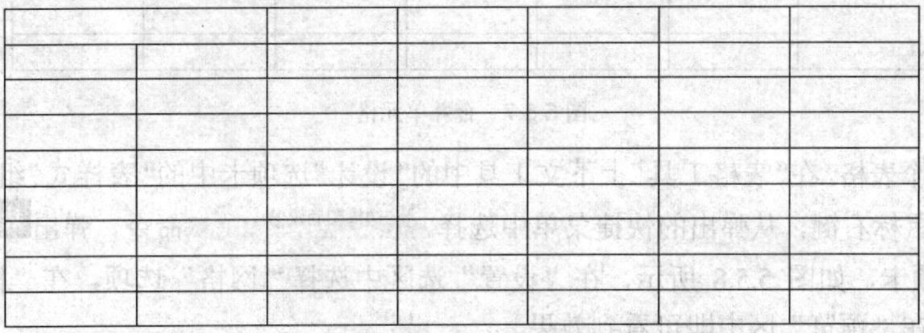

图 5.5.4　合并单元格

（5）将光标定位在合并的单元格中，在“表格工具”上下文工具中的“布局”选项卡中，选择“表”组中的“绘制斜线表头”选项，弹出插入斜线表头对话框，如图 5.5.5 所示。

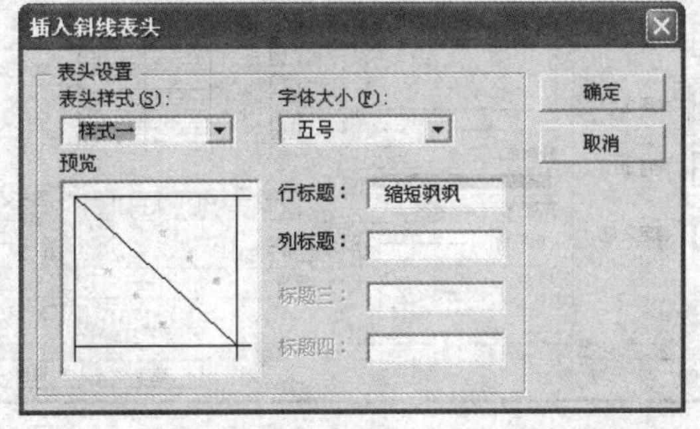

图 5.5.5　“插入斜线表头”对话框

（6）在该对话框中的“表头样式”下拉列表中选择“样式一”选项；在“行标题”文本框中输入“星期”；在“列标题”文本框中输入“时间”，单击确定按钮，为表格插入斜线表头，效果如图 5.5.6 所示。

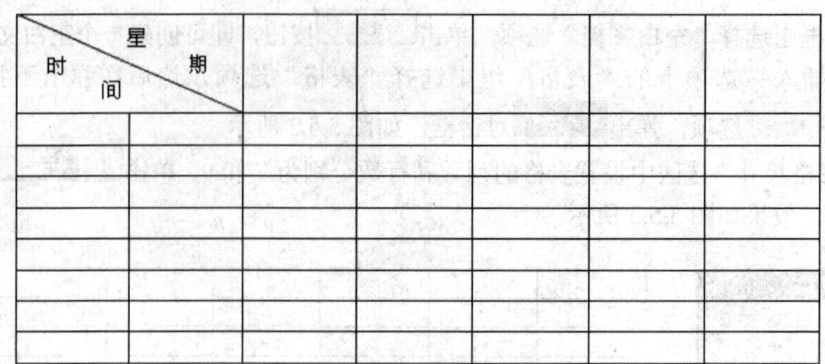

星期 时间						

图 5.5.6 插入斜线表头

（7）使用步骤（4）的操作方法合并单元格，效果如图 5.5.7 所示。

星期 时间						

图 5.5.7 合并单元格

（8）选中整个表格，在“表格工具”上下文工具中的“设计”选项卡中的“表样式”组中单击 边框 按钮，或者单击鼠标右键，从弹出的快捷菜单中选择 边框和底纹(B)... 命令，弹出 边框和底纹 对话框，打开 边框(B) 选项卡，如图 5.5.8 所示，在“设置”选区中选择“网格”选项，在“样式”列表框中选择一种样式，在“预览”区中即可看到效果。

图 5.5.8 “边框”选项卡

（9）设置完成后，单击 确定 按钮，效果如图 5.5.9 所示。

（10）分别选中表格的第一行和第一列，在“表格工具”上下文工具中的“设计”选项卡中的“表样式”组中单击 底纹 按钮，弹出其下拉列表，如图 5.5.10 所示。

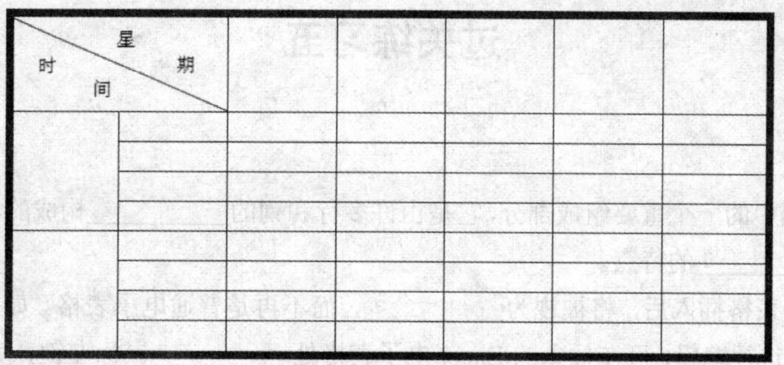

图 5.5.9 添加表格边框

（11）在该下拉列表中设置表格的底纹颜色，效果如图 5.5.11 所示。

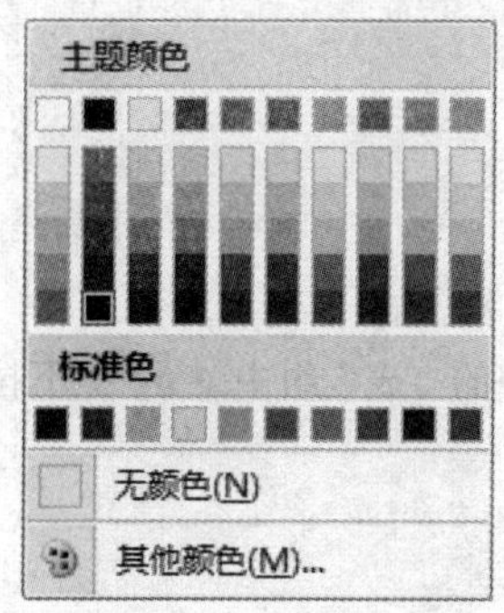

图 5.5.10 “底纹”下拉列表

星期 / 时间						

图 5.5.11 添加表格底纹

（12）在表格中输入文本，效果如图 5.5.12 所示。

（13）选中有文本的单元格，在“表格工具”上下文工具中的“布局”选项卡中的“对其方式”组设置文本的对齐方式，完成表格的制作，最终效果如图 5.5.1 所示。

星期 / 时间		星期一	星期二	星期三	星期四	星期五
上午	第一节					
	第二节					
	第三节					
	第四节					
下午	第五节					
	第六节					
	第七节					
	第八节					

图 5.5.12 在表格中输入文本

小　　结

本章主要讲解了插入表格、编辑表格、格式化表格、数据处理等使用表格的知识，通过本章的学习使用户对文档中表格的使用有一个初步的了解，并能独立在文档中对表格进行相应的格式化操作。

过关练习五

一、填空题

1. 表格是文档中的一个重要组成部分，它是由许多行和列的__________构成的，具有__________、__________、__________的特点。

2. Excel 电子表格插入后，将被视为__________，而不再是普通电子表格。如果想要继续对插入的 Excel 电子表格进行编辑，可在插入的 Excel 电子表格处__________鼠标左键，使其处于编辑状态。

3. 在选定行和列时，按住__________键可以选定连续的行、列和单元格；按住__________键可以选定不连续的行、列和单元格。

二、选择题

1. 如果要将光标移至下一个单元格，应按快捷键（　　）。

A. Shift+Tab　　B. Tab

C. Alt+Home　　D. Alt+End

2. 下列选项中属于“表格工具”上下文工具中的“布局”选项卡中的“表”组中“选择”下拉列表的是（　　）。

A. 表格　　B. 排序

C. 列　　D. 计算

E. 行　　F. 单元格

三、上机操作题

新建一个 Word 文档，并进行以下操作：

（1）在文档中插入表格，在表格中输入一个课程表的内容。

（2）为表格添加边框和底纹，并设置具体的行高和列宽。

（3）为表格中的数据创建图表，并对表格进行混排操作。

第 6 章　模板和样式

模板和样式是 Word 2007 提供的一种工具，使用模板和样式可以方便地创建具有统一风格的文档，大大提高工作效率。

本章重点

（1）模板的使用。

（2）样式的使用。

（3）背景和主题的使用。

6.1　模板的使用

模板就是由多个特定样式组合而成的具有固定编排格式的一种特殊文档。它包括字体、快捷键指定方案、菜单、页面设置、特殊格式、样式以及宏等。用户在打开模板时会创建模板本身的副本。在 Word 2007 中，模板可以是.dotx 文件，或者是.dotm 文件（.dotm 文件类型允许在文件中启用宏）。在将文档保存为.docx 或.docm 文件时，文档会与文档基于的模板分开保存。

可以在模板中提供建议的部分或必需的文本以供其他人使用，还可以提供内容控件（如预定义下拉列表或特殊徽标），在这方面模板与文档极其相似。可以对模板中的某个部分添加保护，或者对模板应用密码以防止对模板的内容进行更改。

6.1.1　创建模板

虽然 Word 中带有许多预先设计的模板，但有时还是不能满足用户的需要。此时用户可以创建模板，以满足某些特殊的需求。用户可以从空白文档开始并将其保存为模板，或者基于现有的文档或模板创建模板。

1．创建空白模板

创建空白模板的具体操作步骤如下：

（1）单击“Office”按钮，在弹出的下拉菜单中选择 新建(N) 命令，弹出 新建文档 对话框。

（2）在该对话框中选择“空白文档”选项，然后单击 创建 按钮。

（3）根据需要对页面边距、页面大小和方向、样式以及其他格式进行更改，还可以根据基于该模板创建的所有新文档中的内容，添加相应的说明文字、内容控件和图形。

（4）设置完成后，单击“Office”按钮，在弹出的下拉菜单中选择 另存为(A) 命令，弹出 另存为 对话框，如图 6.1.1 所示。

（5）在该对话框中选择“受信任模板”选项；在“文件名”文本框中指定新模板的文件名；在“保存类型”下拉列表中选择“Word 模板”选项，然后单击 保存(S) 按钮保存文档，即可创建新的空白模板。

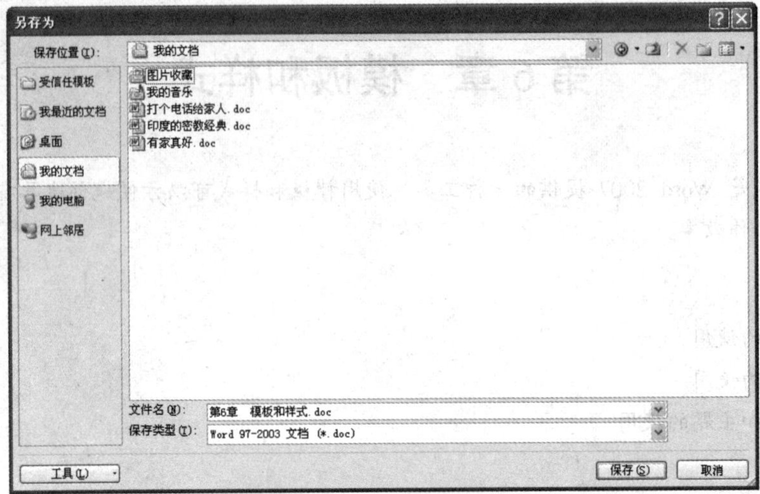

图 6.1.1 “另存为”对话框

> **注意** 用户还可以将模板保存为“启用宏的 Word 模板”(.dotm 文件)或者“Word 97-2003 模板”(.dot 文件)。

2．基于已安装的模板创建新模板

基于已安装的模板创建新模板的具体操作步骤如下：

（1）单击“Office”按钮，在弹出的下拉菜单中选择 新建(N) 命令，弹出 **新建文档** 对话框。

（2）在该对话框中的“模板”列表框中选择 已安装的模板 选项，如图 6.1.2 所示。

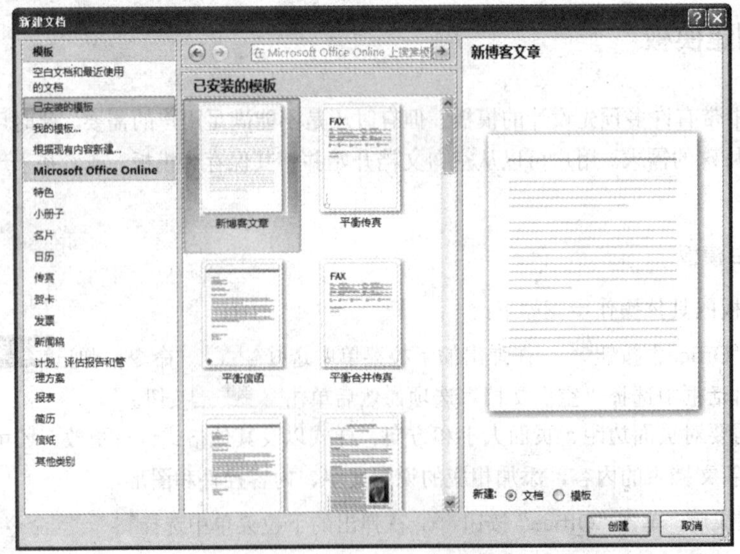

图 6.1.2 “新建文档”对话框

（3）在该对话框中“已安装的模板”列表框中选择所需要的模板，并选中 模板 单选按钮，单击 创建 按钮，创建基于该模板的文档。

（4）根据需要对基于该模板的所有新文档中出现的内容，进行相应的更改。

（5）单击“Office”按钮，在弹出的下拉菜单中选择 另存为 命令，在弹出的另存为对话框中选择“受信任模板”选项；在“文件名”文本框中指定新模板的文件名；在“保存类型”下拉列表中选择“Word 模板”，然后单击 保存(S) 按钮即可。

3．基于现有文档创建新模板

基于现有文档创建新模板的具体操作步骤如下：

（1）单击“Office”按钮，在弹出的下拉菜单中选择 新建 命令，弹出新建文档对话框。

（2）在该对话框中的“模板”列表框中选择 根据现有内容新建... 选项，弹出根据现有文档新建对话框，如图 6.1.3 所示。

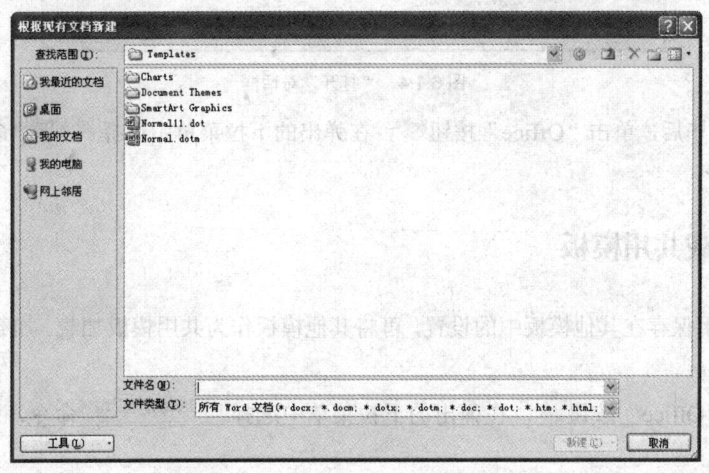

图 6.1.3　“根据现有文档新建”对话框

（3）在该对话框中选择需要的文档，单击 新建(C) 按钮创建文档。

（4）根据需要对页面边距、页面大小和方向、样式以及其他格式进行更改，还可以根据需要出现在基于该模板创建的所有新文档中的内容，添加相应的说明文字、内容控件和图形。

（5）设置完成后，单击“Office”按钮，在弹出的下拉菜单中选择 另存为 命令，弹出另存为对话框。

（6）在该对话框中选择“受信任模板”选项；在“文件名”文本框中指定新模板的文件名；在“保存类型”下拉列表中选择“Word 模板”选项，然后单击 保存(S) 按钮保存文档，即可创建新的空白模板。

6.1.2　修改模板

修改模板的具体操作步骤如下：

（1）单击“Office”按钮，在弹出的下拉菜单中选择 打开 命令，弹出打开对话框，如图 6.1.4 所示。

（2）在打开对话框中的列表框中选中需要进行修改的模板，单击 打开(O) 按钮，即可打开该模板。

（3）对该模板进行修改，例如修改文字、图形、样式、格式设置以及自定义工具栏等。

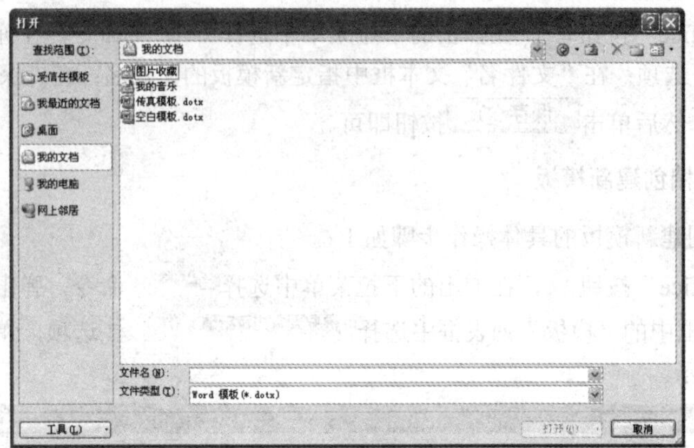

图 6.1.4 “打开”对话框

（4）修改完毕后，单击“Office”按钮，在弹出的下拉菜单中选择另存为(A)命令，保存修改后的模板。

6.1.3 加载共用模板

如果需要使用保存在其他模板中的设置，可将其他模板作为共用模板加载。加载共用模板的具体操作步骤如下：

（1）单击“Office”按钮，在弹出的下拉菜单中选择 Word 选项(I) 命令，弹出 Word 选项 对话框。

（2）在该对话框的左侧选择 加载项 选项，如图 6.1.5 所示。

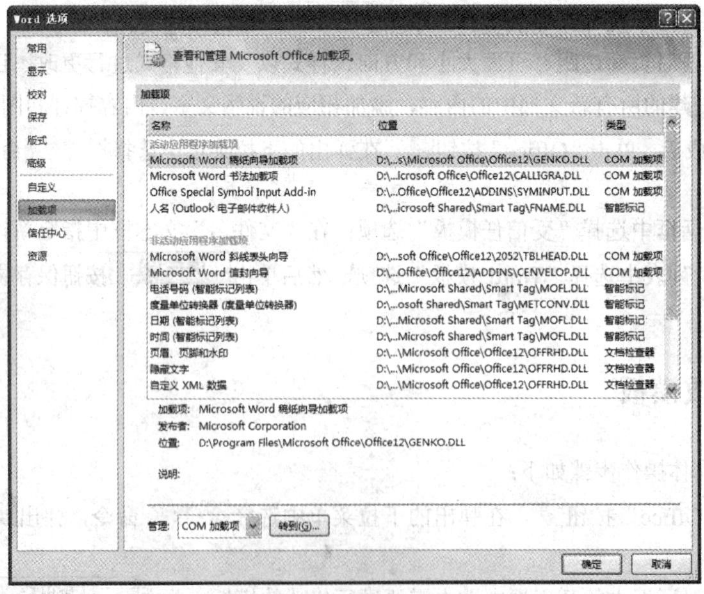

图 6.1.5 “Word 选项”对话框

（3）在该对话框中的“管理”下拉列表中选择“模板”选项，单击 转到(G)... 按钮，弹出 模板和加载项 对话框，打开 模板 选项卡，如图 6.1.6 所示。

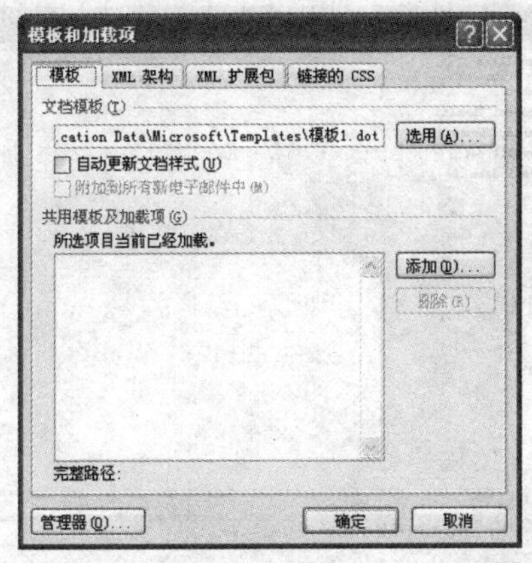

图 6.1.6　“模板”选项卡

（4）在该选项卡中的“文档模板”选区中单击 选用(A)... 按钮，弹出 选用模板 对话框，如图 6.1.7 所示。

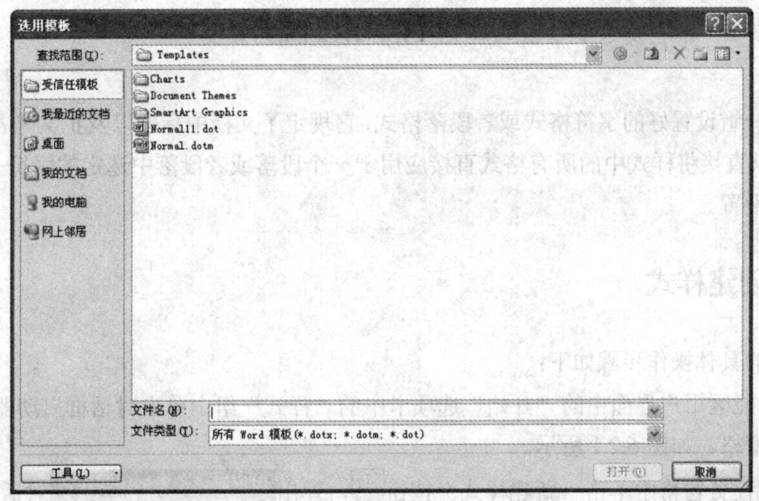

图 6.1.7　“选用模板”对话框

（5）在该对话框中选择需要的模板，单击 打开(O) 按钮，返回到 模板和加载项 对话框中，在该对话框中选中 ☑自动更新文档样式(U) 复选框，如果对模板样式进行修改，则 Word 2007 将自动对基于此模板创建的文档样式进行更新。

（6）在 模板和加载项 对话框中单击 添加(D)... 按钮，弹出 添加模板 对话框，如图 6.1.8 所示。

（7）在该对话框中选择需要添加的模板，单击 确定 按钮，返回到 模板和加载项 对话框中，单击 确定 按钮，完成共用模板的加载。

注意　在 模板和加载项 对话框中的“共用模板及加载项”选区中选中某个不常用的模板，单击 删除(R) 按钮，即可卸载该模板。卸载模板或加载项，并非将其从计算机上真正删除，只是使其不可用。若需要恢复，按步骤“（6）”中的操作进行添加即可。

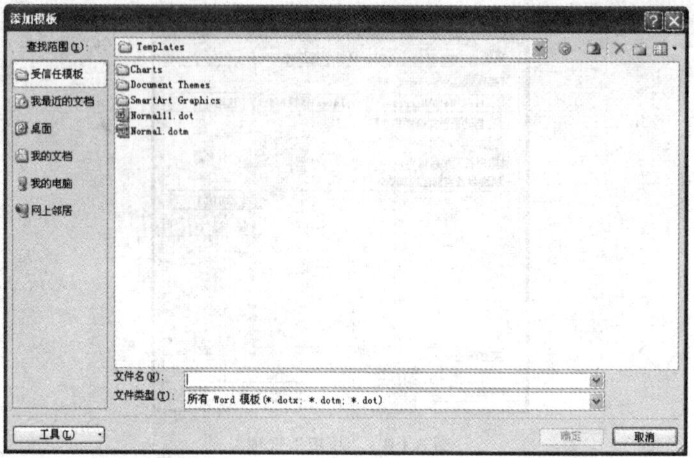

图 6.1.8 “添加模板”对话框

6.2 样式的使用

样式就是一组设置好的字符格式或者段落格式，它规定了文档中标题以及正文等各个文本元素的形式。用户可以直接将样式中的所有格式直接应用于一个段落或者段落中选定的字符上，而不需要重新进行具体的设置。

6.2.1 创建样式

创建样式的具体操作步骤如下：

（1）在功能区用户界面中的“开始”选项卡中的“样式”组中单击对话框启动器按钮，打开“样式”任务窗格，如图 6.2.1 所示。

（2）在该任务窗格中单击“新建样式”按钮，弹出**根据格式设置创建新样式**对话框，如图 6.2.2 所示。

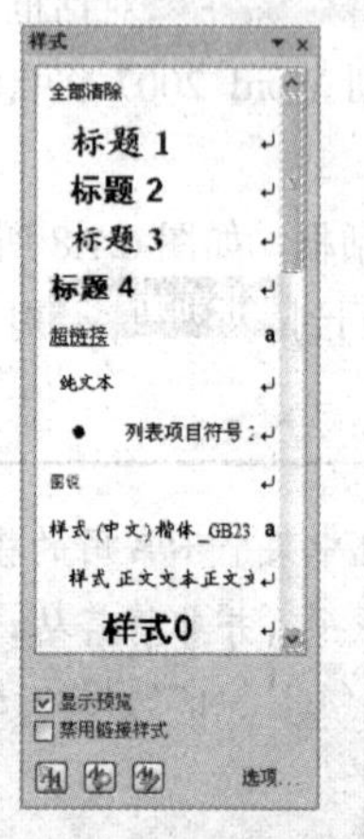

图 6.2.1 “样式”任务窗格

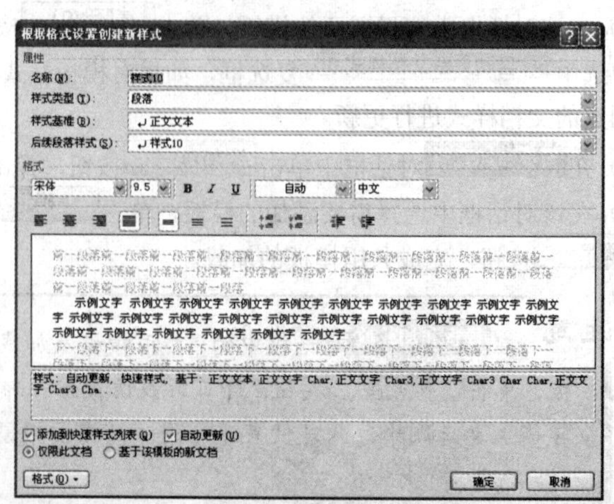

图 6.2.2 “根据格式设置创建新样式”对话框

（3）在该对话框中的“属性”选区中的“名称”文本框中输入新样式的名称；在“样式类型”下拉列表中选择“字符”或“段落”选项。

（4）单击格式(O)▾按钮，弹出其下拉菜单，如图 6.2.3 所示。在该下拉菜单中选择相应的命令，设置相应的字符或段落格式。例如选择字体(F)...命令，在弹出的如图 6.2.4 所示的字体对话框中设置字体格式。

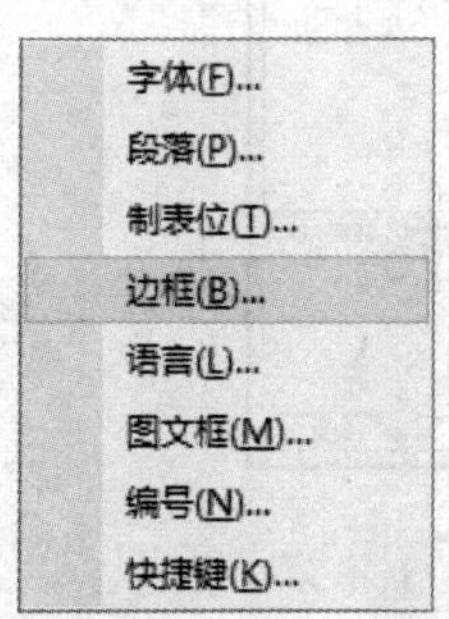

图 6.2.3　“格式”下拉菜单

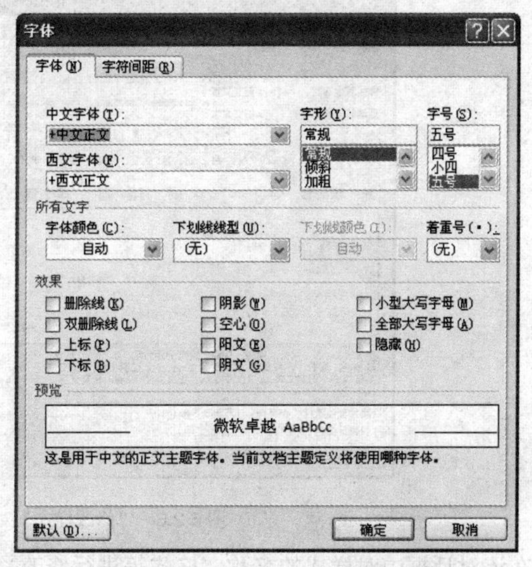

图 6.2.4　“字体”对话框

（5）设置完成后，单击确定按钮，返回到根据格式设置创建新样式对话框，选中☑添加到快速样式列表(Q)和☑自动更新(U)复选框，单击确定按钮，完成样式的创建。

6.2.2　应用样式

样式创建好之后，即可应用样式。对文本应用样式的具体操作步骤如下：

（1）选定要应用样式的字符或段落。

（2）在功能区用户界面中的“开始”选项卡中的“样式”组中单击“其他”按钮，打开“应用样式”任务窗格，如图 6.2.5 所示。

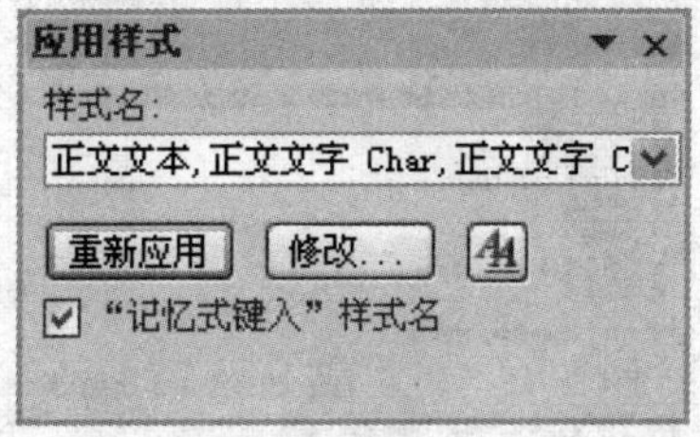

图 6.2.5　“应用样式”任务窗格

（3）在该任务窗格中的下拉列表中选择相应的样式，即可应用于所选的字符或段落中。

（4）用户还可以在“样式”任务窗格（见图 6.2.1）中选择需要的样式。

6.2.3 修改样式

如果对设置好的样式不满意，可以对样式进行修改。修改样式的具体操作步骤如下：

（1）在“应用样式”任务窗格中单击 修改... 按钮，弹出 修改样式 对话框，如图 6.2.6 所示。

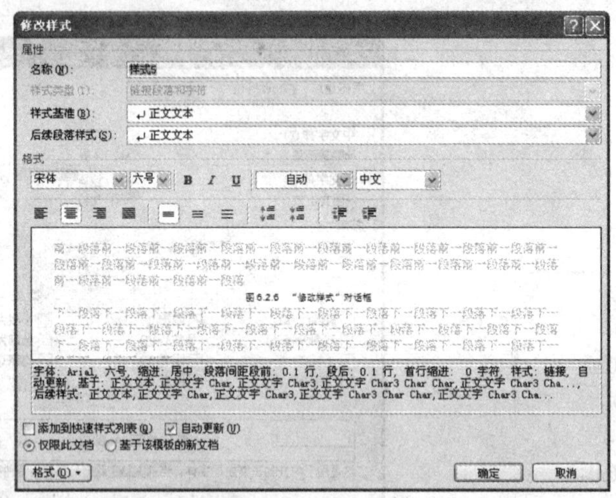

图 6.2.6 “修改样式”对话框

（2）在该对话框中对样式的名称、格式等进行修改。

（3）修改完成后，选中 添加到快速样式列表(Q) 和 自动更新(U) 复选框，单击 确定 按钮即可。

6.2.4 管理样式

管理样式的具体操作步骤如下：

（1）在功能区用户界面中的“开始”选项卡中的“样式”组单击“对话框启动器”按钮，打开“样式”任务窗格。

（2）在该任务窗格中单击“管理样式”按钮，弹出 管理样式 对话框，如图 6.2.7 所示。

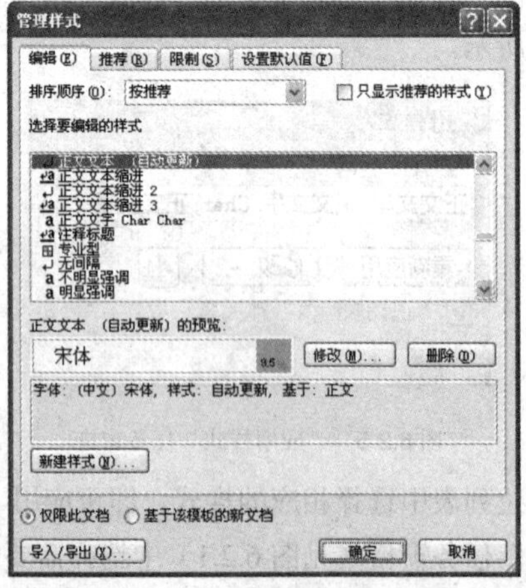

图 6.2.7 “管理样式”对话框

（3）在该对话框中可对样式进行排序、修改、删除、导入、导出等操作。

（4）设置完成后，单击确定按钮即可。

注意　在 Word 文档中有许多样式不允许用户进行删除，如“正文”“标题 1”“标题 2”等内建样式。

6.3　背景和主题的使用

在创建文档时，不但可以使用模板和样式，还可以使用背景和主题，使文档显得更加鲜明、美观、富有活力。

6.3.1　应用背景

在默认情况下，Word 文档使用白纸作为背景，但有时为了增强文档的吸引力，需要为文档设置背景。用户可以为背景应用渐变、图案、图片、纯色或纹理等效果，渐变、图案、图片和纹理将进行平铺或重复以填充页面。将文档保存为网页时，纹理和渐变被保存为 JPEG 文件，图案被保存为 GIF 文件。

在文档中应用背景的具体操作步骤如下：

（1）在功能区用户界面中的“页面布局”选项卡中的“页面背景”组中单击页面颜色按钮，弹出其下拉列表，如图 6.3.1 所示。

（2）在该下拉列表中选择所需的颜色。如果没有用户需要的颜色，可选择其他颜色(M)...选项，在弹出的如图 6.3.2 所示的颜色对话框中选择所需的颜色。

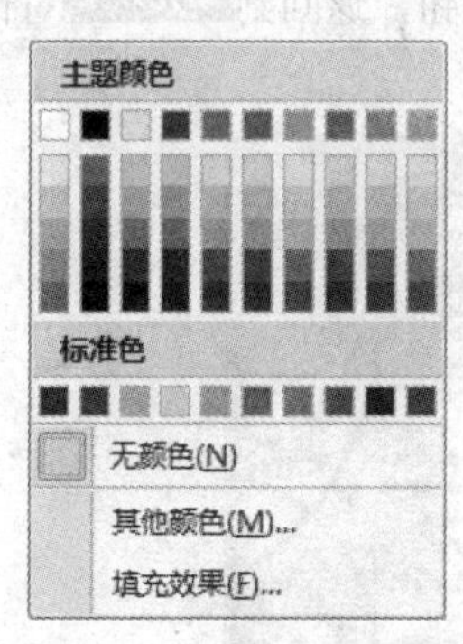

图 6.3.1　“主题颜色”下拉列表

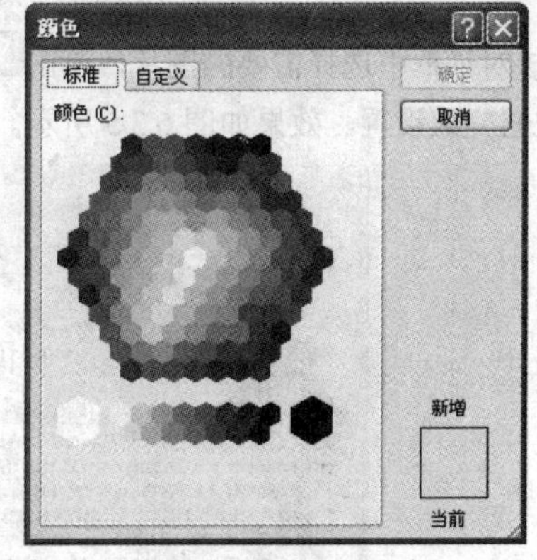

图 6.3.2　“颜色”对话框

（3）还可以选择填充效果(F)...选项，弹出填充效果对话框，如图 6.3.3 所示。

（4）在该对话框中可用渐变、纹理、图案以及图片设置文档的背景。例如在图片选项卡中单击选择图片(L)...按钮，弹出选择图片对话框，如图 6.3.4 所示。

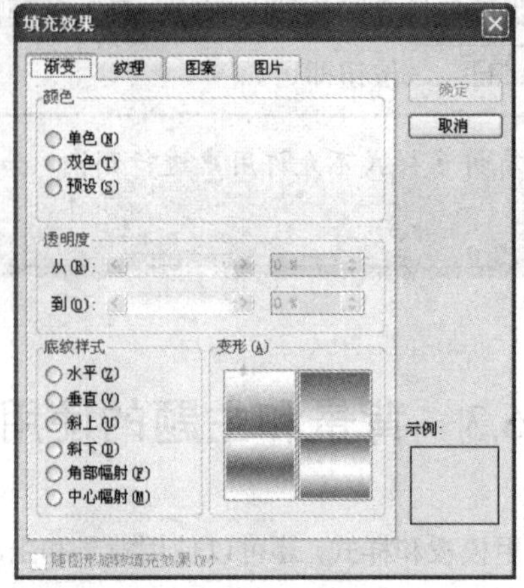

图 6.3.3 “填充效果”对话框

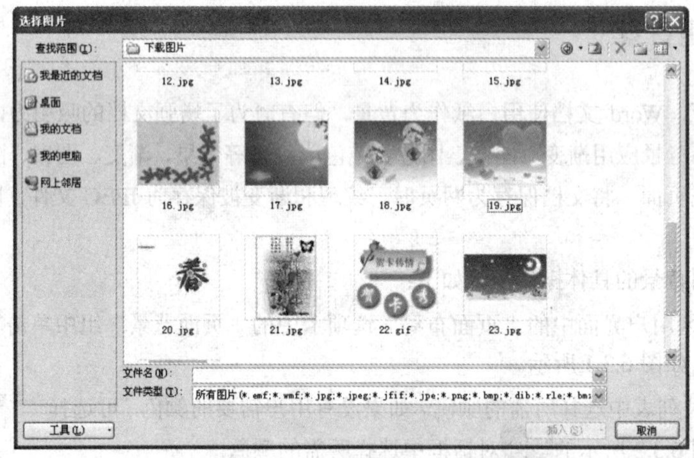

图 6.3.4 “选择图片”对话框

（5）在该对话框中选择需要的图片，单击插入(S)按钮，返回到填充效果对话框中，单击确定按钮完成设置，效果如图 6.3.5 所示。

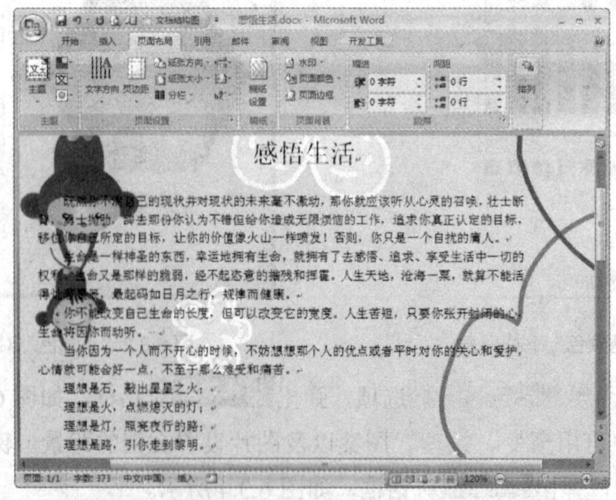

图 6.3.5 设置文档背景效果

6.3.2　应用主题

主题是一套设计风格统一的元素和配色方案，包括字体、水平线、背景图像、项目符号以及其他的文档元素。应用主题可以非常容易地创建出精美且具有专业水准的文档。

在文档中应用主题的具体操作步骤如下：

（1）在功能区用户界面中的“页面布局”选项卡中的“主题”组中选择“主题”选项，弹出其下拉列表，如图 6.3.6 所示。

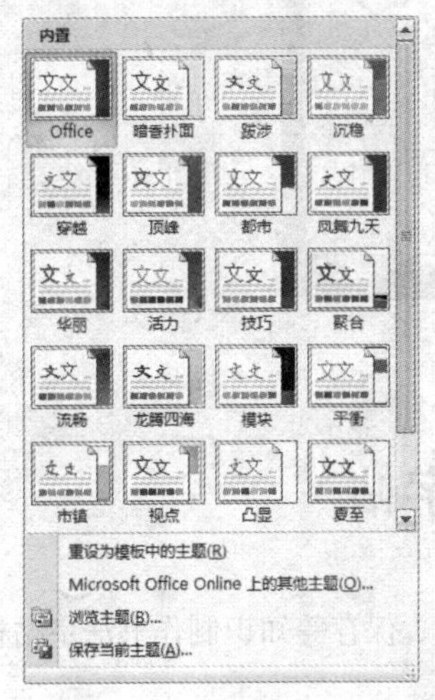

图 6.3.6　“主题”下拉列表

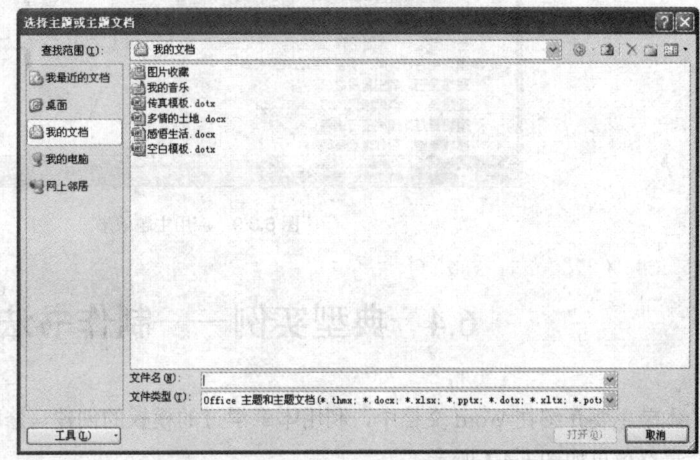

图 6.3.7　“选择主题或主题文档”对话框

（2）在该下拉列表中的“内置”选区中可选择适当的文档主题。选择 浏览主题(B)... 选项，可在弹出的如图 6.3.7 所示的 选择主题或主题文档 对话框中打开相应的主题或包含该主题的文档。

（3）在该下拉列表中选择 保存当前主题(A)... 选项，弹出 保存当前主题 对话框，如图 6.3.8 所示。在该对话框中可对当前的主题进行保存，以便以后继续使用。

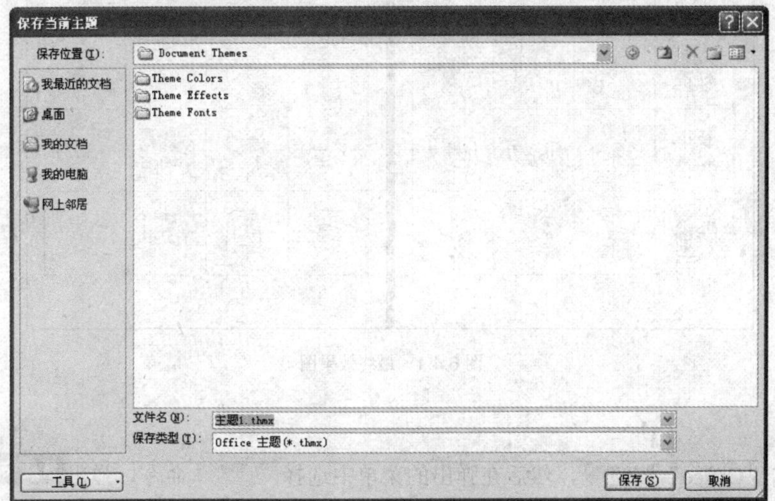

图 6.3.8　“保存当前主题”对话框

在文档中应用主题的效果如图 6.3.9 所示。

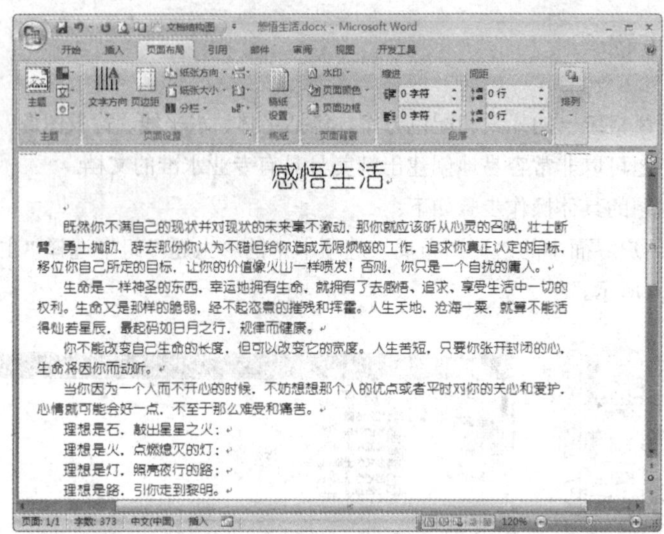

图 6.3.9　应用主题效果

6.4　典型实例——制作书法字帖

本节主要介绍在 Word 文档中，利用本章学过的模板的创建、修改、保存等知识制作书法字帖模板，最终效果如图 6.4.1 所示。

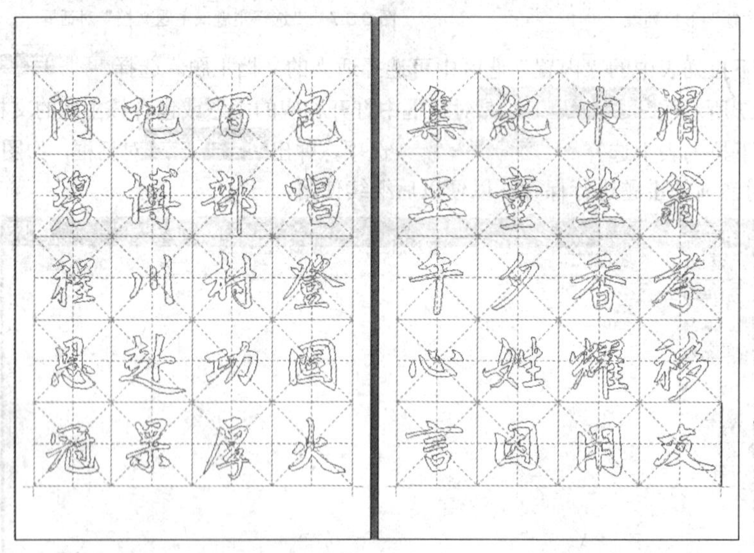

图 6.4.1　最终效果图

创作步骤

（1）单击“Office”按钮，然后在弹出的菜单中选择 新建(N) 命令，弹出新建文档对话框，如图 6.4.2 所示。

（2）在该对话框中的“空白文档和最近使用的文档”列表框中选择“书法字帖”选项，单击创建按钮，即可创建一个书法字帖文档，并弹出增减字符对话框，如图 6.4.3 所示。

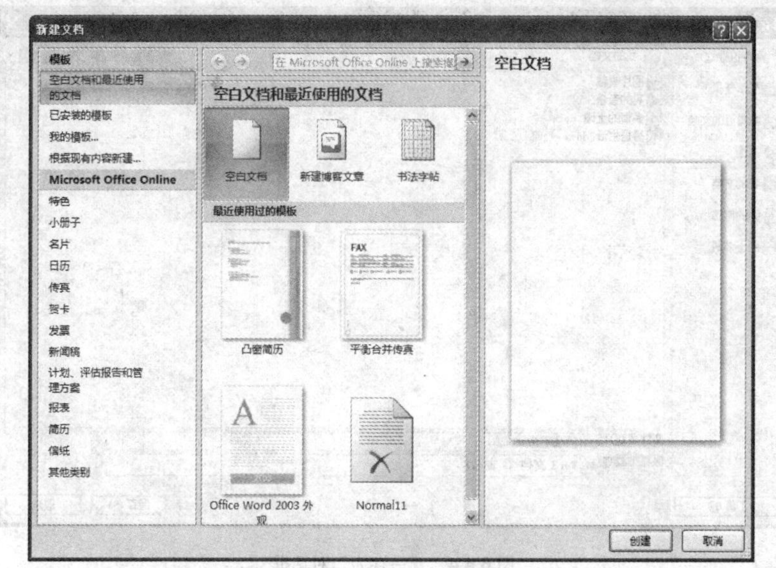

图 6.4.2 “新建文档”对话框

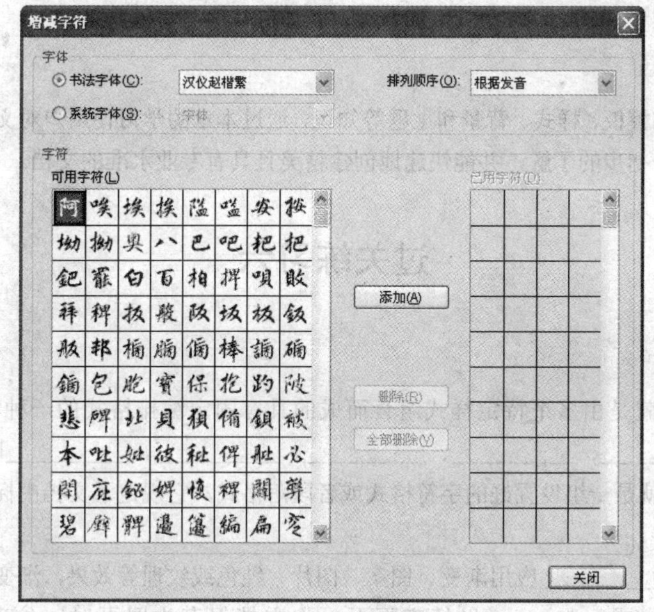

图 6.4.3 “增减字符”对话框

（3）在该对话框中的“字体”选区中设置书法文本的字体和排列顺序；在“可用字符”列表框中选中需要的字，单击 添加(A) 按钮，将字添加到对话框右侧的“已用字符”列表框中。

（4）添加完成后，单击 关闭 按钮，关闭该对话框。

（5）单击“Office”按钮，然后在弹出的菜单中选择 保存(S) 命令，弹出 另存为 对话框，如图 6.4.4 所示。

（6）在该对话框中设置保存该文档的位置；在“文件名”下拉列表中设置文档名称“书法字帖”，单击 保存(S) 按钮，对文档进行保存，最终效果如图 6.4.1 所示。

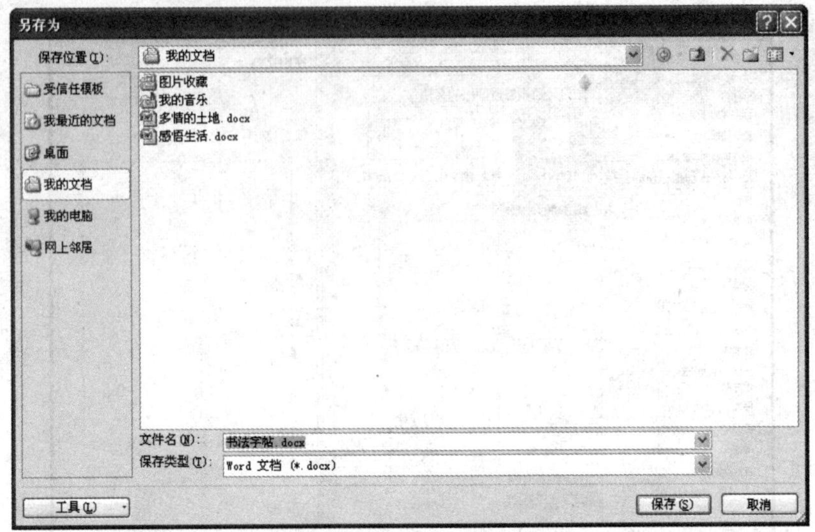

图 6.4.4 “另存为”对话框

小　结

本章主要讲解了模板、样式、背景和主题等知识，通过本章的学习使用户对文档的模板和样式以及背景和主题有一个初步的了解，并能快速地创建精美且具有专业水准的文档。

过关练习六

一、填空题

1．__________就是由多个特定样式组合而成的具有固定编排格式的一种特殊文档。它包括__________、__________、__________、__________、__________、__________以及__________等。

2．__________就是一组设置好的字符格式或者段落格式，它规定了文档中标题以及正文等各个文本元素的形式。

3．用户可以为__________应用渐变、图案、图片、纯色或纹理等效果，渐变、图案、图片和纹理将进行__________或__________以填充页面。将文档保存为网页时，纹理和渐变被保存为__________文件，图案被保存为__________文件。

4．__________是一套设计风格统一的元素和配色方案，包括__________、__________、__________、__________以及其他的文档元素。

二、上机操作题

1．创建一个“个人简历”模板。

2．新建一个样式，要求名称为“最新的文档样式”，字体为“华文新魏”“10 磅”“红色”，段落首行缩进 2 个字符，段间距为“单倍行距”，段落对齐方式为“居中”，快捷键设为“Alt+8”。

3．创建一个文档，在文档中输入文本，并应用背景和主题。

第 7 章　文档的高级应用

前面介绍了 Word 中最基本的功能应用，即常常用来编辑普通文档。但这些功能还不能满足用户的需求，Word 2007 为用户提供了许多更为高级的功能，更加方便用户处理日常工作事务。Word 2007 的高级应用主要包括邮件的合并、目录、超链接以及宏和域的使用等。

本章重点

（1）邮件合并。

（2）目录的使用。

（3）宏的使用。

（4）域的使用。

7.1　邮件合并

在日常工作中，有时需要处理大量的报表和信件。这些报表和信件的主要内容是基本相同的，只是具体数据有所变化。为了减少工作量，提高工作效率，Word 为用户提供了邮件合并功能。所谓邮件合并是指将一个文件中的信息插入到另一个文件中，将可变的数据与一个标准文档相结合，从而创建另外一个新文档的过程。

7.1.1　创建主文档

主文档就是信函的主题部分，包括在各邮件中保持不变的文字、图形和格式，例如套用信函中的寄信人地址或称呼语。创建主文档的具体操作步骤如下：

（1）启动 Word 2007，新建一个空白的 Word 文档。

（2）在“邮件”选项卡中的“开始邮件合并”组中的“开始邮件合并”下拉列表中选择相应的选项，例如选择 信函(L) 选项，在 Word 文档中创建主文档如图 7.1.1 所示。

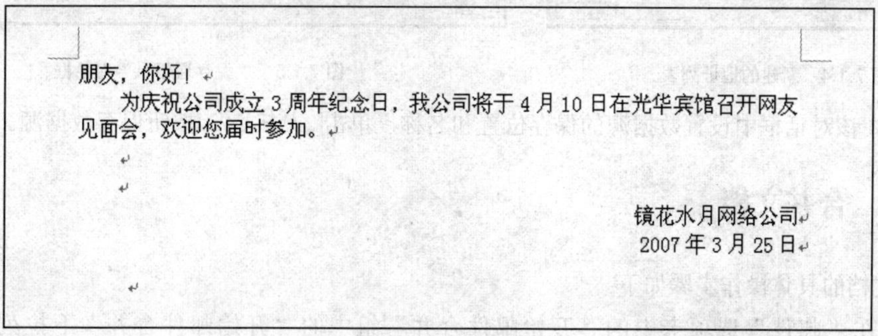

朋友，你好！

为庆祝公司成立 3 周年纪念日，我公司将于 4 月 10 日在光华宾馆召开网友见面会，欢迎您届时参加。

镜花水月网络公司

2007 年 3 月 25 日

图 7.1.1　主文档

7.1.2 创建数据源

数据源包含合并文档中所需的信息。用户可以指定一个已经存在的数据库或表作为数据源，也可以创建新的数据源。创建数据源的具体操作步骤如下：

（1）在“邮件”选项卡中的“开始邮件合并”组中的“选择收件人”下拉列表中选择 键入新列表(N)... 选项，弹出 新建地址列表 对话框，如图 7.1.2 所示。

（2）在该对话框中单击 自定义列(Z)... 按钮，在弹出的如图 7.1.3 所示的 自定义地址列表 对话框中进行相应的设置。

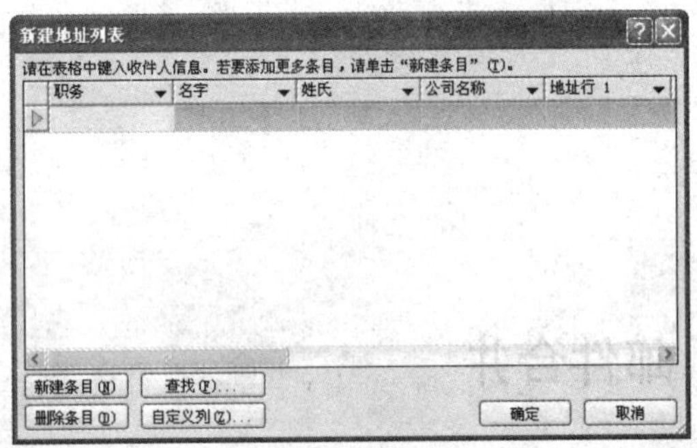

图 7.1.2 “新建地址列表”对话框

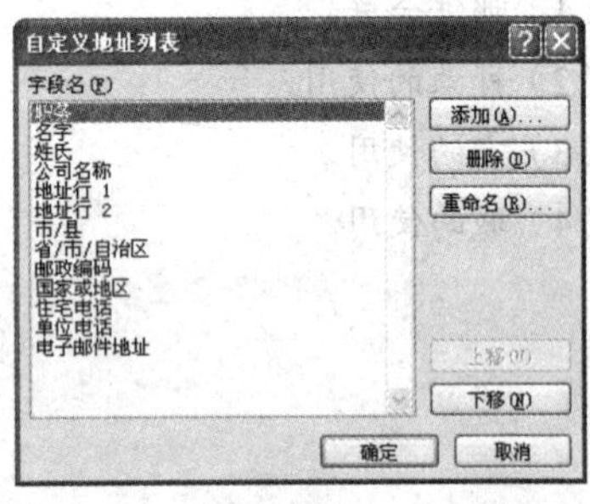

图 7.1.3 “自定义地址列表”对话框

（3）新建的地址列表如图 7.1.4 所示。在 新建地址列表 对话框中单击 确定 按钮，弹出 保存通讯录 对话框，如图 7.1.5 所示。

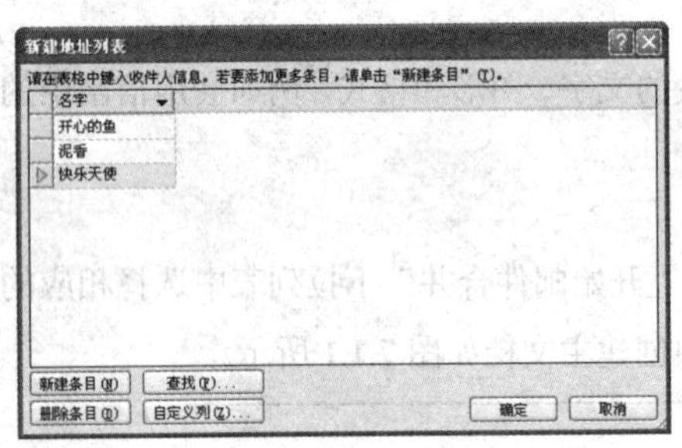

图 7.1.4 新建的地址列表

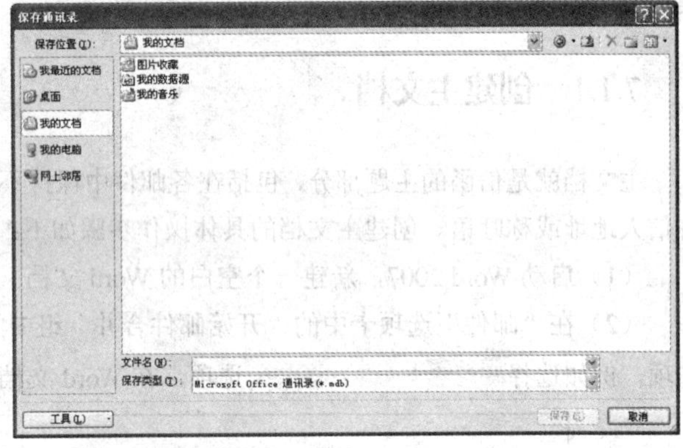

图 7.1.5 “保存通信录”对话框

（4）在该对话框中设置数据源的保存位置和名称，单击 保存(S) 按钮保存数据源。

7.1.3 合并文档

合并文档的具体操作步骤如下：

（1）在“邮件”选项卡中的“开始邮件合并”组中的“开始邮件合并”下拉列表中选择 邮件合并分步向导(W)... 选项，打开“邮件合并”任务窗格（一），如图 7.1.6 所示。

（2）在该任务窗格中选中 使用现有列表 单选按钮，单击 浏览... 按钮，弹出 选取数据源 对话框，如图 7.1.7 所示。

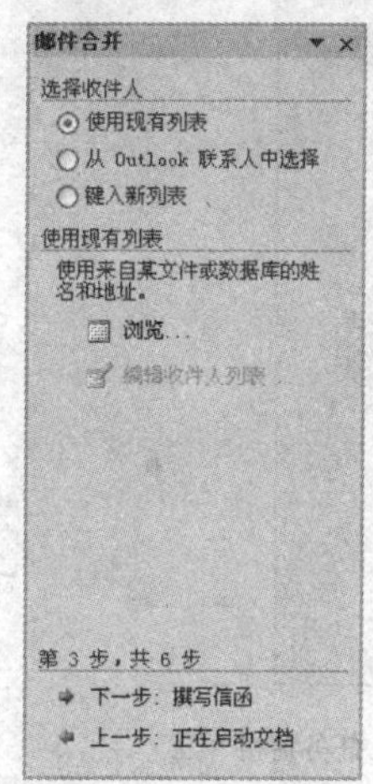

图 7.1.6　“邮件合并”任务窗格（一）

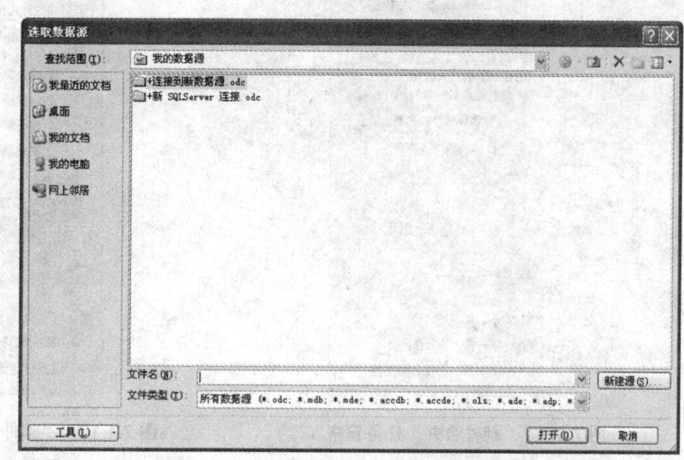

图 7.1.7　“选取数据源”对话框

（3）在该对话框中选择创建好的数据源，单击 打开(O) 按钮，弹出 邮件合并收件人 对话框，如图 7.1.8 所示。

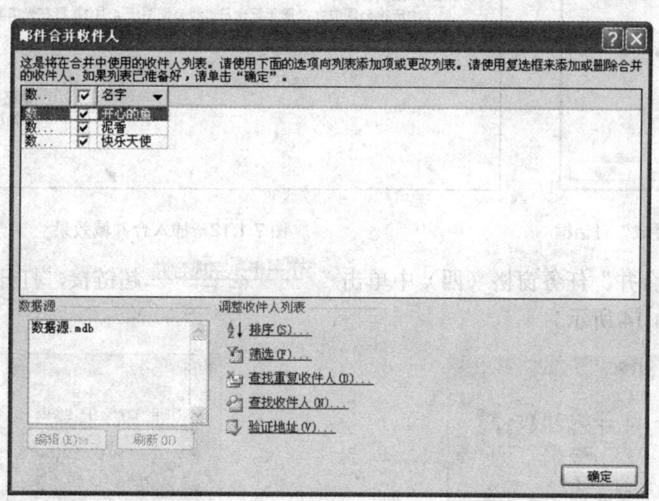

图 7.1.8　“邮件合并收件人”对话框

（4）在该对话框中进行相应的设置后，单击 确定 按钮，返回到“邮件合并”任务窗格（二），如图 7.1.9 所示。

（5）在该任务窗格中单击 下一步：撰写信函 超链接，打开“邮件合并”任务窗格（三），如图 7.1.10 所示。

（6）在该任务窗格中单击 其他项目... 超链接，弹出 插入合并域 对话框，如图 7.1.11 所示。

（7）在该对话框中单击 插入(I) 按钮，在主文档中插入合并域，合并域名被“《》”括起来，效果如图 7.1.12 所示。

（8）在“邮件合并”任务窗格（三）中单击 下一步：预览信函 超链接，打开“邮件合并”任务窗格（四），如图 7.1.13 所示。

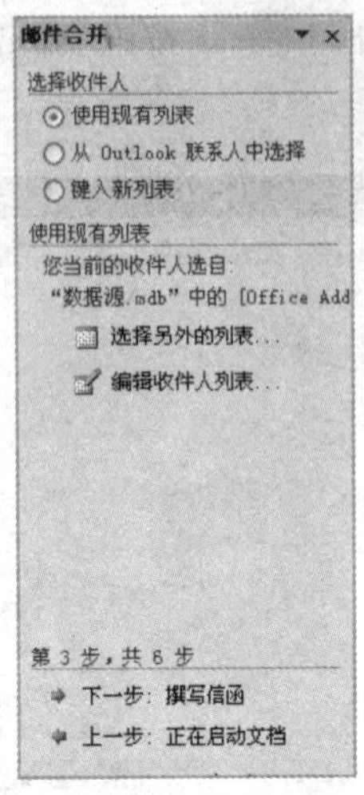

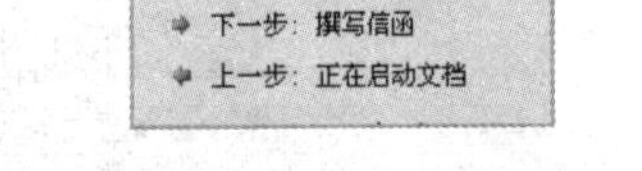

图 7.1.9 “邮件合并”任务窗格（二）

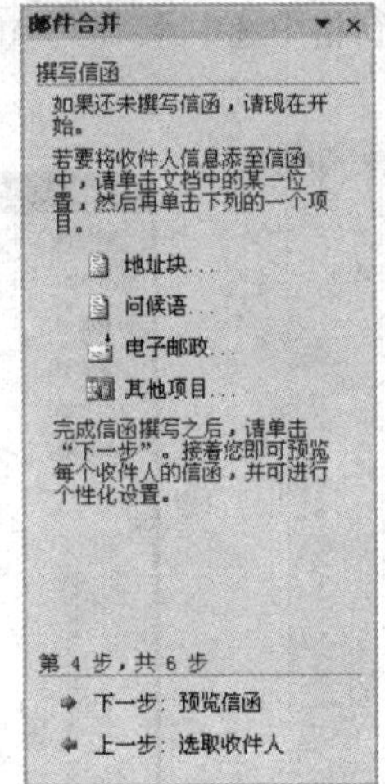

图 7.1.10 “邮件合并”任务窗格（三）

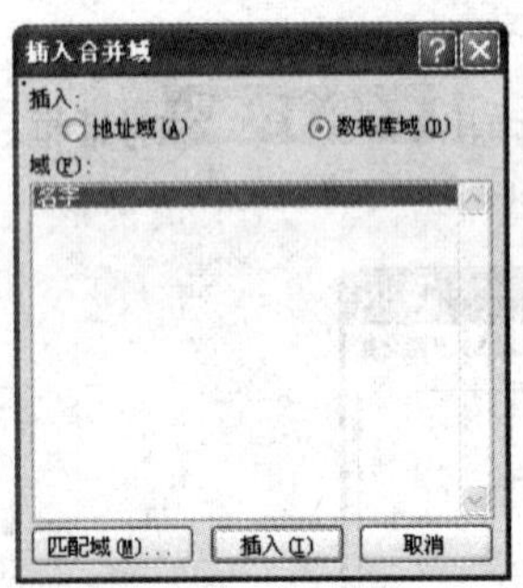

图 7.1.11 “插入合并域”对话框

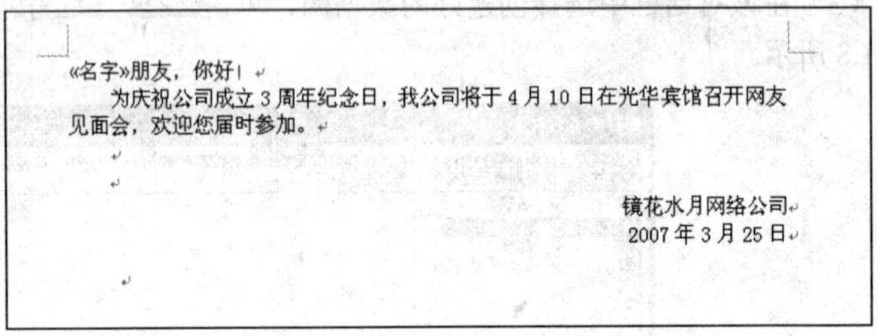

«名字»朋友，你好！

为庆祝公司成立 3 周年纪念日，我公司将于 4 月 10 日在光华宾馆召开网友见面会，欢迎您届时参加。

镜花水月网络公司

2007 年 3 月 25 日

图 7.1.12 插入合并域效果

（9）在“邮件合并”任务窗格（四）中单击 下一步：完成合并 超链接，打开“邮件合并”任务窗格（五），如图 7.1.14 所示。

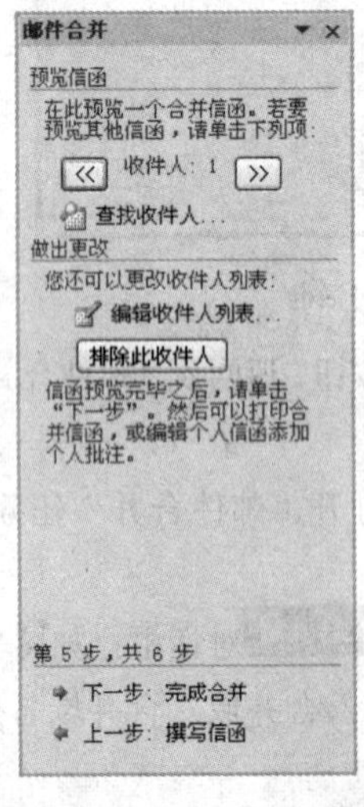

图 7.1.13 “邮件合并”任务窗格（四）

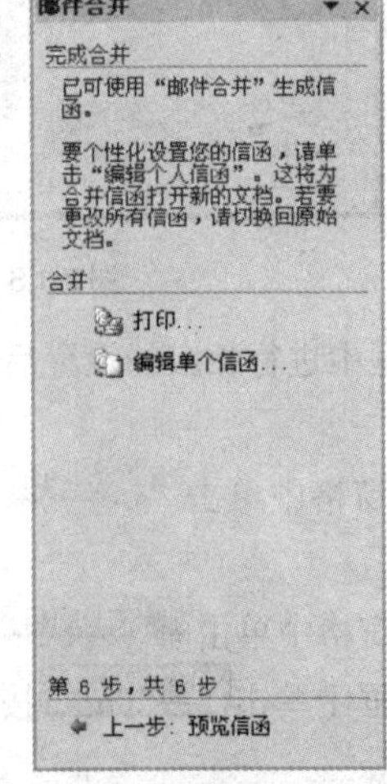

图 7.1.14 “邮件合并”任务窗格（五）

（10）设置完成后，邮件合并的效果如图 7.1.15 所示。

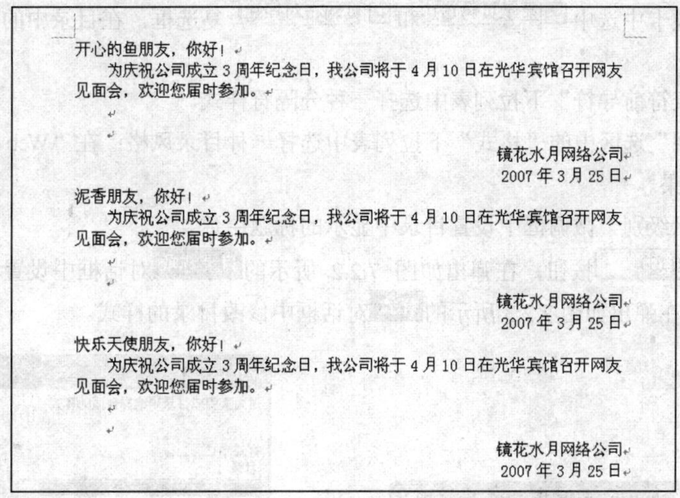
开心的鱼朋友，你好！

为庆祝公司成立 3 周年纪念日，我公司将于 4 月 10 日在光华宾馆召开网友见面会，欢迎您届时参加。

镜花水月网络公司
2007 年 3 月 25 日

泥香朋友，你好！

为庆祝公司成立 3 周年纪念日，我公司将于 4 月 10 日在光华宾馆召开网友见面会，欢迎您届时参加。

镜花水月网络公司
2007 年 3 月 25 日

快乐天使朋友，你好！

为庆祝公司成立 3 周年纪念日，我公司将于 4 月 10 日在光华宾馆召开网友见面会，欢迎您届时参加。

镜花水月网络公司
2007 年 3 月 25 日

图 7.1.15 邮件合并效果

7.2 目录的使用

在书籍和许多文档的编辑中，目录是不可缺少的。目录的作用是列出文档中各级标题以及每个标题所在的页码，以便用户快速找到需要阅读的文档内容。

7.2.1 创建目录

在默认情况下，Word 提供 3 级目录供用户使用。创建目录的具体操作步骤如下：

（1）将光标定位在需要创建目录的位置。

（2）在“引用”选项卡中的“目录”组中的“目录”下拉列表中选择 插入目录(I)... 选项，弹出 目录 对话框，打开 目录(C) 选项卡，如图 7.2.1 所示。

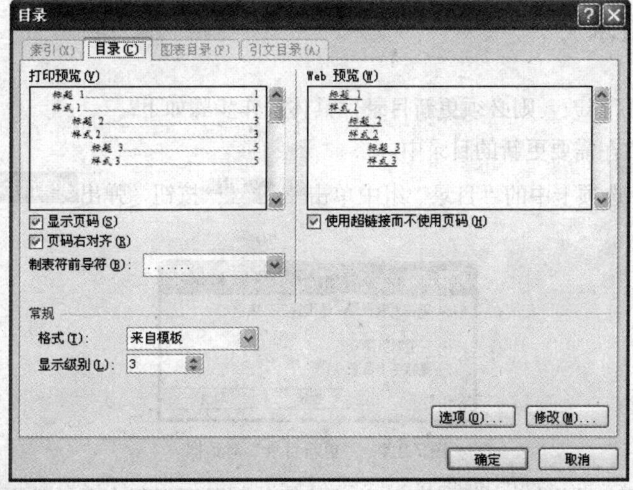

图 7.2.1 “目录”选项卡

（3）在该选项卡中选中☑显示页码(S)和☑页码右对齐(R)复选框，在目录中的每个标题后边显示页码并右对齐。

（4）在“制表符前导符”下拉列表中选择一种分隔符样式。

（5）在“常规”选区中的“格式”下拉列表中选择一种目录风格；在“Web 预览”区中即可看到该风格的显示效果。

（6）在“显示级别”微调框中设置目录中显示的标题层数。

（7）单击 选项(O)... 按钮，在弹出如图 7.2.2 所示的 目录选项 对话框中设置目录的选项；单击 修改(M)... 按钮，在弹出如图 7.2.3 所示的 样式 对话框中修改目录的样式。

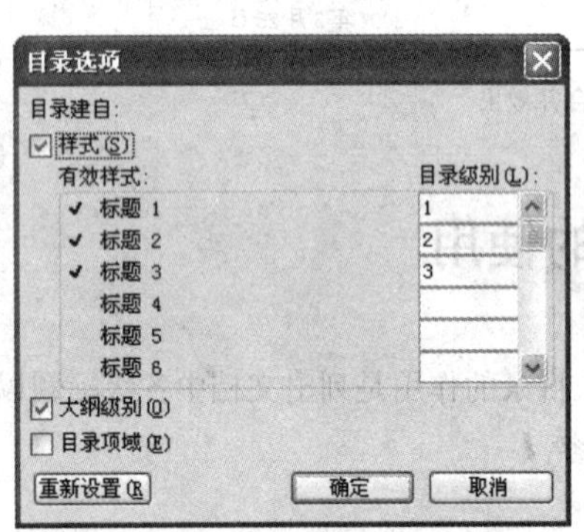

图 7.2.2 “目录选项”对话框

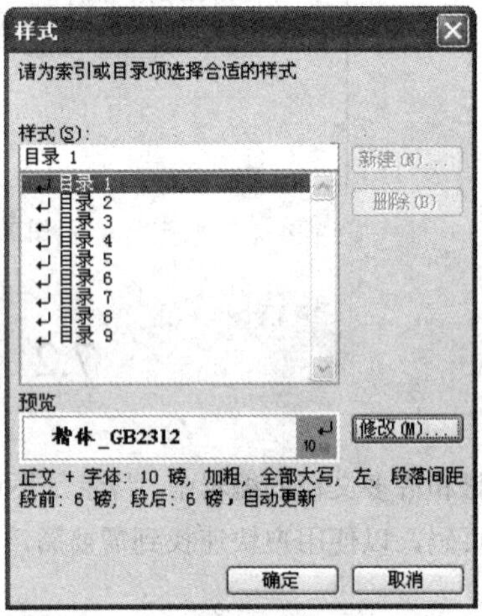

图 7.2.3 “样式”对话框

（8）设置完成后，单击 确定 按钮，即可将目录插入到文档中。

注意 用户在创建目录之前，必须确保对文档的标题应用了样式。

7.2.2 更新目录

如果对文档进行了修改，则必须更新目录，具体操作步骤如下：

（1）将光标定位在需要更新的目录中。

（2）在“引用”选项卡中的“目录”组中单击 更新目录 按钮，弹出 更新目录 对话框，如图 7.2.4 所示。

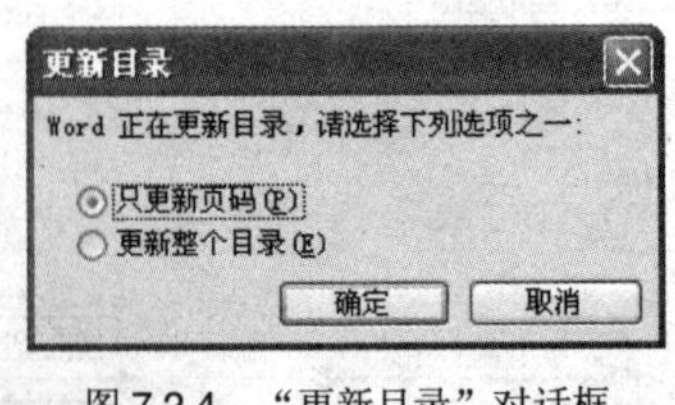

图 7.2.4 “更新目录”对话框

（3）在该对话框中选中◉只更新页码(P)单选按钮，则只更新现有目录的页码，而不影响目录的增加或修改；选中◉更新整个目录(E)单选按钮，则重新创建目录。

（4）单击 确定 按钮，即可更新目录。

7.3　宏的使用

用户在使用 Office 办公软件时会接触到宏的概念。宏是 Office 软件提供的一个很好的扩展功能，使用宏可以提高工作效率。

宏是由一系列的 Word 命令或指令组成的、用来完成特定任务的指令集合，以实现任务执行的自动化。如果要完成一项由多个 Word 选项和操作指令组成的任务，可以将构成的这些操作步骤按照操作顺序录制成一个宏，并取一个名称。在需要的时候运行这个录制的宏，系统将自动按顺序执行宏中所包含的所有操作步骤。

宏的用途非常广泛，主要有以下几种：

（1）加快普通的编辑和格式设置，简化操作。

（2）使用户更易于选择对话框中的选项。

（3）自动执行一系列复杂的操作。

（4）组合多个命令。

7.3.1　录制宏

录制宏的过程实际就是进行一系列需要使用的操作。Word 2007 中提供了两种录制宏的方法：宏录制器和 Visual Basic 编辑器。

使用宏录制器录制宏的具体操作步骤如下：

（1）在“开发工具”选项卡中的“代码”组中单击 录制宏 按钮，弹出 录制宏 对话框，如图 7.3.1 所示。

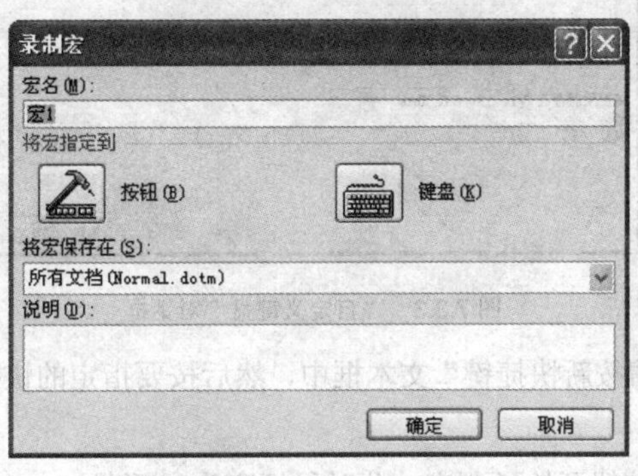

图 7.3.1　“录制宏”对话框

（2）在该对话框中的“宏名”文本框中输入宏的名称；在“将宏保存在”下拉列表中选择保存宏的位置；在“说明”文本框中输入该宏的一些说明文字。

（3）如果需要将宏指定到自定义快速访问工具栏中，具体操作步骤如下：

1）在“将宏指定到”选区中单击按钮，弹出 Word 选项 对话框，如图 7.3.2 所示。

2）在该对话框中选中一个宏名称，例如“Normal.NewMacros.宏 1”，单击 添加(A) >> 按钮，将其添加到“自定义快速访问工具栏”列表框中，单击 确定 按钮，即可开始录制宏，此时鼠标变为形状。

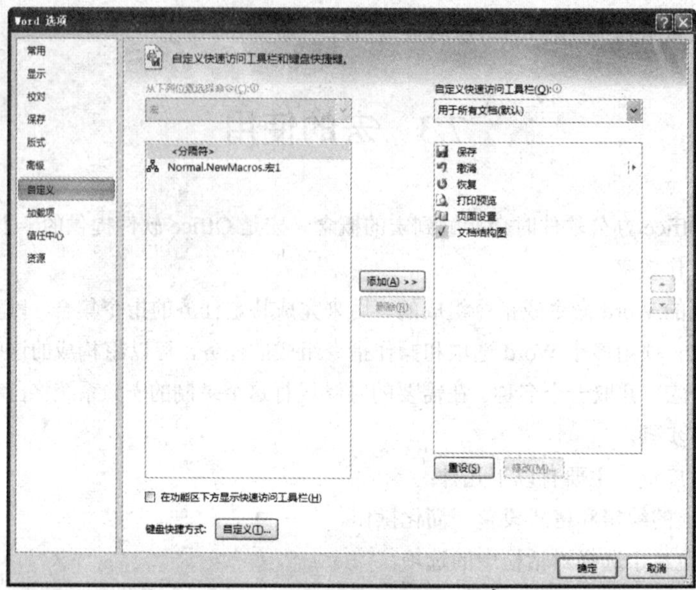

图 7.3.2　“Word”选项

（4）如果需要将宏指定为键盘快捷键，具体操作步骤如下：

1）在“将宏指定到”选区中单击按钮，弹出自定义键盘对话框，如图 7.3.3 所示。

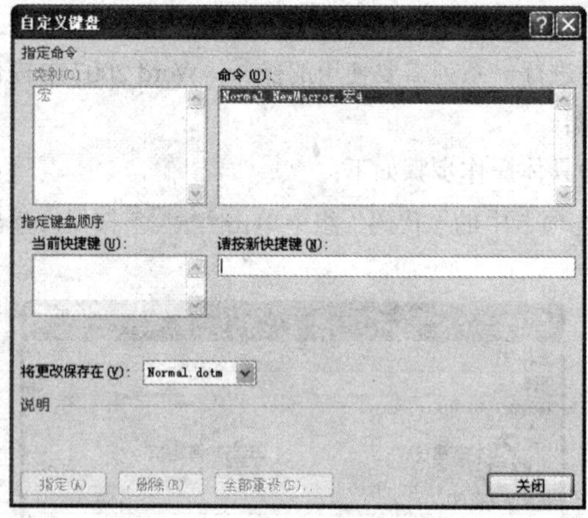

图 7.3.3　“自定义键盘”对话框

2）将光标定位在“请按新快捷键”文本框中，然后按要指定的快捷键，单击指定(A)按钮，即可将宏指定为快捷键。

3）单击关闭按钮开始录制宏，此时鼠标变为形状。

7.3.2　编辑宏

录制完一段宏后，还可以对其进行编辑。编辑宏包括修改宏的说明文字和编辑宏命令两个方面。编辑宏的具体操作步骤如下：

（1）在“开发工具”选项卡中的“代码”组中选择“查看宏”选项，弹出宏对话框，如图 7.3.4 所示。

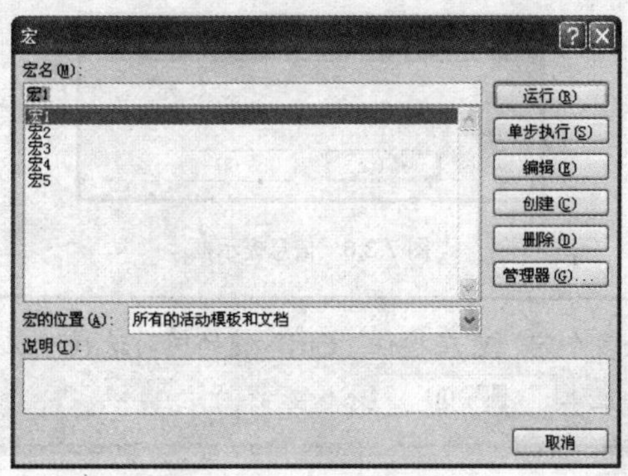

图 7.3.4　“宏”对话框

（2）在“宏名”列表框中选择要编辑的宏的名字，例如选择“宏 1”。

（3）单击 编辑(E) 按钮，打开如图 7.3.5 所示的“Visual Basic 编辑器”窗口，在该窗口中可对宏进行编辑、修改和调试。

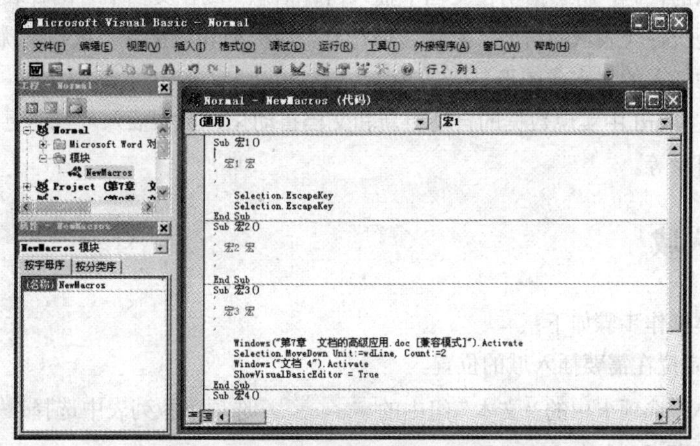

图 7.3.5　“Visual Basic 编辑器”窗口

（4）编辑完成后，关闭该窗口，返回 Word 文档编辑窗口。

7.3.3　运行宏

运行宏的具体操作步骤如下：

（1）在“开发工具”选项卡中的“代码”组中选择“查看宏”选项，弹出宏对话框。

（2）在该对话框中的“宏名”列表框中选择需要运行的宏。

（3）单击 运行(R) 按钮即可运行宏。

7.3.4　删除宏

删除宏的方法非常简单，在宏对话框中的“宏名”列表框中选择需要删除的宏，然后单击 删除(D) 按钮，系统弹出如图 7.3.6 所示的信息提示框，单击 是(Y) 按钮即可删除宏。

图 7.3.6 信息提示框

注意 如果要删除多个宏，可在按住“Ctrl”键的同时选择“宏名”列表框中要删除的多个宏，然后单击 删除(D) 按钮即可。

7.4 域的使用

域是一种特殊的代码，用于指明在文档中插入何种信息。域在文档中有两种表现形式：域代码和域结果。域代码是一种代表域的符号，它包含域符号、域类型和域指令。域结果就是当 Word 执行域指令时，在文档中插入的文字或图形。

使用域可以在 Word 中实现数据的自动更新和文档自动化，例如插入可自动更新的时间和日期、自动创建和更新目录等。

7.4.1 插入域

插入域的具体操作步骤如下：

（1）将光标定位在需要插入域的位置。

（2）在“插入”选项卡中的“文本”组中的 文档部件 选项下拉列表中选择 域(F)... 选项，弹出 域 对话框，如图 7.4.1 所示。

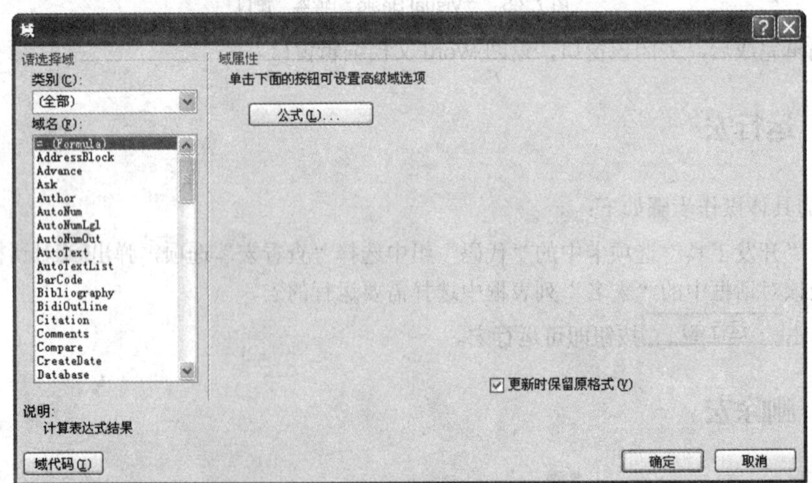

图 7.4.1 “域”对话框

（3）在该对话框中单击 公式(L)... 按钮，弹出如图 7.4.2 所示的 公式 对话框，在该对话框

中可编辑域代码。

（4）在域对话框中的“类别”下拉列表中选择要插入域的类别，例如选择“时间和日期”选项；在“域名”列表框中选择需要插入的域。

（5）单击域代码(I)按钮，再单击选项(O)...按钮，弹出域选项对话框，如图 7.4.3 所示。

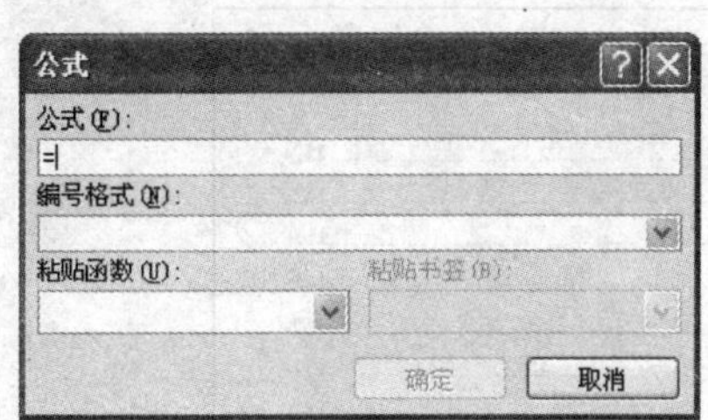

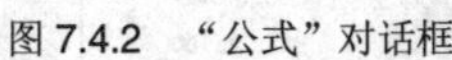

图 7.4.2　“公式”对话框

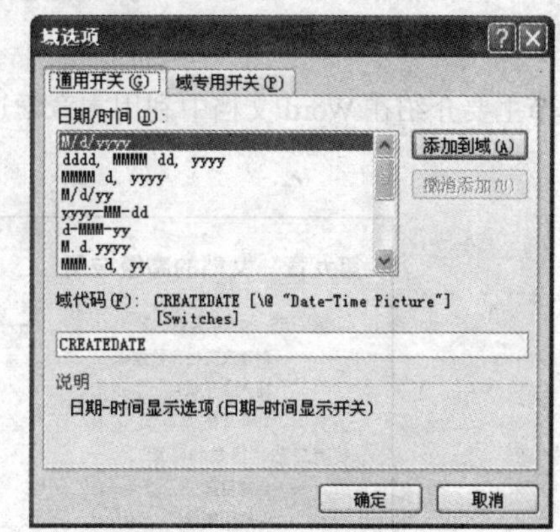

图 7.4.3　“域选项”对话框

（6）在该对话框中选择开关类型，单击添加到域(A)按钮，即可为域代码添加开关。

（7）设置完成后，单击确定按钮，即可在文档中插入选定的域。

技巧　按快捷键“Ctrl+F9”，即可直接在括号中输入需要的域代码。

7.4.2　查看和更新域

在文档中插入域后，用户还可以查看域和更新域。

1．查看域

查看域有两种方式：域结果或域代码。一般情况下，在文档中看到的是域结果，在显示的域代码中可以对插入的域进行编辑。Word 允许用户在这两种方式之间切换。

如果用户需要查看域代码，可将鼠标移至域上，单击鼠标右键，从弹出的快捷菜单中选择切换域代码(T)命令，可在文档中看到域代码。

2．更新域

域的内容可以被更新，这就是域与普通文字的不同之处。如果要更新某个域，需要先选中域或域结果，然后按“F9”键即可；如果要更新整个文档中的域，可以在“开始”选项卡中的“编辑”组中选择选择→全选(A)命令，选定整个文档，然后按“F9”键即可。

7.4.3　锁定域和解除域锁定

如果要锁定域，首先选中该域，然后按快捷键“Ctrl+F11”即可。锁定域的外观与未锁定域的外观相同，但在锁定域上单击鼠标右键时，将发现快捷菜单中的“更新域”命令呈不可用状态，即该域不随着文档的更新而更新。

如果要解除域锁定以便于更新域结果，首先选中该域，然后按快捷键“Ctrl+Shift+F11”即可。

7.5 典型实例——制作目录

本节主要介绍在 Word 文档中利用本章学过的目录的使用和操作来制作目录，最终效果如图 7.5.1 所示。

第九章 文档的高级应用......152
第一节 邮件合并......152
一、创建主文档和数据源......152
二、插入合并域名......153
三、合并文档......154
第二节 目录的使用......157
一、创建目录......157
二、创建图表目录......159
三、创建引文目录......159
四、更新目录......160
第三节 宏的使用......160
一、录制宏......161
二、编辑宏......162
三、运行宏......163
四、删除宏......163
第四节 域的使用......164
一、插入域......164
二、查看和更新域......165
三、锁定域和解除域锁定......166
习题九......166

图 7.5.1 最终效果图

创作步骤

（1）创建一个文档，并在文档中应用样式。

（2）将光标定位在需要创建目录的位置，在“引用”选项卡中的“目录”组中的“目录”下拉列表中选择 插入目录(I)... 选项，弹出 目录 对话框，打开 目录(C) 选项卡，如图 7.5.2 所示。

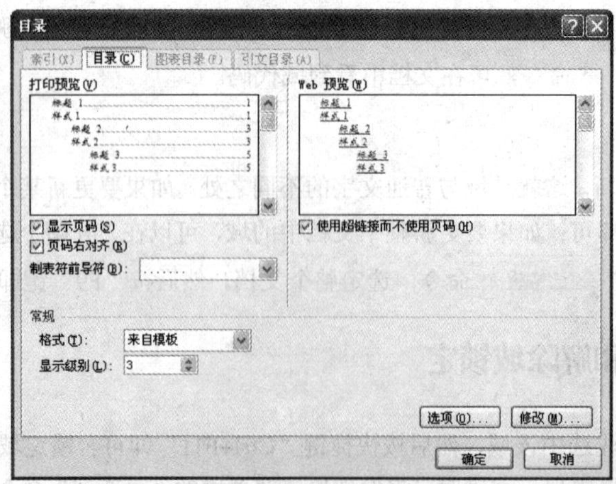

图 7.5.2 “目录”选项卡

（3）在该选项卡中选中☑显示页码(S)和☑页码右对齐(R)复选框，在制作的目录中显示页码并右对齐。

（4）在“制表符前导符”下拉列表中选择一种分隔符样式。

（5）在“常规”选区中的“格式”下拉列表中选择一种目录样式，在“Web 预览”区中即可看到该样式的显示效果。

（6）在“显示级别”微调框中设置目录中显示的标题层数。

（7）单击 选项(O)... 按钮，在弹出如图 7.5.3 所示的 目录选项 对话框中设置目录的选项；单击 修改(M)... 按钮，在弹出如图 7.5.4 所示的 样式 对话框中修改目录的样式。

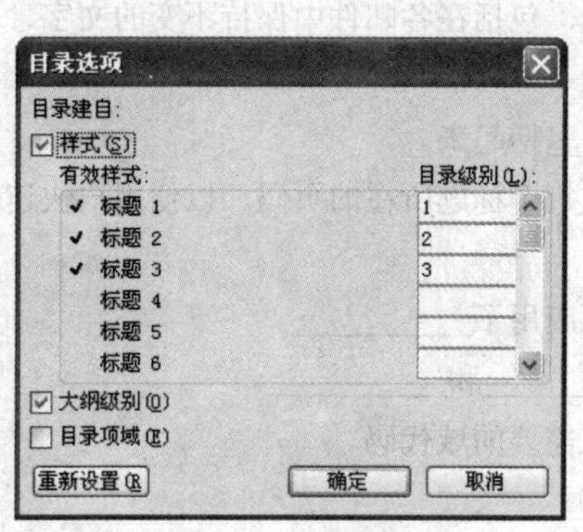

图 7.5.3 “目录选项”对话框

样式
请为索引或目录项选择合适的样式
样式(S):
目录 1
目录 1
目录 2
目录 3
目录 4
目录 5
目录 6
目录 7
目录 8
目录 9
新建(N)...
删除(D)
预览
楷体_GB2312
修改(M)...
正文 + 字体: 10 磅, 加粗, 全部大写, 左, 段落间距
段前: 6 磅, 段后: 6 磅, 自动更新
确定
取消

图 7.5.4 “样式”对话框

（8）单击 确定 按钮，即可生成文档目录，效果如图 7.5.5 所示。

第九章 文档的高级应用 152
第一节 邮件合并 152
一、创建主文档和数据源 152
二、插入合并域名 153
三、合并文档 154
第二节 目录的使用 157
一、创建目录 157
二、创建图表目录 159
三、创建引文目录 159
四、更新目录 160
第三节 宏的使用 160
一、录制宏 161
二、编辑宏 162
三、运行宏 163
四、删除宏 163
第四节 域的使用 164
一、插入域 164
二、查看和更新域 165
三、锁定域和解除域锁定 166
习题九 166

图 7.5.5 生成目录

（9）选中目录，对目录中的字体进行设置，最终效果如图 7.5.1 所示。

小　结

本章主要讲解了 Word 2007 文档的高级应用，主要包括邮件合并、目录、宏、域的使用等知识，通过本章的学习使用户对 Word 2007 文档的高级应用有一个初步的了解，并能使用 Word 2007 的高级功能方便、快捷地处理日常工作事务。

过关练习七

一、填空题

1．在邮件合并中，__________是信函的主题部分，包括在各邮件中保持不变的文字、图形和格式，__________包含合并文档中所需的信息。

2．在主文档中插入合并域，合并域名被__________括起来。

3．__________的作用是列出文档中各级标题以及每个标题所在的页码，以便用户快速找到需要阅读的文档内容。

4．用户在创建目录之前，必须确保对文档的标题应用了__________。

5．Word 2007 中提供了两种录制宏的方法：__________和__________。

6．按快捷键__________，即可直接在括号中输入需要的域代码。

二、上机操作题

1．使用邮件合并功能创建一个校庆邀请函。

2．为一篇文章创建目录。

第 8 章　页面设置和打印

如果用户想打印一份令人赏心悦目的文档，首先必须对文档进行编辑和格式化，然后再对文档的页面布局进行合理的设置。同时还需要在较长的文档中插入页码，便于以后的修改和查阅。在打印文档前利用打印预览查看是否令人满意，并对打印机进行必要的设置，从而得到排列整齐、美观实用的输出效果。

本章重点

（1）页面设置。

（2）页眉和页脚。

（3）打印输出。

8.1　页面设置

在建立新的文档时，Word 已经自动设置默认的页边距、纸型、纸张的方向等页面属性。但是在打印之前，用户必须根据需要对页面属性进行设置。

8.1.1　设置页边距

页边距是页面周围的空白区域。设置页边距能够控制文本的宽度和长度，还可以留出装订边。用户可以使用标尺快速设置页边距，也可以使用对话框来设置页边距。

1．使用标尺设置页边距

在页面视图中，用户可以通过拖动水平标尺和垂直标尺上的页边距线来设置页边距。具体操作步骤如下：

（1）在页面视图中，将鼠标指针指向标尺的页边距线，此时鼠标指针变为 ↕ 形状。

（2）按住鼠标左键并拖动，出现的虚线表明改变后的页边距位置，如图 8.1.1 所示。

（3）将鼠标拖动到需要的位置后释放鼠标左键即可。

提示 在使用标尺设置页边距时按住“Alt”键，将显示出文本区和页边距的量值。

2．使用对话框设置页边距

如果需要精确设置页边距，或者需要添加装订线等，就必须使用对话框来进行设置。具体操作步骤如下：

（1）在“页面布局”选项卡中的“页面设置”组中的“页边距”下拉列表中选择 自定义边距(A)... 选项，弹出 页面设置 对话框，打开 页边距 选项卡，如图 8.1.2 所示。

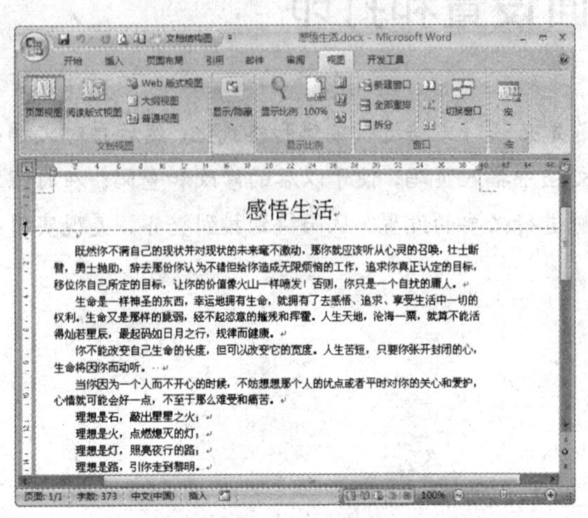

图 8.1.1　使用标尺设置页边距

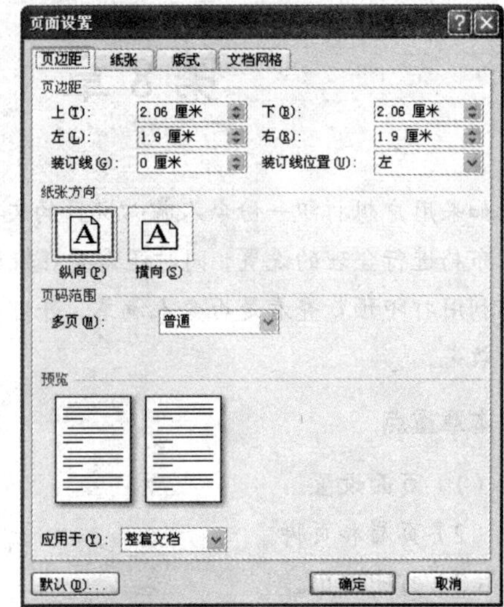

图 8.1.2　“页边距”选项卡

（2）在该选项卡中的“页边距”选区中的“上”“下”“左”“右”微调框中分别输入页边距的数值；在“装订线”微调框中输入装订线的宽度值；在“装订线位置”下拉列表中选择“左”或“上”选项。

（3）在“方向”选区中选择“纵向”或“横向”选项来设置文档在页面中的方向。

（4）在“页码范围”选区中单击“多页”下拉列表右侧的下三角按钮，在弹出的下拉列表中选择相应的选项，可设置页码范围类型。

（5）在“预览”选区中的“应用于”下拉列表中选择要应用新页边距设置的文档范围；在后边的预览区中即可看到设置的预览效果。

（6）设置完成后，单击 确定 按钮即可。

8.1.2　设置纸张类型

Word 2007 默认的打印纸张为 A4，其宽度为 210 毫米，高度为 297 毫米，且页面方向为纵向。如果实际需要的纸型与默认设置不一致，就会造成分页错误，此时就必须重新设置纸张类型。

设置纸张类型的具体操作步骤如下：

（1）在“页面布局”选项卡中的“页面设置”组中的“纸张大小”下拉列表中选择 其他页面大小(A)... 选项，弹出 页面设置 对话框，打开 纸张 选项卡，如图 8.1.3 所示。

（2）在该选项卡中单击“纸张大小”下拉列表右侧的下三角按钮，在打开的下拉列表中选择一种纸型。用户还可在“宽度”和“高度”微调框中设置具体的数值，自定义纸张的大小。

（3）在“纸张来源”选区中设置打印机的送纸方式；在“首页”列表框中选择首页的送纸方式；在“其他页”列表框中设置其他页的送纸方式。

（4）在“应用于”下拉列表中选择当前设置的应用范围。

（5）单击 打印选项(T)... 按钮，可在弹出的 Word 选项 对话框中的“打印选项”选区中进一步设置打印属性。

（6）设置完成后，单击 确定 按钮即可。

8.1.3　设置版式

Word 2007 提供了设置版式的功能，可以设置有关页眉和页脚、页面垂直对齐方式以及行号等特殊的版式选项。

设置版式的具体操作步骤如下：

（1）在“页面布局”选项卡中的“页面设置”组中单击“对话框启动器”按钮，弹出页面设置对话框，打开版式选项卡，如图 8.1.4 所示。

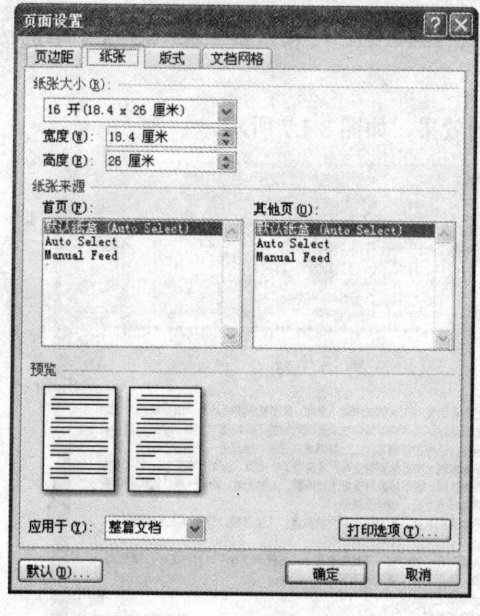

图 8.1.3　“纸张”选项卡

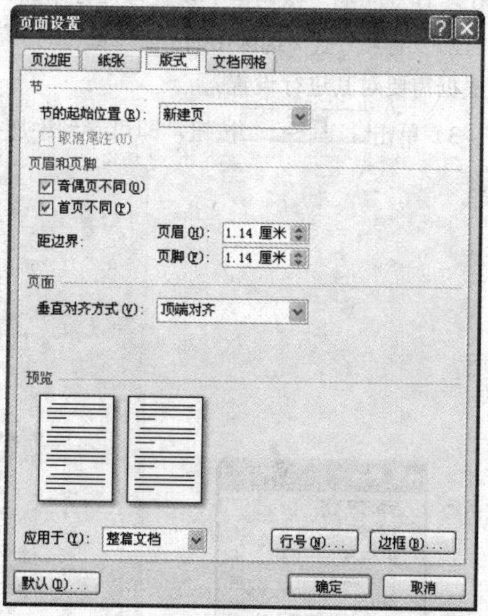

图 8.1.4　“版式”选项卡

（2）在该选项卡中的“节的起始位置”下拉列表中选择节的起始位置，用于对文档分节。

（3）在“页眉和页脚”选区中可确定页眉和页脚的显示方式。如果需要奇数页和偶数页不同，可选中☑奇偶页不同(O)复选框；如果需要首页不同，可选中☑首页不同(P)复选框。在“页眉”和“页脚”微调框中可设置页眉和页脚距边界的具体数值。

（4）在“垂直对齐方式”下拉列表中可设置页面的一种对齐方式。如图 8.1.5 所示为页面垂直对齐方式示例。

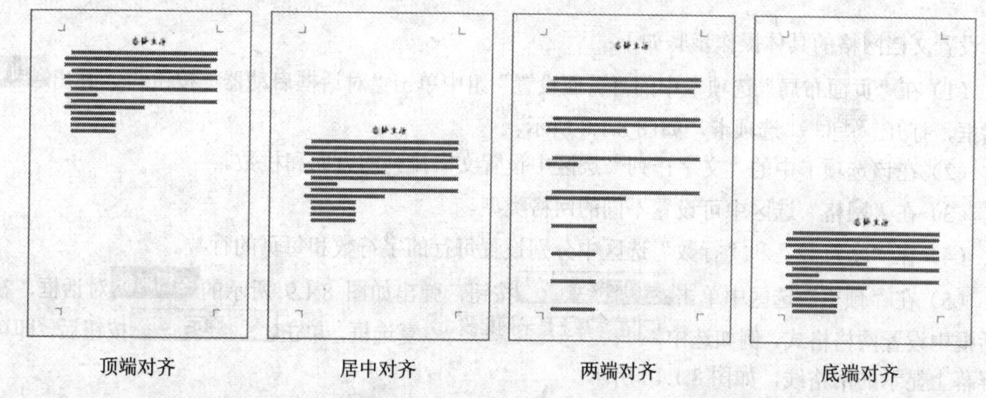

图 8.1.5　页面垂直对齐方式示例

顶端对齐：该对齐方式为系统默认方式，指正文的第一行与上页边距对齐。

居中对齐：指正文的上页边距与下页边距之间居中对齐。

两端对齐：增大段间距，使得第一行与上页边距对齐，最后一行与下页边距对齐。

底端对齐：指正文的最后一行与下页边距对齐。

（5）在“预览”选区中单击 行号(N)... 按钮，弹出 行号 对话框，选中 ☑添加行号(L) 复选框，如图 8.1.6 所示。在该对话框中可进行以下操作：

1）在“起始编号”微调框中设置起始编号；在“距正文”微调框中设置行号与正文之间的距离；在“行号间隔”微调框中设置每几行添加一个行号。

2）“编号方式”选区中有 ⊙每页重新编号(P)、⊙每节重新编号(S) 和 ⊙连续编号(C) 3 个单选按钮，用户根据需要对其进行设置。

3）单击 确定 按钮，即可看到添加行号的效果，如图 8.1.7 所示。

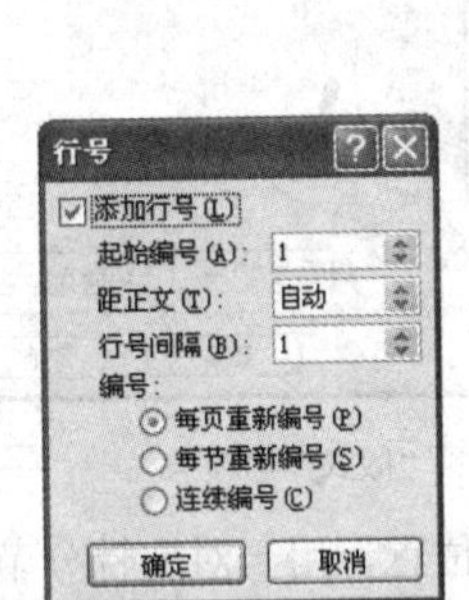

图 8.1.6 “行号”对话框

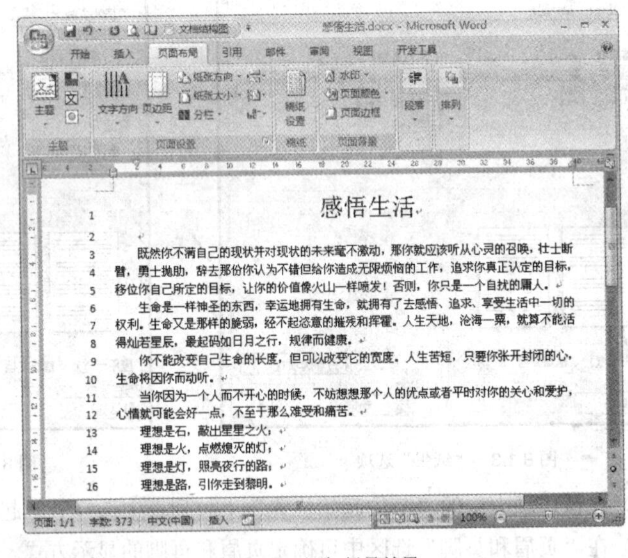

图 8.1.7 添加行号效果

（6）在 页面设置 对话框中单击 确定 按钮，完成页面版式的设置。

8.1.4 设置文档网格

设置文档网格的具体操作步骤如下：

（1）在“页面布局”选项卡中的“页面设置”组中单击“对话框启动器”按钮，弹出 页面设置 对话框，打开 文档网格 选项卡，如图 8.1.8 所示。

（2）在该选项卡中的“文字排列”选区中设置文字排列的方向和栏数。

（3）在“网格”选区中可设置不同的网格类型。

（4）在“字符数”和“行数”选区中分别设置每行的字符数和每页的行数。

（5）在“预览”选区中单击 绘图网格(W)... 按钮，弹出如图 8.1.9 所示的 绘图网格 对话框，在该对话框中设置网格格式，例如选中 ☑在屏幕上显示网格线(L) 复选框，单击 确定 按钮后，即可看到屏幕上显示的网格线，如图 8.1.10 所示。

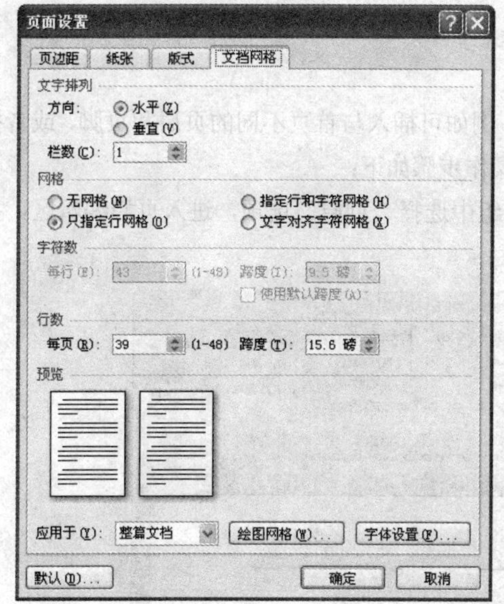

图 8.1.8　"文档网格"选项卡

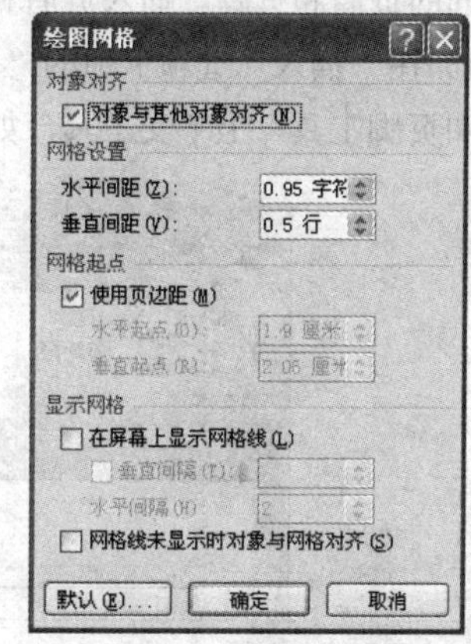

图 8.1.9　"绘图网格"对话框

（6）在"预览"选区中单击 字体设置(F)... 按钮，弹出如图 8.1.11 所示的 字体 对话框，在该对话框中设置页面中的字体格式。

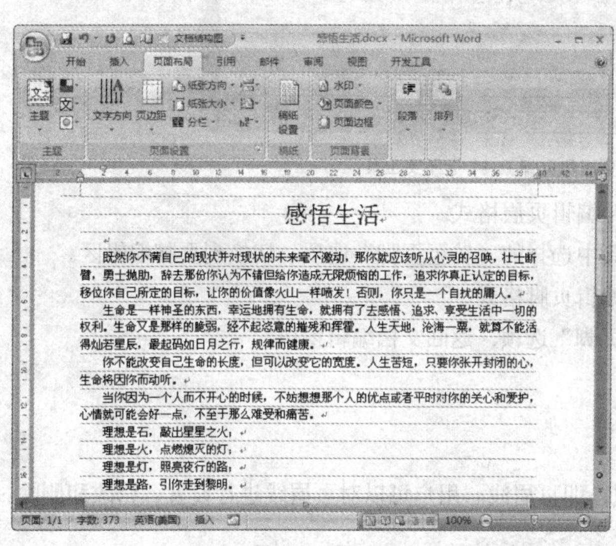

图 8.1.10　在屏幕上显示网格线

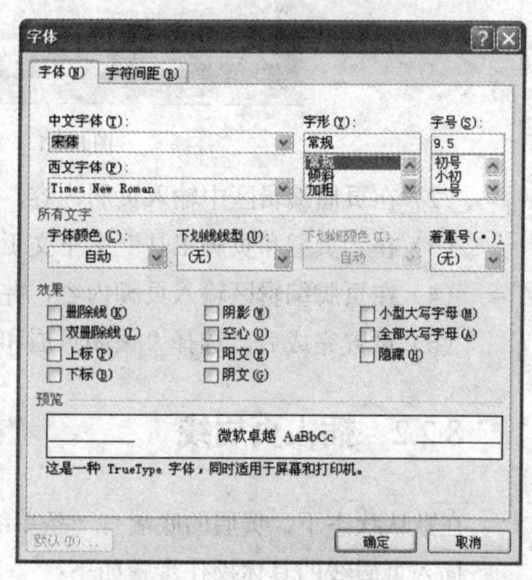

图 8.1.11　"字体"对话框

（7）最后单击 确定 按钮，完成文档网格的设置。

8.2　页眉和页脚

页眉与页脚不属于文档的文本内容，它们用来显示标题、页码、日期等信息。页眉位于文档中每页的顶端，页脚位于文档中每页的底端。页眉和页脚的格式化与文档内容的格式化方法相同。

8.2.1 插入页眉和页脚

用户可在文档中插入不同格式的页眉和页脚，例如可插入与首页不同的页眉和页脚，或者插入奇偶页不同的页眉和页脚。插入页眉和页脚的具体操作步骤如下：

（1）在“插入”选项卡中的“页眉和页脚”组中选择“页眉”选项，进入页眉编辑区，并打开“页眉和页脚工具”上下文工具，如图 8.2.1 所示。

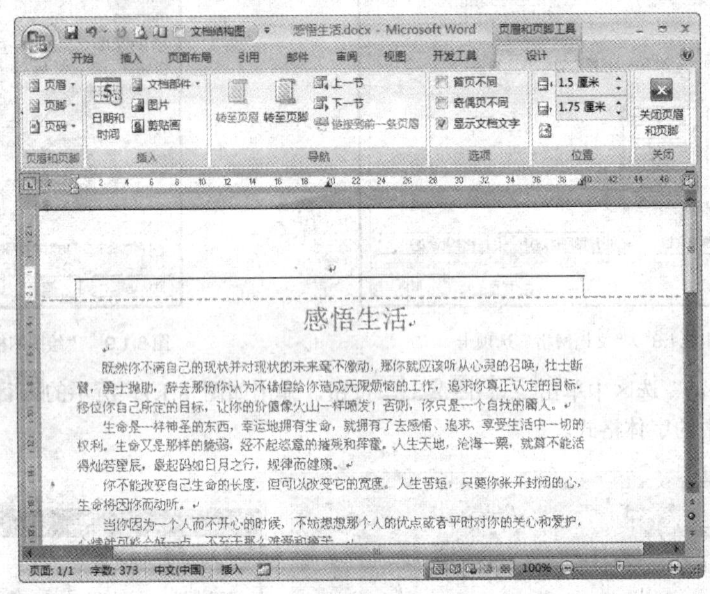

图 8.2.1 “页眉和页脚工具”上下文工具

（2）在页眉编辑区中输入页眉内容，并编辑页眉格式。

（3）在“页眉和页脚工具”上下文工具中选择的“转至页脚”选项，切换到页脚编辑区。

（4）在页脚编辑区输入页脚内容，并编辑页脚格式。

（5）设置完成后，选择“关闭页眉和页脚”选项，返回文档编辑窗口。

8.2.2 插入页眉线

在默认状态下，页眉的底端有一条单线，即页眉线。用户可以对页眉线进行设置、修改和删除。插入页眉线的具体操作步骤如下：

（1）将光标定位在页眉编辑区的任意位置。

（2）在“开始”选项卡中的“段落”组中单击“边框和底纹”按钮，在弹出的下拉列表中选择 边框和底纹(O)... 选项，弹出 边框和底纹 对话框，如图 8.2.2 所示。

（3）在该对话框中单击 横线(H)... 按钮，弹出 横线 对话框，如图 8.2.3 所示。

（4）在该对话框中选择一种横线，单击 确定 按钮，即可在页眉编辑区中插入一条特殊的页眉线。

（5）设置完成后，选择“关闭页眉和页脚”选项返回文档编辑窗口，效果如图 8.2.4 所示。

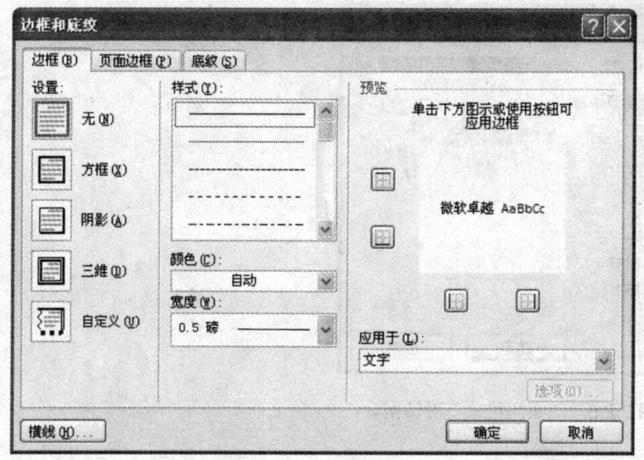

图 8.2.2　“边框和底纹”对话框

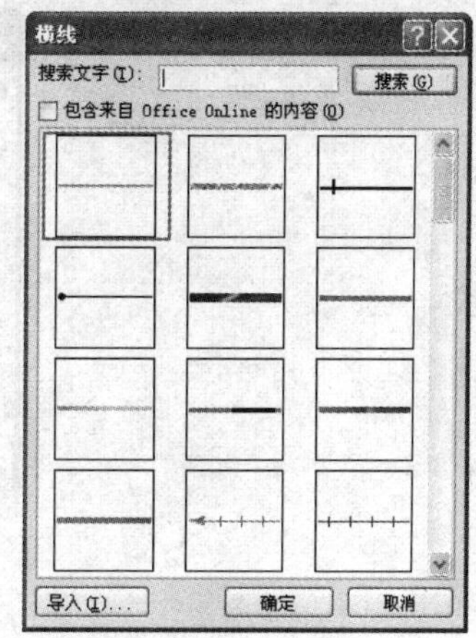

图 8.2.3　“横线”对话框

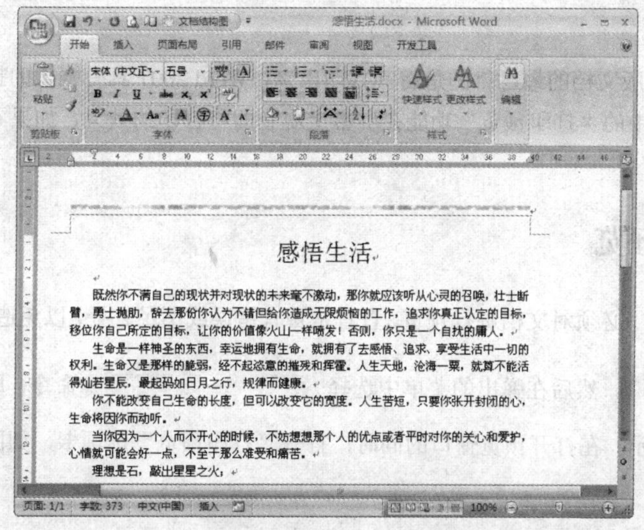

图 8.2.4　插入页眉线效果

技巧　在页眉或页脚处双击鼠标左键，即可进入页眉或页脚编辑区；在页眉或页脚外的其他地方双击鼠标左键，即可返回文档编辑窗口。

8.2.3　插入页码

有些文章有许多页，这时就可为文档插入页码，这样便于整理和阅读。

在文档中插入页码的具体操作步骤如下：

（1）在“插入”选项卡中的“页眉和页脚”组中的“页码”选项下拉列表中选择 设置页码格式(F)... 选项，弹出 **页码格式** 对话框，如图 8.2.5 所示。

（2）在该对话框中可设置所插入页码的格式。

（3）设置完成后，单击 确定 按钮，即可在文档中插入页码。

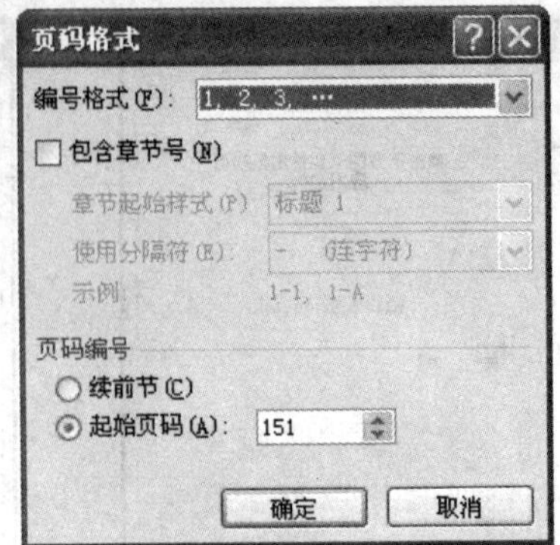

图 8.2.5 “页码格式”对话框

8.3 打印输出

创建、编辑和排版文档的最终目的是将其打印出来，Word 2007 具有强大的打印功能，在打印前用户可以使用 Word 中的“打印预览”功能在屏幕上观看即将打印的效果，如果不满意还可以对文档进行修改。

8.3.1 打印预览

在打印文档之前，必须对文档进行预览，查看是否有错误或不足之处，以免造成不可挽回的错误。单击“Office”按钮，然后在弹出的菜单中选择 → 命令，即可打开文档的预览窗口，如图 8.3.1 所示。在打开预览窗口的同时，打开“打印预览”选项卡，如图 8.3.2 所示。

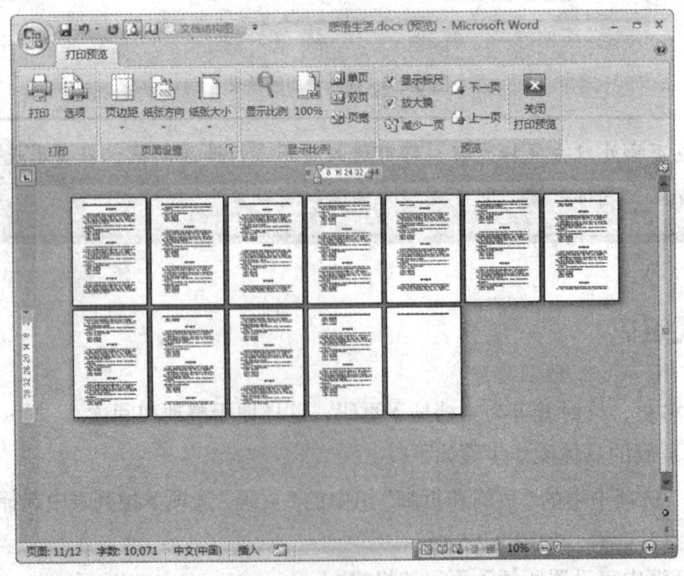

图 8.3.1 文档的预览窗口

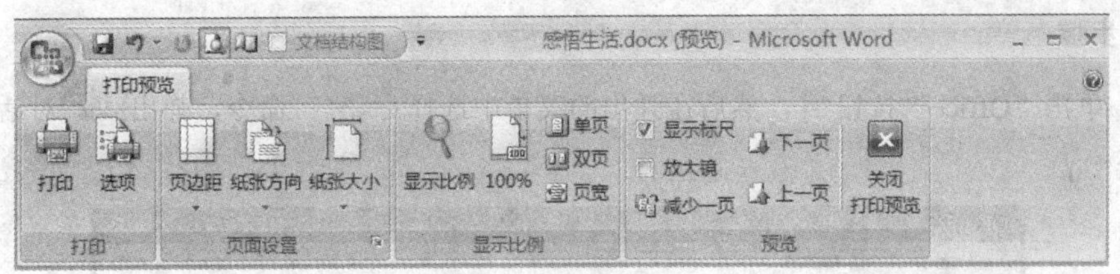

图 8.3.2　“打印预览”选项卡

8.3.2　打印文档

在打印文档之前，应该对打印机进行检查和设置，确保计算机已正确连接了打印机，并安装了相应的打印机驱动程序。所有设置检查完成后，即可打印文档。

打印文档的具体操作步骤如下：

（1）单击“Office”按钮，然后在弹出的菜单中选择 打印(P) → 打印(P) 命令，弹出打印对话框，如图 8.3.3 所示。

（2）在“打印机”选区中的“名称”下拉列表中可选择打印机的名称，并查看打印机的状态、类型、位置等信息。

（3）单击 属性(P) 按钮，弹出“打印机属性”对话框，如图 8.3.4 所示。在该对话框中可对选择的打印机的属性进行设置。

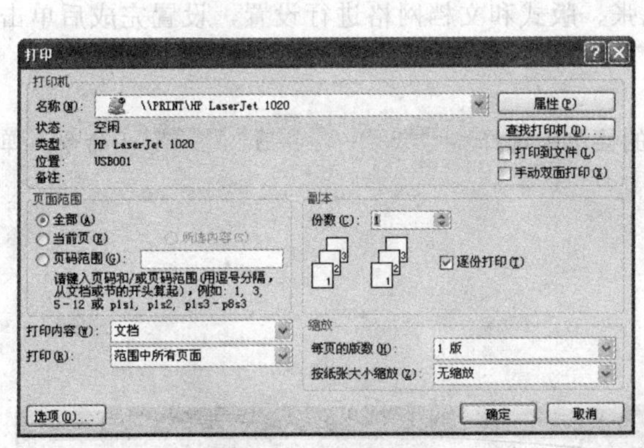

图 8.3.3　“打印”对话框

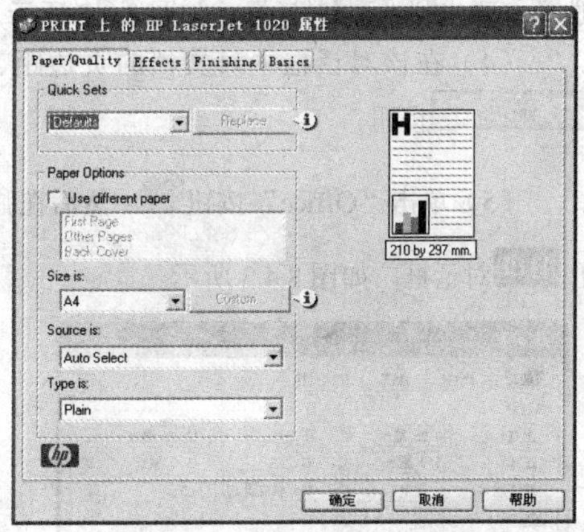

图 8.3.4　“打印机属性”对话框

（4）在“页面范围”选区中设置打印文档的范围；在“份数”微调框中设置打印的份数；在“缩放”选区中设置打印内容是否缩放。

（5）设置完成后，单击 确定 按钮即可进行打印。

8.4　典型实例——打印文档

本节主要介绍 Word 文档的打印输出，利用本章学过的页面设置和打印输出等知识对文档进行打印操作。

创作步骤

（1）单击“Office”按钮，然后在弹出的菜单中选择打开命令，弹出打开对话框，如图 8.4.1 所示。

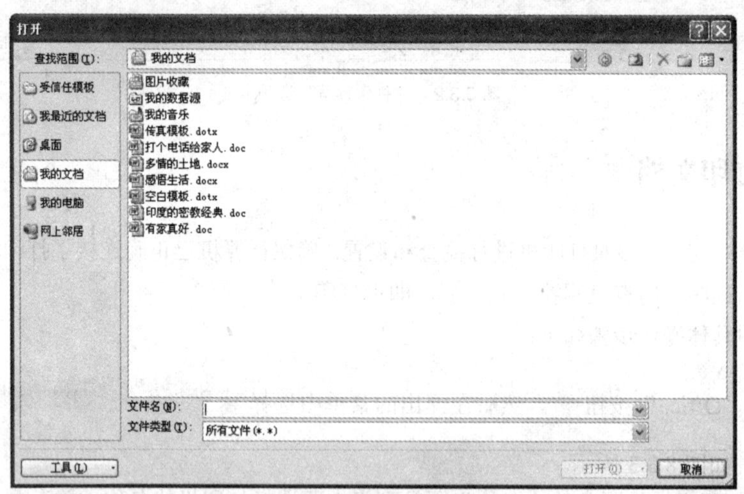

图 8.4.1 “打开”对话框

（2）在该对话框中选择需要打开的文档，单击打开(O)按钮打开该文档。

（3）在“页面布局”选项卡中的“页面设置”组中的“页边距”下拉列表中选择自定义边距(A)...选项，弹出页面设置对话框，如图 8.4.2 所示。

（4）在该对话框中对文档的页边距、纸张、版式和文档网格进行设置，设置完成后单击确定按钮。

（5）单击“Office”按钮，然后在弹出的菜单中选择打印→打印命令，弹出打印对话框，如图 8.4.3 所示。

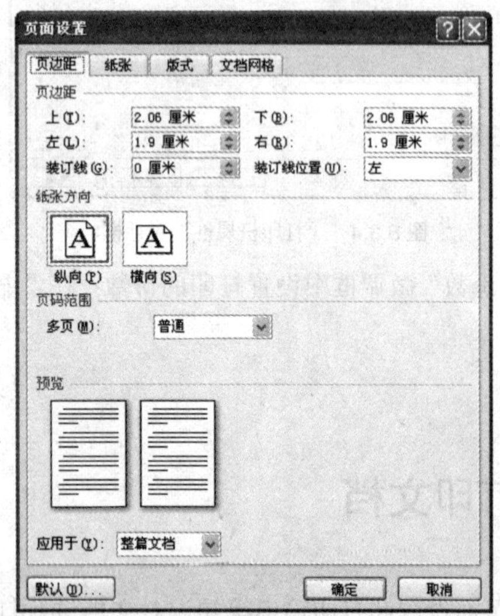

图 8.4.2 “页面设置”对话框

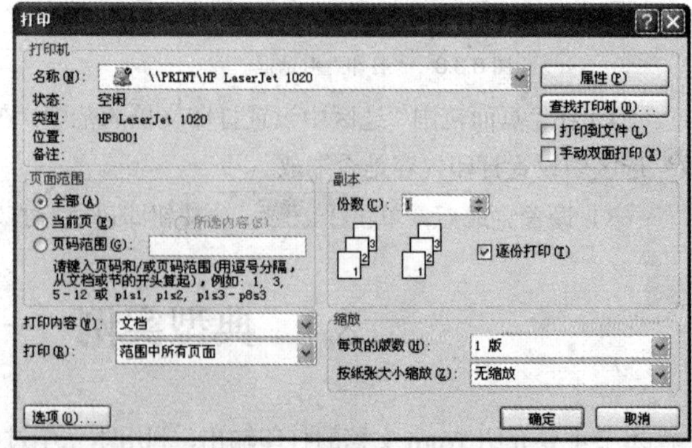

图 8.4.3 “打印”对话框

（6）在该对话框中对打印机的属性和打印文档的范围等进行设置，单击 确定 按钮，即可开始打印文档。

小　　结

本章主要讲解了 Word 2007 的页面设置、页眉和页脚、打印输出等知识，通过本章的学习使用户能够独立地对 Word 文档进行页面设置和打印输出。

过关练习八

一、填空题

1．__________是页面周围的空白区域。

2．在使用标尺设置页边距时按住__________键，将显示出文本区和页边距的量值。

3．Word 2007 默认的打印纸张为__________，其宽度为__________，高度为__________，页面方向为__________。

4．页眉与页脚不属于文档的文本内容，它们用来显示__________、__________、__________等信息。页眉位于文档中每页的__________，页脚位于文档中每页的__________。

二、上机操作题

给一篇文档设置其页边距、纸张类型和纸张方向，插入奇偶页不同的页眉和页脚，并插入页码，最后预览并打印该文档。

第9章　实例精解

为了更好地了解并掌握 Word 2007，本章准备了一些具有代表性的实例。所举实例由浅入深地贯穿本书的知识点，相信通过本章实例的学习，读者能够掌握该软件的强大功能。

本章重点

（1）文档排版。

（2）贺卡。

（3）课程表。

（4）名片。

（5）申请表。

实例1　文档排版

创作目的

本例制作文档的排版，如图 9.1.1 所示。

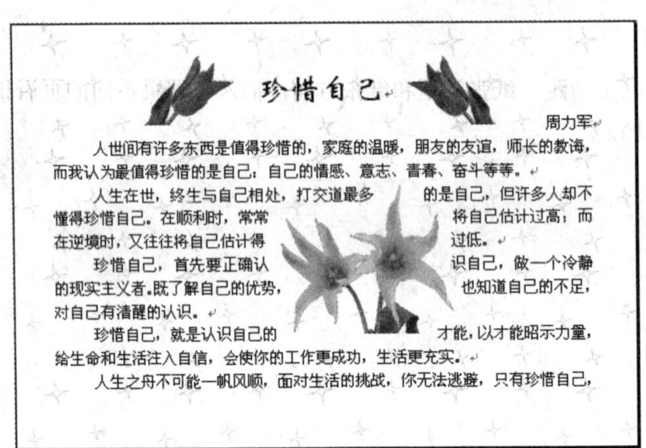

图 9.1.1　效果图

创作步骤

（1）单击“Office”按钮，然后在弹出的菜单中选择 新建(N) 命令，弹出 新建文档 对话框，在该对话框左侧的“模板”列表框中选择“空白文档和最近使用的文档”选项，然后在对话框右侧的列表框中选择“空白文档”选项，单击 创建 按钮，即可创建一个空白文档。

（2）单击“页面布局”选项卡中的“页面设置”组中的“对话框启动器”按钮，弹出 页面设置 对话框，打开 页边距 选项卡，如图 9.1.2 所示。

（3）在“页边距”选区中设置“上”“下”“左”和“右”页边距均为“1 厘米”。

（4）在“方向”选区中设置页面方向为“横向”。

（5）在页面设置对话框中打开纸张选项卡，如图 9.1.3 所示。

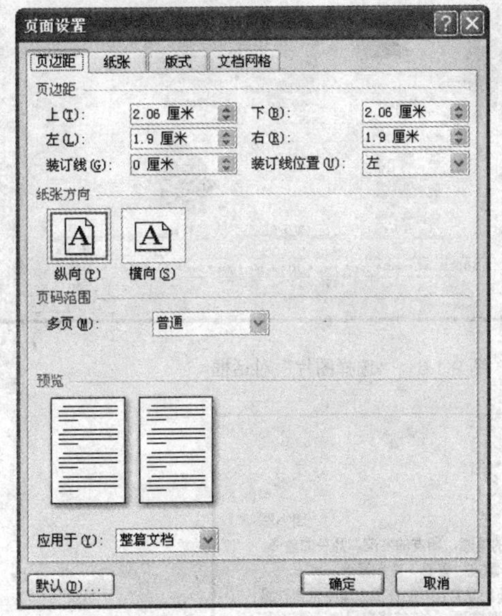

图 9.1.2 “页边距”选项卡

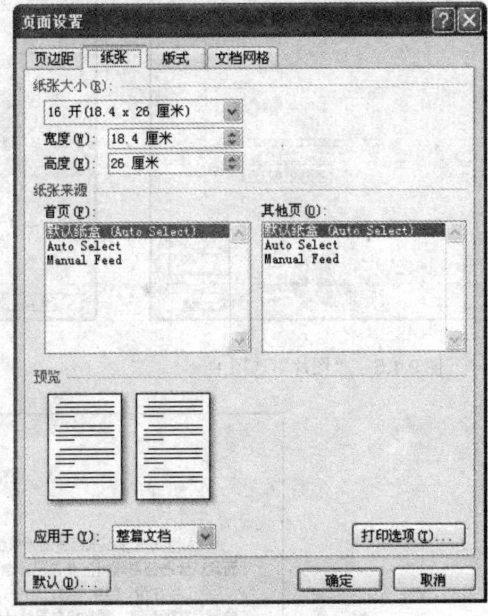

图 9.1.3 “纸张”选项卡

（6）在“纸张大小”选区中设置“宽度”和“高度”分别为“15 厘米”和“10 厘米”。

（7）设置完成后，单击确定按钮，在文档中输入文本，效果如图 9.1.4 所示。

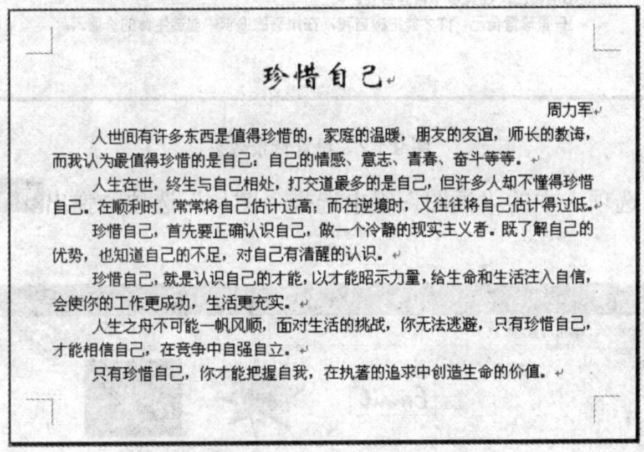
珍惜自己

周力军

人世间有许多东西是值得珍惜的，家庭的温暖，朋友的友谊，师长的教诲，而我认为最值得珍惜的是自己：自己的情感、意志、青春、奋斗等等。

人生在世，终生与自己相处，打交道最多的是自己，但许多人却不懂得珍惜自己。在顺利时，常常将自己估计过高；而在逆境时，又往往将自己估计得过低。

珍惜自己，首先要正确认识自己，做一个冷静的现实主义者。既了解自己的优势，也知道自己的不足，对自己有清醒的认识。

珍惜自己，就是认识自己的才能，以才能昭示力量，给生命和生活注入自信，会使你的工作更成功，生活更充实。

人生之舟不可能一帆风顺，面对生活的挑战，你无法逃避，只有珍惜自己，才能相信自己，在竞争中自强自立。

只有珍惜自己，你才能把握自我，在执著的追求中创造生命的价值。

图 9.1.4 输入文本效果

（8）在“页面布局”选项卡中的“页面背景”组中单击页面颜色按钮，在弹出的下拉列表中选择填充效果(F)...选项，弹出填充效果对话框，打开图片选项卡，如图 9.1.5 所示。

（9）在该选项卡中单击选择图片(L)...按钮，弹出选择图片对话框，如图 9.1.6 所示。

（10）在该对话框中的“查找范围”下拉列表中选择图片的位置；在其列表框中选中需要的图片，单击插入(S)按钮，返回到填充效果对话框中，单击确定按钮为 Word 文档设置背景，效果如图 9.1.7 所示。

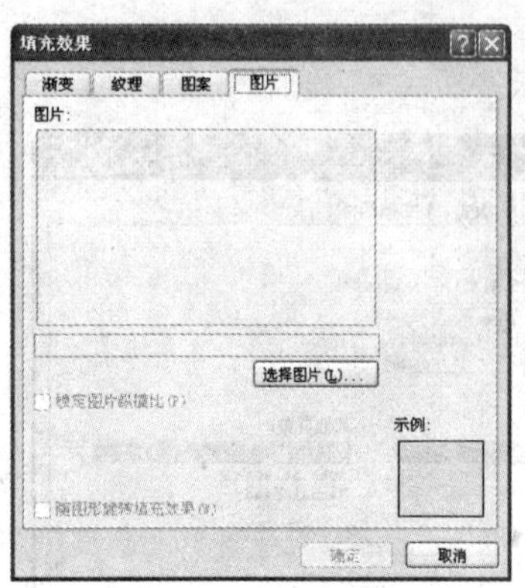

图 9.1.5 “图片”选项卡

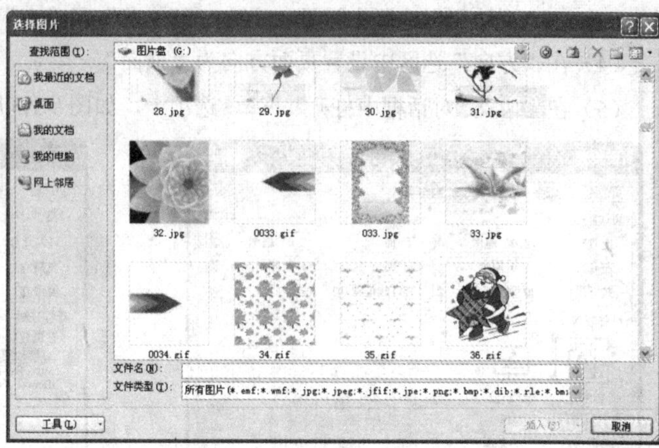

图 9.1.6 “选择图片”对话框

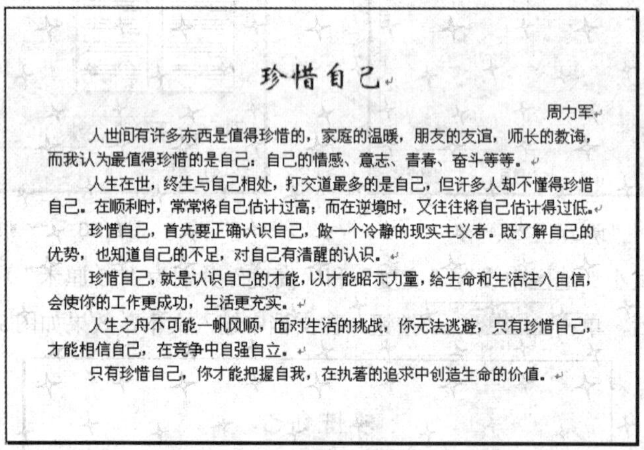

珍惜自己

周力军

人世间有许多东西是值得珍惜的，家庭的温暖，朋友的友谊，师长的教诲，而我认为最值得珍惜的是自己：自己的情感、意志、青春、奋斗等等。

人生在世，终生与自己相处，打交道最多的是自己，但许多人却不懂得珍惜自己。在顺利时，常常将自己估计过高；而在逆境时，又往往将自己估计得过低。

珍惜自己，首先要正确认识自己，做一个冷静的现实主义者。既了解自己的优势，也知道自己的不足，对自己有清醒的认识。

珍惜自己，就是认识自己的才能，以才能昭示力量，给生命和生活注入自信，会使你的工作更成功，生活更充实。

人生之舟不可能一帆风顺，面对生活的挑战，你无法逃避，只有珍惜自己，才能相信自己，在竞争中自强自立。

只有珍惜自己，你才能把握自我，在执著的追求中创造生命的价值。

图 9.1.7 设置背景效果

（11）在“插入”选项卡中的“插图”组中选择“图片”选项，弹出**插入图片**对话框，如图 9.1.8 所示。

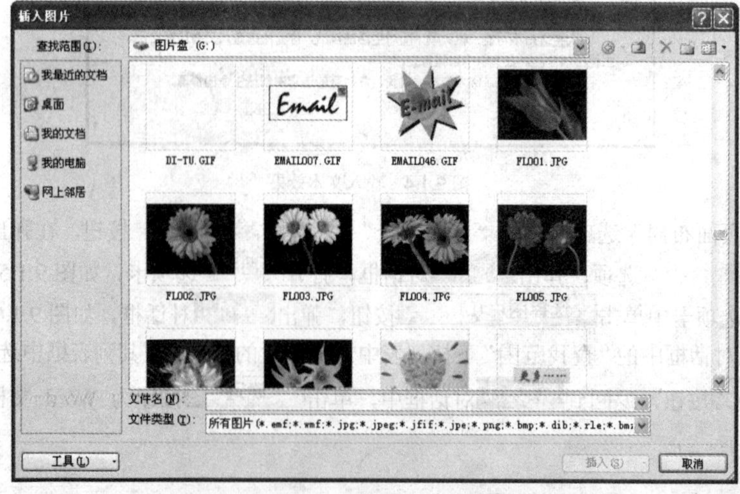

图 9.1.8 “插入图片”对话框

（12）在该对话框中选中需要插入的图片，单击 插入(S) 按钮即可将图片插入到文档中。

（13）选中插入的图片，在“格式”选项卡中的“调整”组中单击 重新着色 按钮，在弹出的下拉列表中选择 设置透明色(S) 选项，设置图片背景为透明色，效果如图 9.1.9 所示。

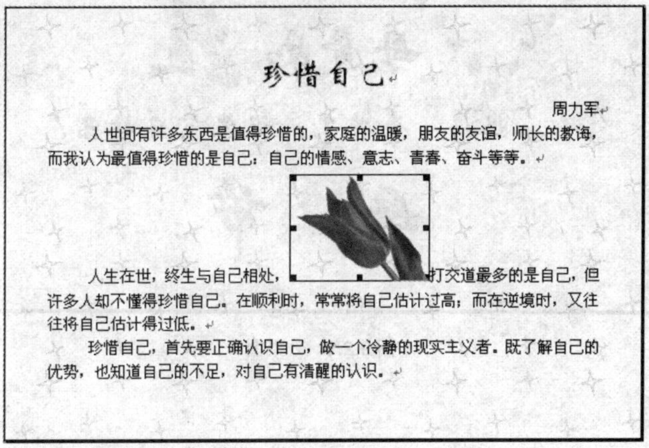

珍惜自己

周力军

人世间有许多东西是值得珍惜的，家庭的温暖，朋友的友谊，师长的教诲，而我认为最值得珍惜的是自己：自己的情感、意志、青春、奋斗等等。

人生在世，终生与自己相处，打交道最多的是自己，但许多人却不懂得珍惜自己。在顺利时，常常将自己估计过高；而在逆境时，又往往将自己估计得过低。

珍惜自己，首先要正确认识自己，做一个冷静的现实主义者。既了解自己的优势，也知道自己的不足，对自己有清醒的认识。

图 9.1.9　设置图片背景为透明色效果

（14）在“格式”选项卡中的“排列”组中选择“文字环绕”选项，在弹出的下拉列表中选择 浮于文字上方(N) 选项，设置图片的环绕方式，效果如图 9.1.10 所示。

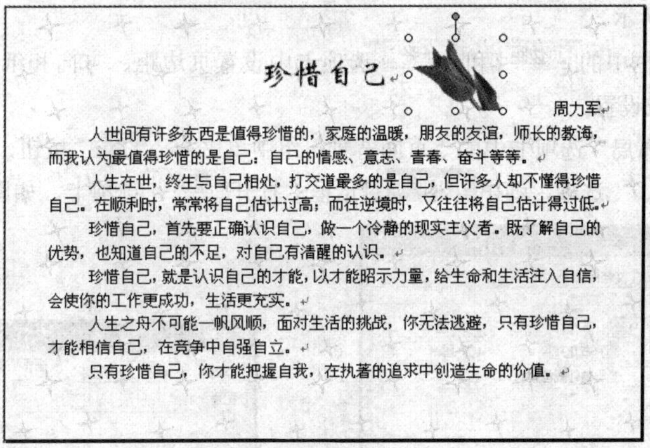

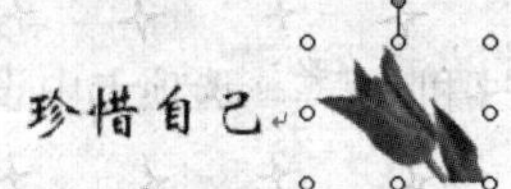

珍惜自己

周力军

人世间有许多东西是值得珍惜的，家庭的温暖，朋友的友谊，师长的教诲，而我认为最值得珍惜的是自己：自己的情感、意志、青春、奋斗等等。

人生在世，终生与自己相处，打交道最多的是自己，但许多人却不懂得珍惜自己。在顺利时，常常将自己估计过高；而在逆境时，又往往将自己估计得过低。

珍惜自己，首先要正确认识自己，做一个冷静的现实主义者。既了解自己的优势，也知道自己的不足，对自己有清醒的认识。

珍惜自己，就是认识自己的才能，以才能昭示力量，给生命和生活注入自信，会使你的工作更成功，生活更充实。

人生之舟不可能一帆风顺，面对生活的挑战，你无法逃避，只有珍惜自己，才能相信自己，在竞争中自强自立。

只有珍惜自己，你才能把握自我，在执著的追求中创造生命的价值。

图 9.1.10　设置图片环绕方式效果

（15）重复步骤（11）～（14）的操作方法，在文档中插入另外两张图片，设置两张图片的环绕方式分别为“浮于文字上方”和“紧密型环绕”，并调整图片大小和位置，最终效果如图 9.1.1 所示。

实例 2　贺　　卡

创作目的

本例制作母亲节贺卡，效果如图 9.2.1 所示。

图 9.2.1　效果图

创作步骤

（1）单击“Office”按钮，然后在弹出的菜单中选择新建(N)命令，弹出新建文档对话框，在该对话框左侧的“模板”列表框中选择“空白文档和最近使用的文档”选项，然后在对话框右侧的列表框中选择“空白文档”选项，单击创建按钮，即可创建一个空白文档。

（2）单击“页面布局”选项卡中的“页面设置”组中的“对话框启动器”按钮，弹出页面设置对话框，如图 9.2.2 所示。

（3）在该对话框中的页边距和纸张选项卡中设置页边距、方向和纸张的大小，最后单击确定按钮完成设置。

（4）在“页面布局”选项卡中的“页面背景”组中单击页面颜色按钮，在弹出的下拉列表中选择填充效果(F)...选项，弹出填充效果对话框，打开图片选项卡，如图 9.2.3 所示。

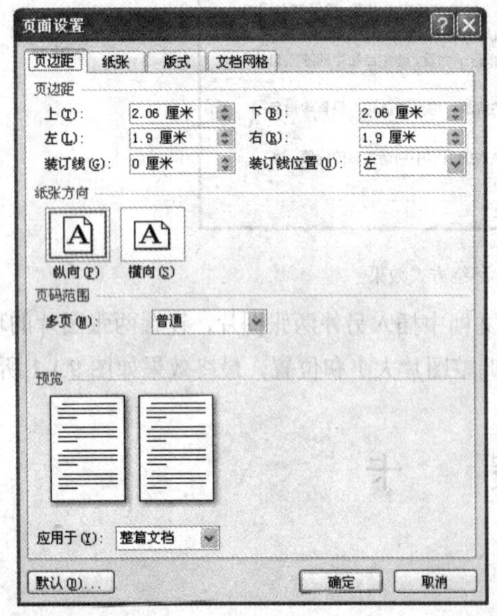

图 9.2.2　“页面设置”对话框

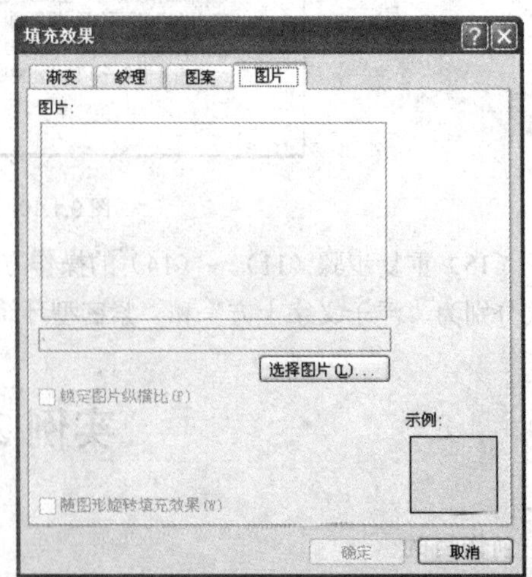

图 9.2.3　“图片”选项卡

（5）在该选项卡中单击 选择图片(L)... 按钮，在弹出的 选择图片 对话框中选中需要的图片，单击 插入(S) 按钮，返回到 填充效果 对话框中，单击 确定 按钮为 Word 文档设置背景，效果如图 9.2.4 所示。

图 9.2.4 设置背景效果

（6）在文档中输入文本“母爱如”，并设置“字体”为“华文行楷”，“字号”为“小初”。

（7）选中输入的文本，按“Ctrl+C”键复制文本。将光标定位在第二行的位置，按“Ctrl+V”键粘贴文本。

（8）在文档中输入文本“妈妈，辛苦了，祝您节日快乐！”，并设置“字体”为“华文行楷”；“字号”为“二号”。

（9）设置文本的段落缩进和行间距，效果如图 9.2.5 所示。

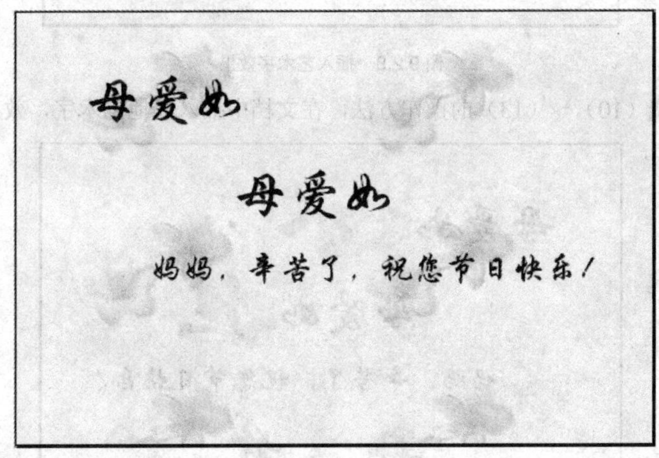

图 9.2.5 设置文本效果

（10）在“插入”选项卡中的“文本”组中选择“艺术字”选项，弹出其下拉列表，如图 9.2.6 所示。

（11）在该下拉列表中选择一种艺术字样式，弹出 编辑艺术字文字 对话框，如图 9.2.7 所示。

（12）在“文字”文本框中输入文本“水”，在“字体”下拉列表中选择“华文行楷”选项；在“字号”下拉列表中设置字号为“60”；单击“加粗”按钮 B 。

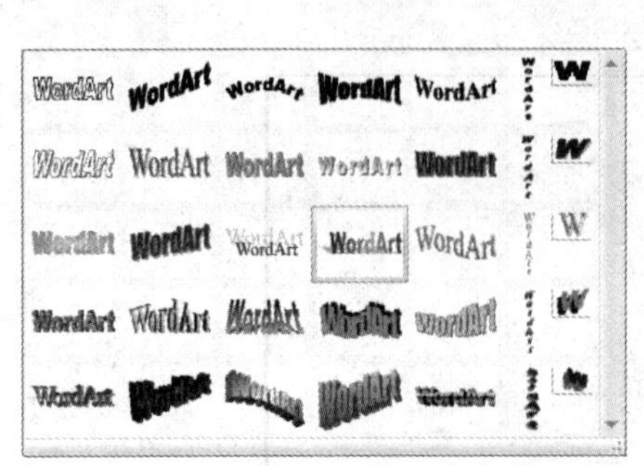

图 9.2.6 “艺术字库”下拉列表

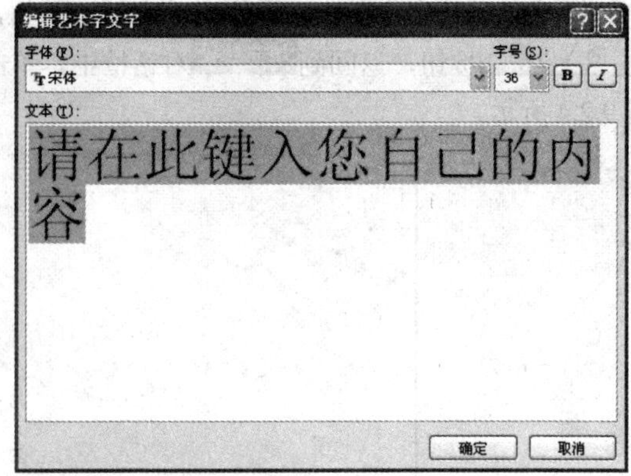

图 9.2.7 “编辑艺术字文字”对话框

（13）设置完成后，单击确定按钮，在文档中插入艺术字，效果如图 9.2.8 所示。

图 9.2.8 插入艺术字效果

（14）重复步骤（10）～（13）的操作方法，在文档中插入其他艺术字，效果如图 9.2.9 所示。

图 9.2.9 插入其他艺术字效果

（15）在“插入”选项卡中的“插图”组中选择“形状”选项，在弹出的下拉列表中单击“心形”按钮，在文档中绘制“心形”图形，如图 9.2.10 所示。

（16）在“插入”选项卡中的“插图”组中选择“图片”选项，弹出插入图片对话框，如图 9.2.11 所示。

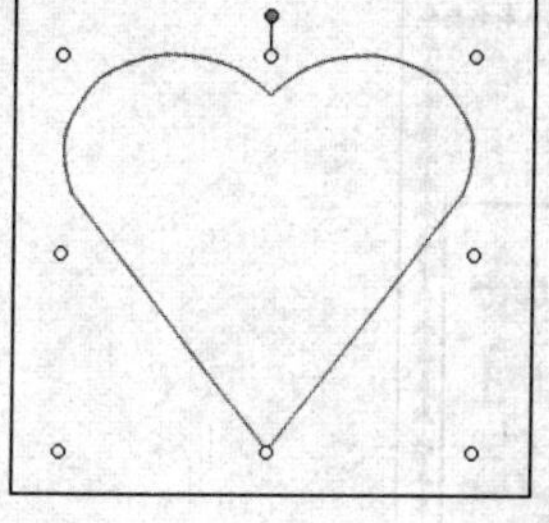

图 9.2.10　绘制“心形”图形

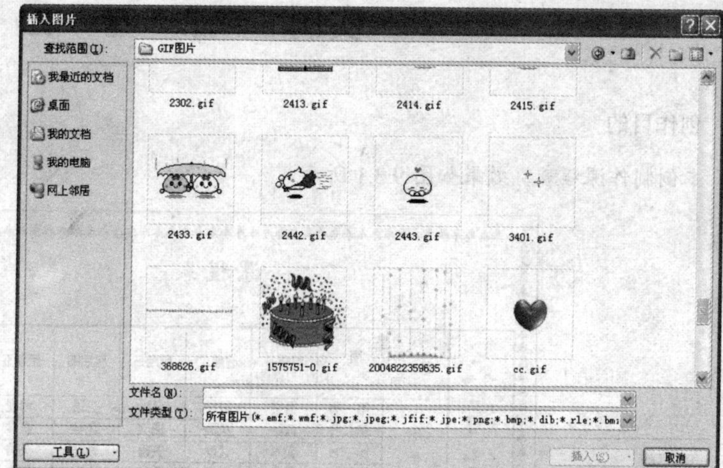

图 9.2.11　“插入图片”对话框

（17）在该对话框中选中需要插入的图片，单击 插入(S) 按钮，将图片插入到文档中。

（18）将插入的图片放置在绘制的“心形”图形上，如图 9.2.12 所示。

（19）选中插入的图片，在按住“Ctrl”键的同时拖动图片，复制图片，并调整其大小和位置，效果如图 9.2.13 所示。

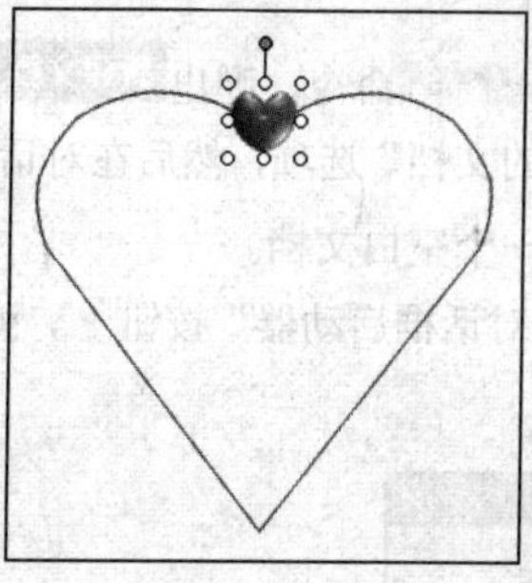

图 9.2.12　插入图片

图 9.2.13　复制图片效果

（20）选中绘制的“心形”图形，按“Delete”键将其删除，选中所有复制的图片，如图 9.2.14 所示。

图 9.2.14　选中图片

（21）单击鼠标右键，从弹出的快捷菜单中选择 组合(G) → 组合(G) 命令，组合选中的所有图片。

（22）将图片移动到合适的位置，最终效果如图 9.2.1 所示。

实例3 课 程 表

创作目的

本例制作课程表，效果如图 9.3.1 所示。

课程表

天高任鸟飞	星期 时间		星期一	星期二	星期三	星期四	星期五	海阔凭鱼跃
	上午	第一节	语文	数学	化学	英语	物理	
		第二节	政治	英语	语文	化学	数学	
		第三节	数学	化学	英语	物理	英语	
		第四节	体育	自习	数学	语文	生物	
	下午	第五节	自习	历史	自习	历史	自习	
		第六节	生物	自习	物理	地理	自习	
		第七节	物理	计算机	自习	自习	地理	
		第八节	英语	自习	自习	计算机	语文	

图 9.3.1 效果图

创作步骤

（1）单击“Office”按钮，然后在弹出的菜单中选择 新建(N) 命令，弹出 新建文档 对话框，在该对话框左侧的“模板”列表框中选择“空白文档和最近使用的文档”选项，然后在对话框右侧的列表框中选择“空白文档”选项，单击 创建 按钮，即可创建一个空白文档。

（2）单击“页面布局”选项卡中的“页面设置”组中的“对话框启动器”按钮，弹出 页面设置 对话框，如图 9.3.2 所示。

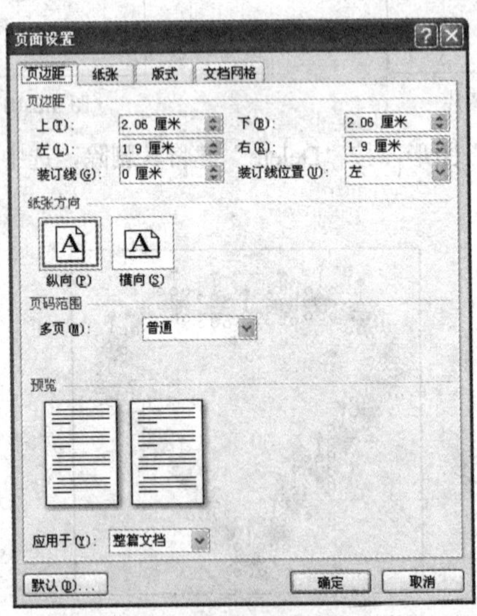

图 9.3.2 “页面设置”对话框

（3）在该对话框中的 页边距 选项卡中的“页边距”选区中设置“上”和“下”页边距均为“3 厘米”，“左”和“右”页边距均为“2 厘米”；在“方向”选区中设置页面方向为“横向”。

（4）在 纸张 选项卡中的“纸张大小”选区中设置纸张“宽度”和“高度”分别为“20 厘米”和“15 厘米”。

（5）单击 确定 按钮，完成页面设置。

（6）在“页面布局”选项卡中的“页面背景”组中单击 页面边框 按钮，弹出 边框和底纹 对话框，打开 页面边框(P) 选项卡，如图 9.3.3 所示。

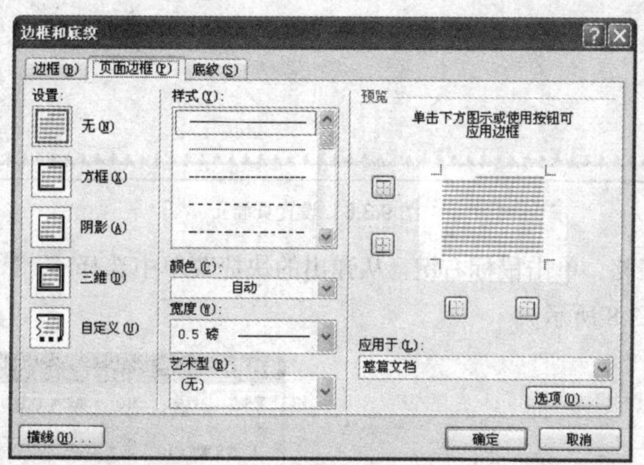

图 9.3.3　“页面边框”选项卡

（7）在“设置”选区中选择“方框”选项，单击“艺术型”下拉列表右侧的下三角按钮，弹出如图 9.3.4 所示的下拉列表。

（8）在该下拉列表中选择一种边框样式，在“宽度”微调框中输入“10”，在“应用于”选区中单击 选项(O)... 按钮，弹出 边框和底纹选项 对话框，如图 9.3.5 所示。

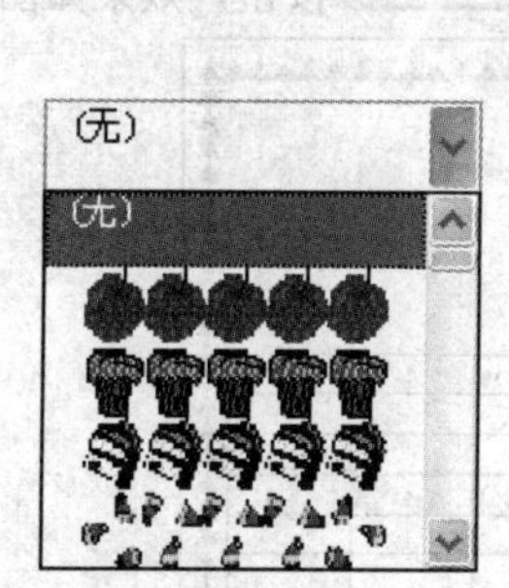

图 9.3.4　“艺术型”下拉列表

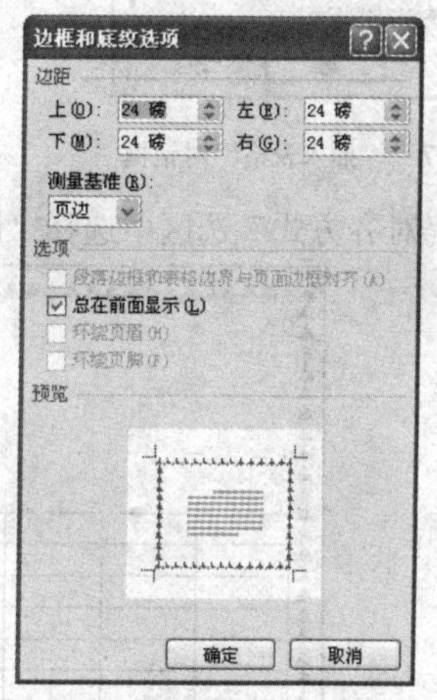

图 9.3.5　“边框和底纹选项”对话框

（9）在该对话框中的“测量基准”下拉列表中选择“文字”选项，单击 确定 按钮返回到 边框和底纹 对话框中，单击 确定 按钮，页面效果如图 9.3.6 所示。

（10）在“插入”选项卡中的“表格”组中选择“表格”选项，在弹出的下拉列表中选择 插入表格(I)... 选项，弹出 插入表格 对话框，如图 9.3.7 所示。

（11）在该对话框中设置表格的“列数”和“行数”均为“9”，单击 确定 按钮，在文档中插入表格。

图 9.3.6 设置页面

（12）选中插入的表格，单击鼠标右键，从弹出的快捷菜单中选择 表格属性(R)... 命令，弹出 **表格属性** 对话框，如图 9.3.8 所示。

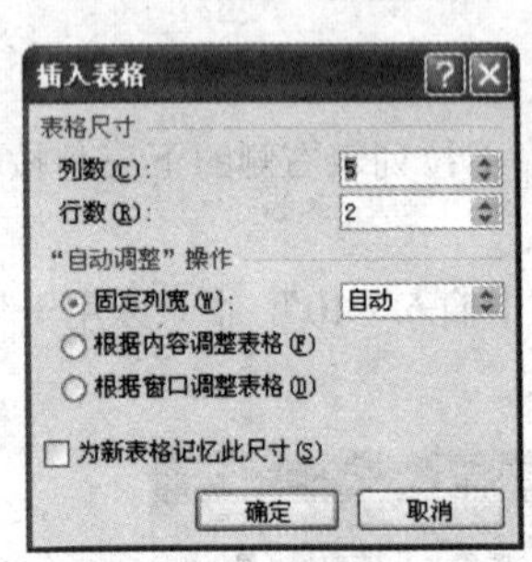

图 9.3.7 “插入表格”对话框

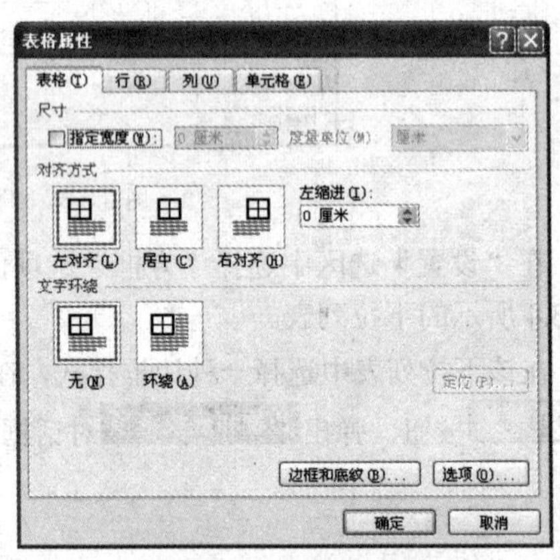

图 9.3.8 “表格属性”对话框

（13）在“对齐方式”选区中选择“居中”选项，单击 确定 按钮，效果如图 9.3.9 所示。

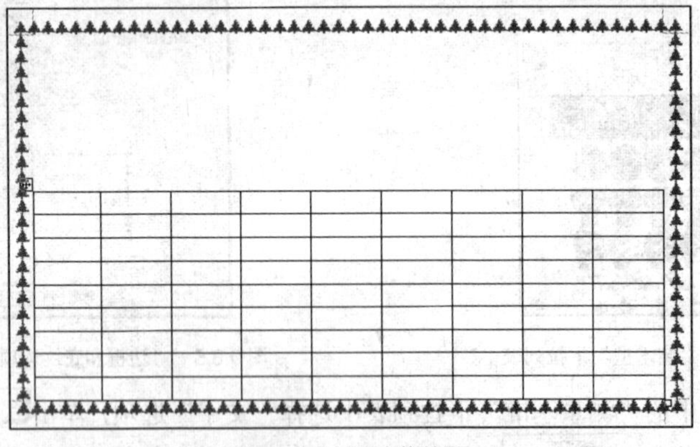

图 9.3.9 插入表格效果

（14）将光标定位在表格中的任意位置，在“布局”选项卡中的“表”组中选择“绘制斜线表头”选项，弹出 **插入斜线表头** 对话框，如图 9.3.10 所示。

（15）在“表头样式”下拉列表中选择“样式一”选项；在“行标题”文本框中输入文本“星期”，在“列标题”文本框中输入文本“时间”。单击 确定 按钮，为表格绘制斜线表头。

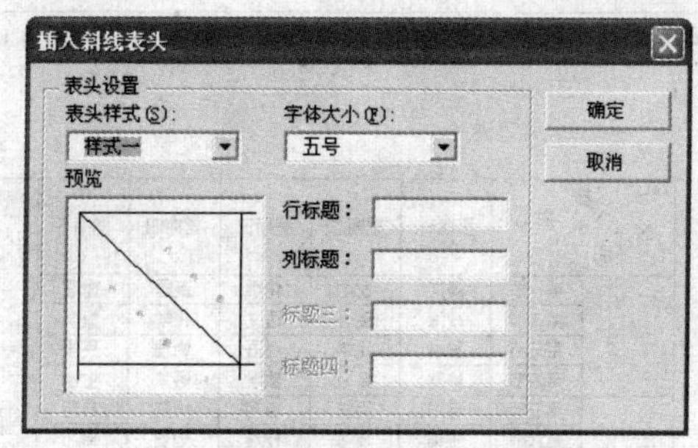

图 9.3.10　“插入斜线表头”对话框

（16）选中第一行的第二和第三个单元格，单击鼠标右键，从弹出的快捷菜单中选择 合并单元格(M) 命令，合并单元格。

（17）将绘制的斜线表头移动到合并的单元格中，效果如图 9.3.11 所示。

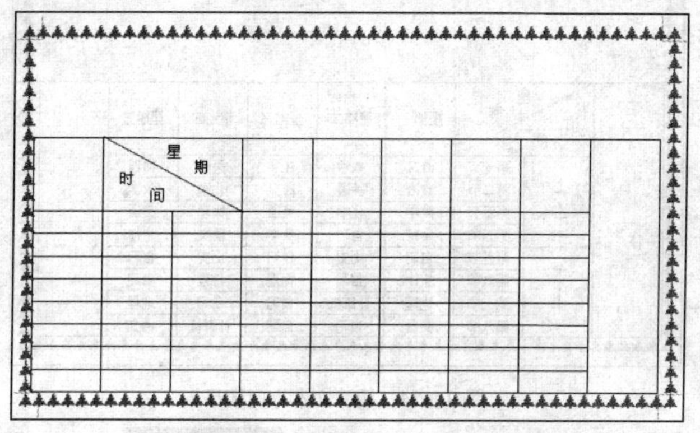

图 9.3.11　移动绘制的斜线表头效果

（18）选中第一列和最后一列的单元格，单击鼠标右键，从弹出的快捷菜单中选择 合并单元格(M) 命令，合并单元格。用同样的方法合并第二列的单元格，效果如图 9.3.12 所示。

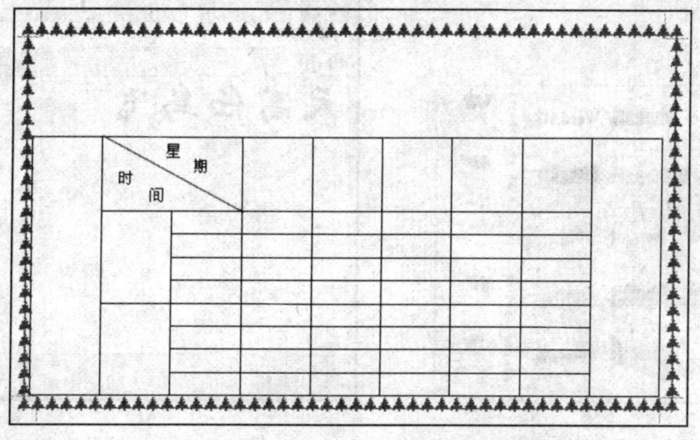

图 9.3.12　合并单元格效果

（19）在表格中输入内容，并做适当的调整，效果如图 9.3.13 所示。

（20）分别选中表格中的文本“上午”和“下午”，在“布局”选项卡中的“对齐方式”组中选择“文字方向”选项，设置文本的方向，效果如图 9.3.14 所示。

（21）在“插入”选项卡中的“文本”组中选择“艺术字”选项，弹出其下拉列表，如图 9.3.15 所示。

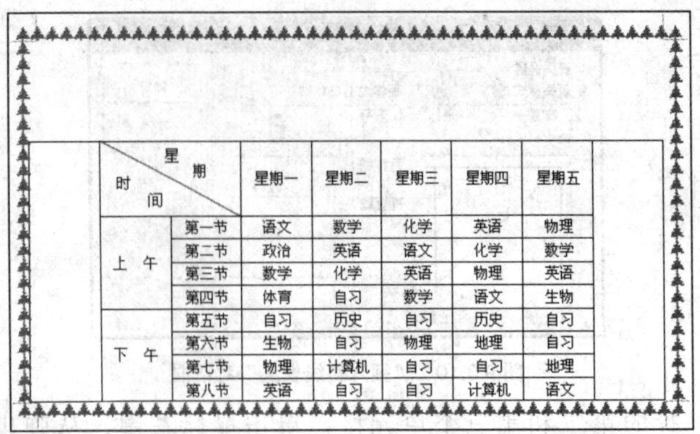

星期 / 时间		星期一	星期二	星期三	星期四	星期五
上 午	第一节	语文	数学	化学	英语	物理
	第二节	政治	英语	语文	化学	数学
	第三节	数学	化学	英语	物理	英语
	第四节	体育	自习	数学	语文	生物
下 午	第五节	自习	历史	自习	历史	自习
	第六节	生物	自习	物理	地理	自习
	第七节	物理	计算机	自习	自习	地理
	第八节	英语	自习	自习	计算机	语文

图 9.3.13 输入内容效果

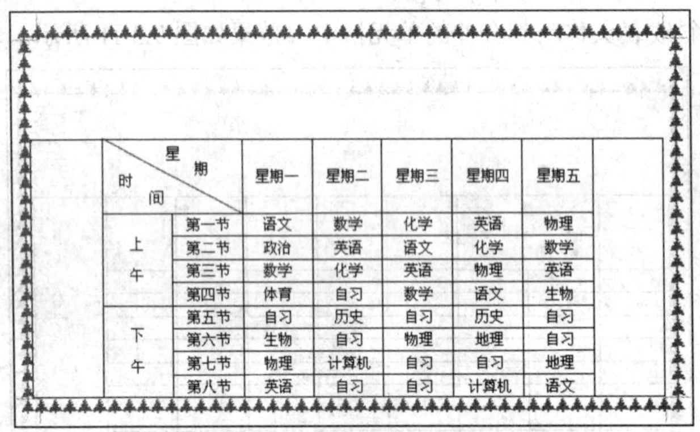

星期 / 时间		星期一	星期二	星期三	星期四	星期五
上午	第一节	语文	数学	化学	英语	物理
	第二节	政治	英语	语文	化学	数学
	第三节	数学	化学	英语	物理	英语
	第四节	体育	自习	数学	语文	生物
下午	第五节	自习	历史	自习	历史	自习
	第六节	生物	自习	物理	地理	自习
	第七节	物理	计算机	自习	自习	地理
	第八节	英语	自习	自习	计算机	语文

图 9.3.14 调整文本方向效果

（22）在该下拉列表中选择一种艺术字样式，弹出**编辑艺术字文字**对话框。

（23）在“文字”文本框中输入文本“天高任鸟飞”，并设置“字体”为“华文新魏”；“字号”为“32”；单击“加粗”按钮**B**，如图 9.3.16 所示。

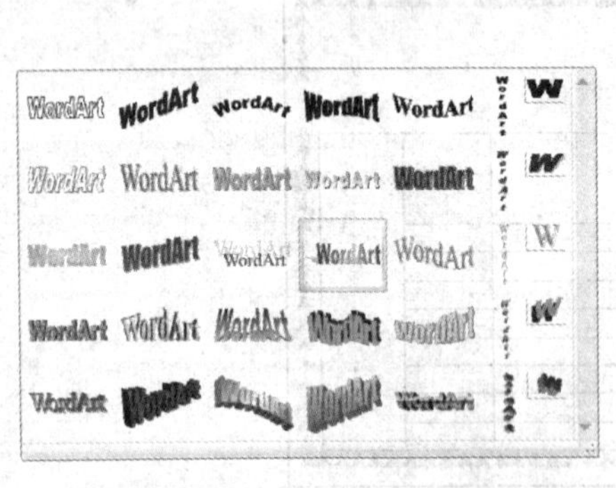

图 9.3.15 “艺术字库”下拉列表

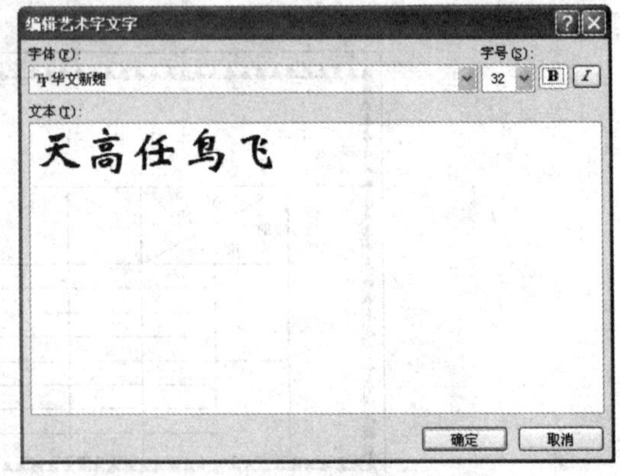

图 9.3.16 “编辑艺术字文字”对话框

（24）设置完成后，单击**确定**按钮，在表格中插入艺术字，调整其大小，并放在表格中的最左边的单元格中。用同样的方法为表格的最右边的单元格插入艺术字“海阔凭鱼跃”。

（25）选中插入的艺术字，在“格式”选项卡中的“文字”组中单击“艺术字竖排文字”按钮，使艺术字竖排。并设置艺术字无阴影，效果如图 9.3.17 所示。

天高任鸟飞	星期 时间		星期一	星期二	星期三	星期四	星期五	海阔凭鱼跃
	上午	第一节	语文	数学	化学	英语	物理	
		第二节	政治	英语	语文	化学	数学	
		第三节	数学	化学	英语	物理	英语	
		第四节	体育	自习	数学	语文	生物	
	下午	第五节	自习	历史	自习	历史	自习	
		第六节	生物	自习	物理	地理	自习	
		第七节	物理	计算机	自习	自习	地理	
		第八节	英语	自习	自习	计算机	语文	

图 9.3.17　插入艺术字效果

（26）选中整个表格，单击鼠标右键，从弹出的快捷菜单中选择 边框和底纹(B)... 命令，弹出 边框和底纹 对话框，如图 9.3.18 所示。

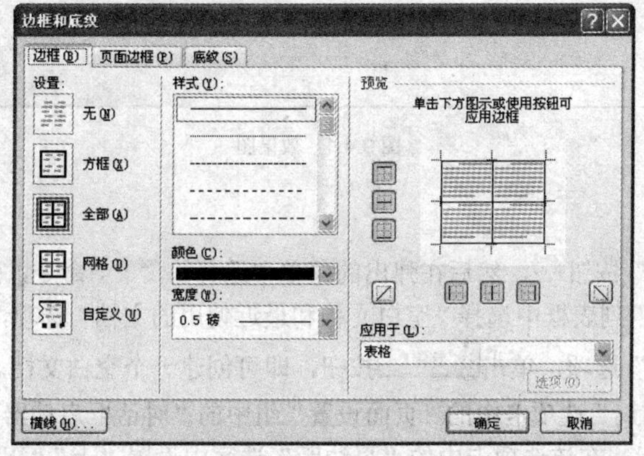

图 9.3.18　“边框和底纹”对话框

（27）在“设置”选区中选择“网格”选项，设置表格的外边框为“1.5 磅”，内边框为“1 磅”，单击 确定 按钮，完成设置。

（28）重复步骤（26）和（27）的操作方法，设置最左边单元格的右边框和最右边单元格的左边框，效果如图 9.3.19 所示。

天高任鸟飞	星期 时间		星期一	星期二	星期三	星期四	星期五	海阔凭鱼跃
	上午	第一节	语文	数学	化学	英语	物理	
		第二节	政治	英语	语文	化学	数学	
		第三节	数学	化学	英语	物理	英语	
		第四节	体育	自习	数学	语文	生物	
	下午	第五节	自习	历史	自习	历史	自习	
		第六节	生物	自习	物理	地理	自习	
		第七节	物理	计算机	自习	自习	地理	
		第八节	英语	自习	自习	计算机	语文	

图 9.3.19　设置表格边框效果

（29）在表格的上方输入文本“课程表”，设置“字体”为“华文新魏”；“字号”为“小一”；最终效果如图 9.3.1 所示。

实例4　名　　片

创作目的

本例制作名片，效果如图 9.4.1 所示。

图 9.4.1　效果图

创作步骤

（1）单击“Office”按钮，然后在弹出的菜单中选择命令，弹出新建文档对话框，在该对话框左侧的“模板”列表框中选择“空白文档和最近使用的文档”选项，然后在对话框右侧的列表框中选择“空白文档”选项，单击创建按钮，即可创建一个空白文档。

（2）单击“页面布局”选项卡中的“页面设置”组中的“对话框启动器”按钮，弹出页面设置对话框，如图 9.4.2 所示。在该选项卡中的“页边距”选区中设置“上”“下”“左”和“右”页边距均为“1 厘米”；在“方向”选区中设置页面方向为“横向”。

（3）在页面设置对话框中打开纸张选项卡，如图 9.4.3 所示。在该选项卡中的“纸张大小”选区中设置“宽度”和“高度”分别为“15 厘米”和“10 厘米”。

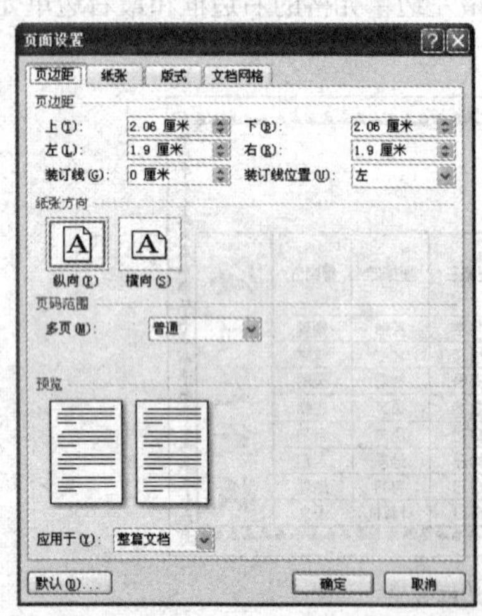

图 9.4.2　“页边距”选项卡

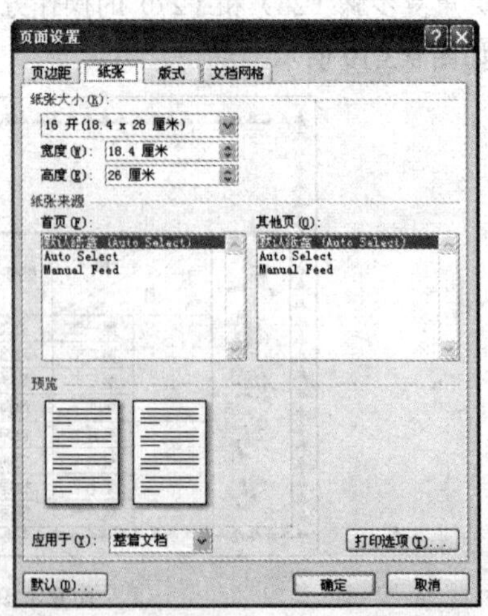

图 9.4.3　“纸张”选项卡

（4）设置完成后，单击确定按钮。

（5）在“页面布局”选项卡中的“页面背景”组中单击页面颜色按钮，在弹出的下拉列表中选择填充效果(F)...选项，弹出填充效果对话框，打开图案选项卡，如图 9.4.4 所示。

（6）在该选项卡中选择一种填充图案，单击确定按钮，效果如图 9.4.5 所示。

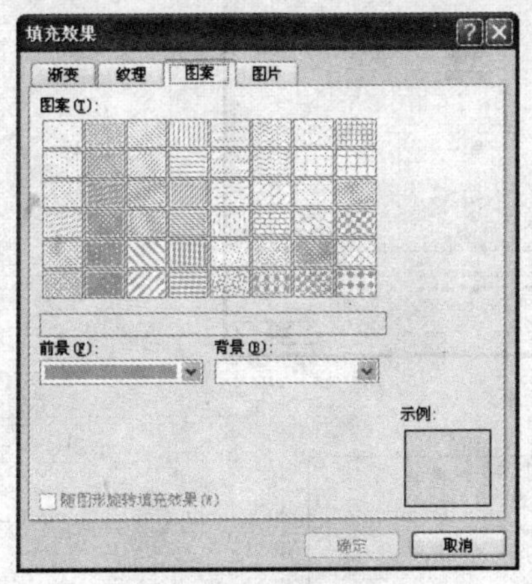

图 9.4.4　“图案”选项卡

图 9.4.5　填充图案效果

（7）在文档中输入文本“天阳科技有限公司”，设置“字体”为“华文新魏”；“字号”为“三号”。根据需要输入其他的文本，并设置其字体和字号，效果如图 9.4.6 所示。

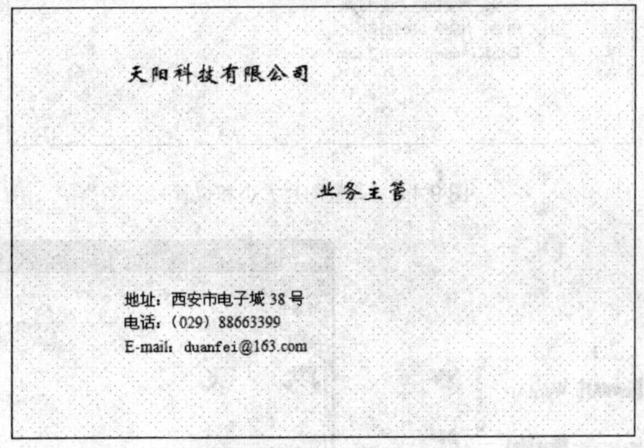

图 9.4.6　输入文本效果

（8）在“插入”选项卡中的“插图”组中选择“图片”选项，弹出插入图片对话框，如图 9.4.7 所示。

（9）在该对话框中选择需要插入的图片，单击插入(S)按钮，将图片插入到文档中。

（10）选中插入的图片，在“格式”选项卡中的“排列”组中单击文字环绕按钮，在弹出的下拉列表中选择浮于文字上方(N)选项，并调整图片大小和位置，效果如图 9.4.8 所示。

（11）在“插入”选项卡中的“文本”组中选择“艺术字”选项，弹出其下拉列表，如图 9.4.9 所示。

（12）在该下拉列表中选择一种艺术字样式，弹出编辑艺术字文字对话框。

（13）在“文字”文本框中输入文本“段飞”，设置“字体”为“隶书”；“字号”为“28”，如图 9.4.10 所示。

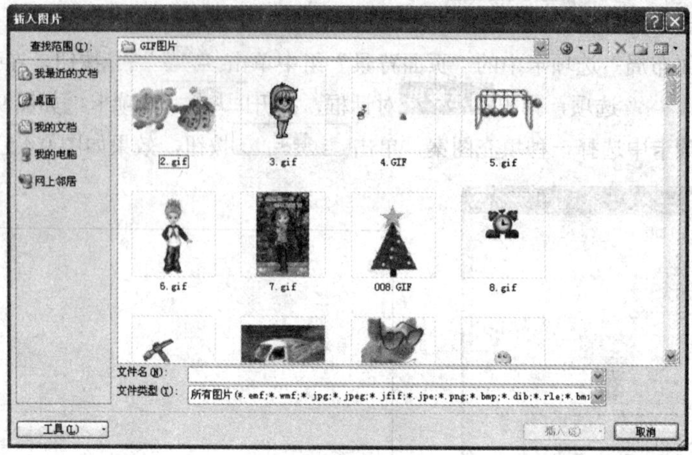

图 9.4.7 “插入图片”对话框

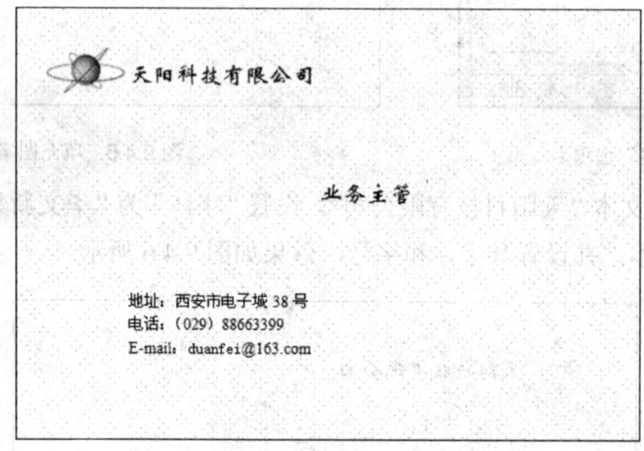

图 9.4.8 调整图片大小和位置

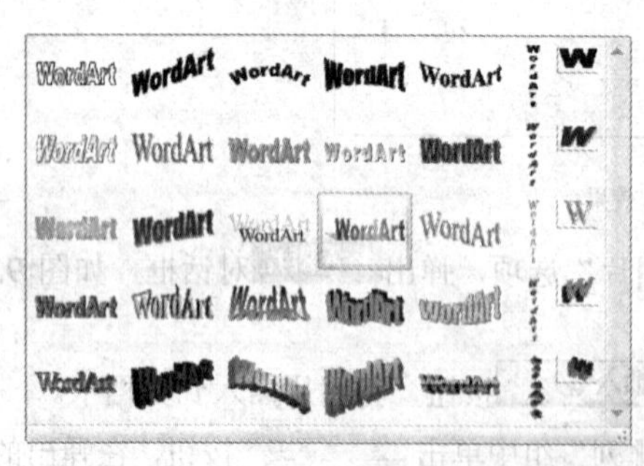

图 9.4.9 “艺术字库”下拉列表

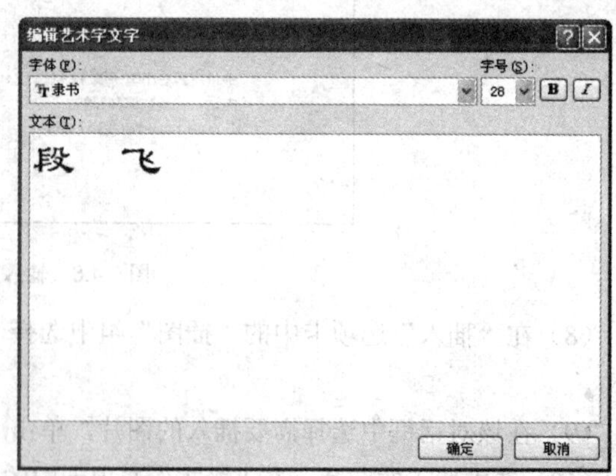

图 9.4.10 “编辑艺术字文字”对话框

（14）设置完成后，单击 确定 按钮，在文档中插入艺术字。

（15）选中插入的图片，在“格式”选项卡中的“排列”组中单击 文字环绕 按钮，在弹出的下拉列表中选择 浮于文字上方(N) 选项，并调整艺术字的位置，效果如图 9.4.11 所示。

（16）在“插入”选项卡中的“插图”组中选择“形状”选项，在弹出的下拉列表中单击“椭圆”按钮，在文档中绘制一个椭圆，并调整其大小和位置，如图 9.4.12 所示。

图 9.4.11　插入艺术字

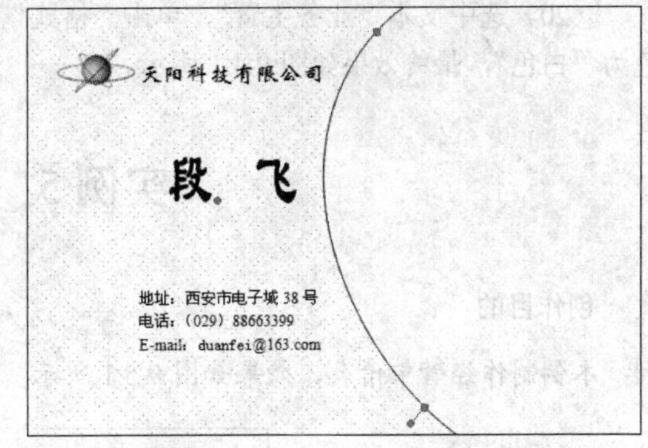

图 9.4.12　绘制椭圆

(17) 选中绘制的椭圆，单击鼠标右键，从弹出的快捷菜单中选择 设置自选图形格式(O)... 命令，弹出 设置自选图形格式 对话框，打开 颜色与线条 选项卡，如图 9.4.13 所示。在该选项卡中设置“填充颜色”为“灰色－25%”，“线条颜色”为“无线条颜色”。

(18) 在 设置自选图形格式 对话框中打开 版式 选项卡，如图 9.4.14 所示。在该选项卡中的“环绕方式”选区中选择“衬于文字下方”选项。

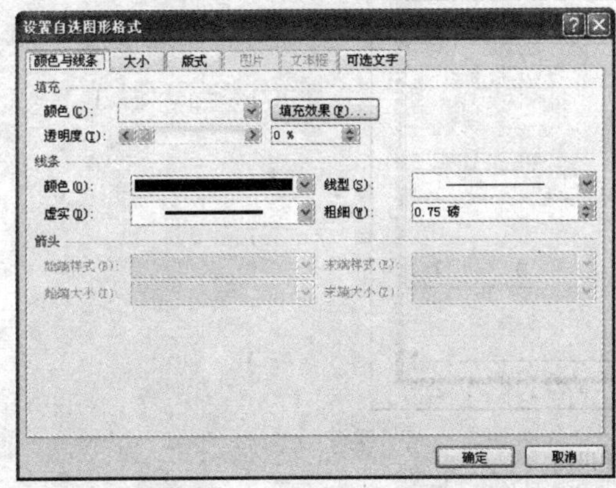

图 9.4.13　“颜色与线条”选项卡

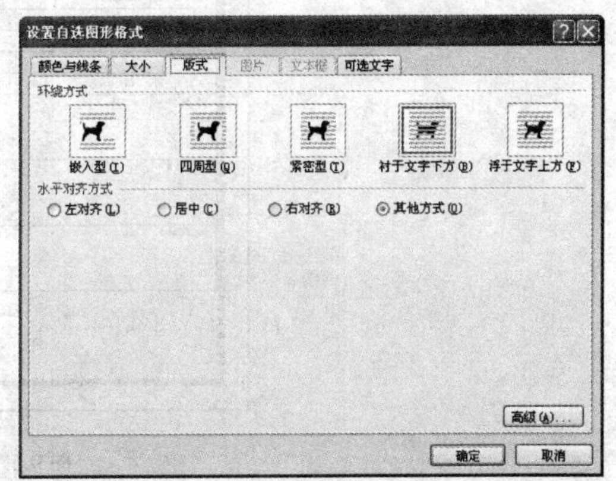

图 9.4.14　“版式”选项卡

(19) 设置完成后，单击 确定 按钮，效果如图 9.4.15 所示。

图 9.4.15　设置自选图形格式

（20）选中文本“业务主管”，单击“格式”工具栏中的“字体颜色”按钮，设置其字体颜色为“白色”，最终效果如图 9.4.1 所示。

实例5　申　请　表

创作目的

本例制作经营申请表，效果如图 9.5.1 所示。

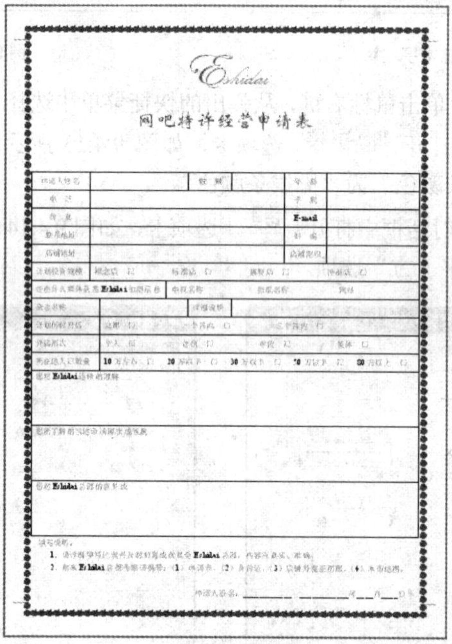

图 9.5.1　效果图

创作步骤

（1）单击“Office”按钮，然后在弹出的菜单中选择 新建(N) 命令，弹出 新建文档 对话框，在该对话框左侧的“模板”列表框中选择“空白文档和最近使用的文档”选项，然后在对话框右侧的列表框中选择“空白文档”选项，单击 创建 按钮，即可创建一个空白文档。

（2）单击“页面布局”选项卡中的“页面设置”组中的“对话框启动器”按钮，弹出 页面设置 对话框，如图 9.5.2 所示。在该选项卡中的“页边距”选区中设置“上”和“下”页边距均为“1.5 厘米”；“左”和“右”页边距均为“1 厘米”；在“方向”选区中设置页面方向为“纵向”。

（3）在 页面设置 对话框中打开 纸张 选项卡，如图 9.5.3 所示。在该选项卡中的“纸张大小”选区中设置纸张“宽度”和“高度”分别为“20 厘米”和“28 厘米”。

（4）设置完成后，单击 确定 按钮，完成文档的页面设置。

（5）在“页面布局”选项卡中的“页面背景”组中单击 页面边框 按钮，弹出 边框和底纹 对话框，打开 页面边框(P) 选项卡。在该选项卡中的“宽度”微调框中输入“10 磅”；在“艺术型”下拉列表中选择一种艺术型边框，如图 9.5.4 所示。

（6）设置完成后，单击 确定 按钮，效果如图 9.5.5 所示。

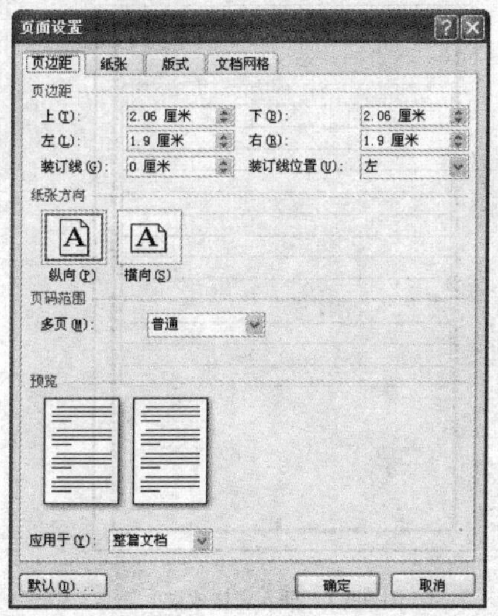

图 9.5.2　“页边距”选项卡

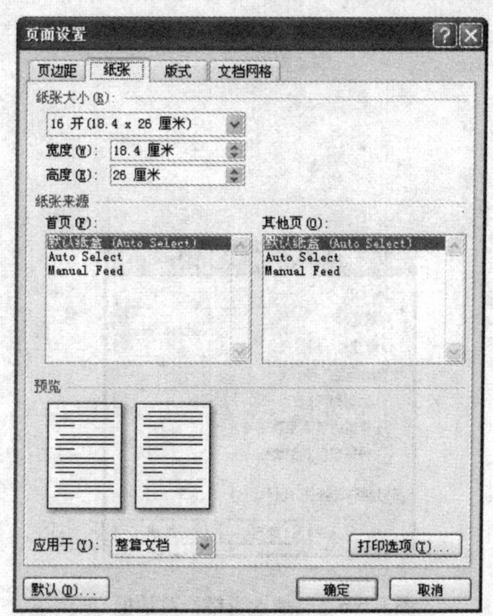

图 9.5.3　“纸张”选项卡

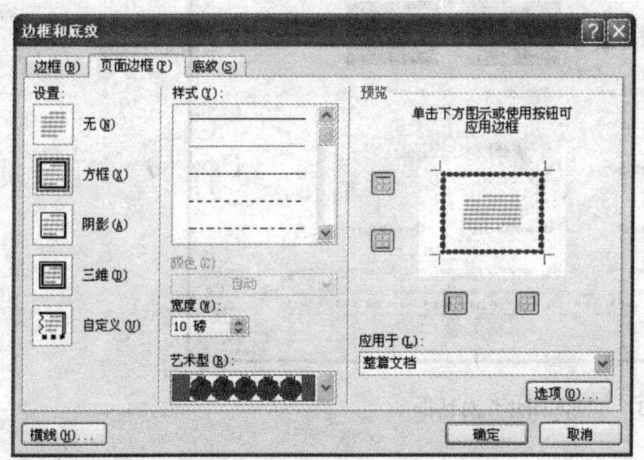

图 9.5.4　“页面边框”选项卡

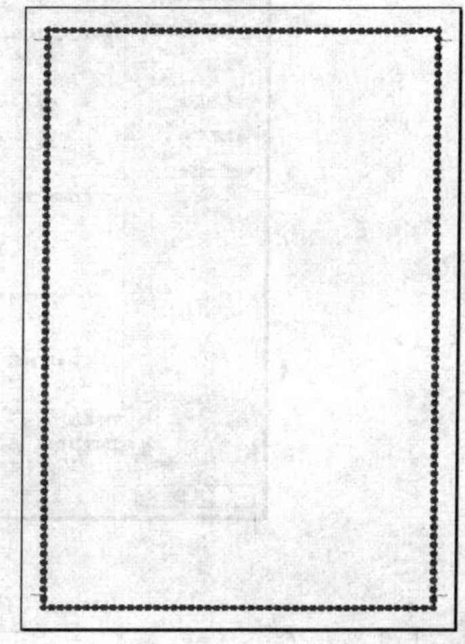

图 9.5.5　设置页面边框效果

（7）在“插入”选项卡中的“表格”组中选择“表格”选项，在弹出的下拉列表中选择 插入表格(I)... 选项，弹出 插入表格 对话框，如图 9.5.6 所示。

（8）在该对话框中的“表格尺寸”选区中的“列数”和“行数”微调框中分别输入“1”和“14”，单击 确定 按钮，在文档中插入表格，效果如图 9.5.7 所示。

（9）在“插入”选项卡中的“插图”组中选择“图片”选项，弹出 插入图片 对话框，如图 9.5.8 所示。

（10）在该对话框中选择需要插入的图片，单击 插入(S) 按钮，将图片插入到文档中。选中插入的图片，在“格式”选项卡中的“排列”组中单击 文字环绕 按钮，在弹出的下拉列表中选择 浮于文字上方(N) 选项，并调整图片大小和位置，效果如图 9.5.9 所示。

（11）将插入的图片复制两幅，并调整其位置。将 3 幅图片全部选中，在“格式”选项卡中的“排列”组中单击“对齐”按钮，在弹出的下拉列表中选择 上下居中(M) 选项，效果如图 9.5.10 所示。

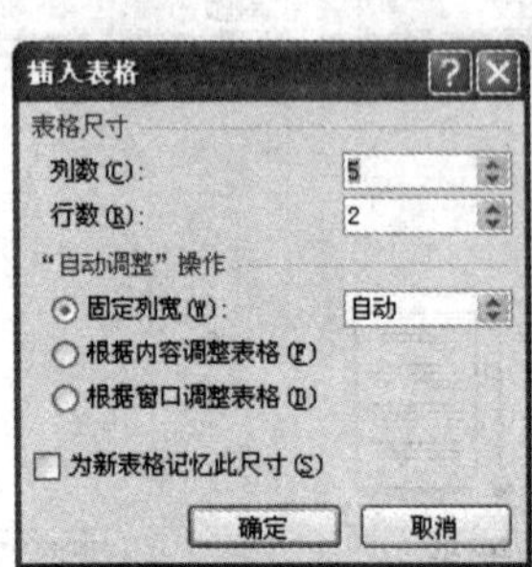

图 9.5.6　“插入表格”对话框

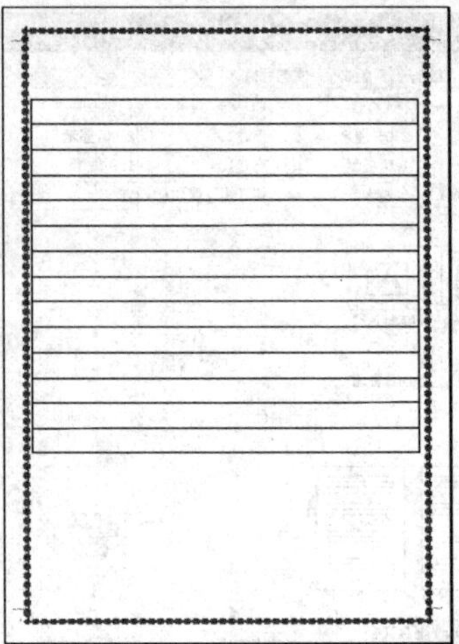

图 9.5.7　插入表格效果

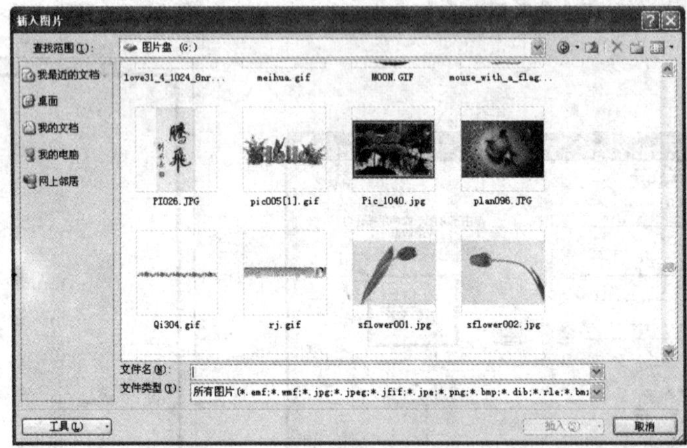

图 9.5.8　“插入图片”对话框

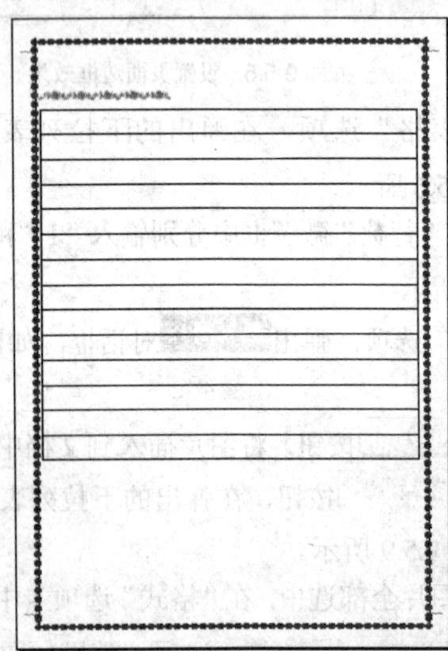

图 9.5.9　插入图片效果

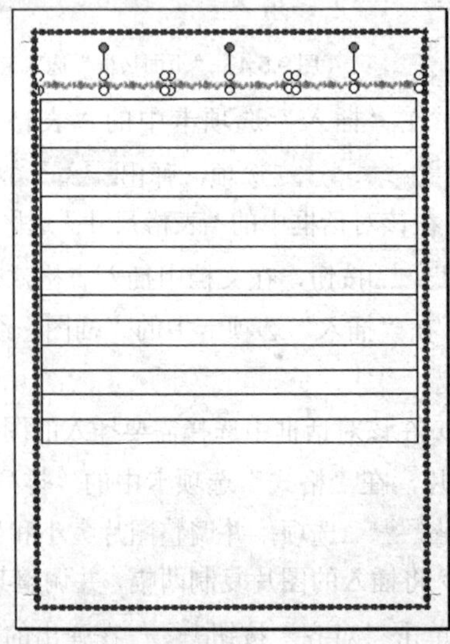

图 9.5.10　复制图片并调整其位置效果

（12）在文档中输入字母“E”和“shidai”，设置其“字体”为“Edwardian Script ITC”和“Kunstler Script”；“字号”为“60 磅”和“40 磅”；“字体颜色”均为“红色”，设置标题效果如图 9.5.11 所示。

（13）在标题下面输入文本“网吧特许经营申请表”，设置其“字体”为“华文新魏”；“字号”为“25 磅”；“字体颜色”为“红色”，效果如图 9.5.12 所示。

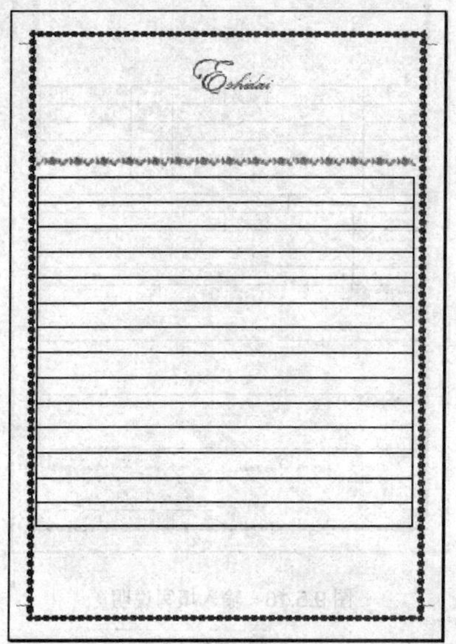

图 9.5.11　设置标题效果

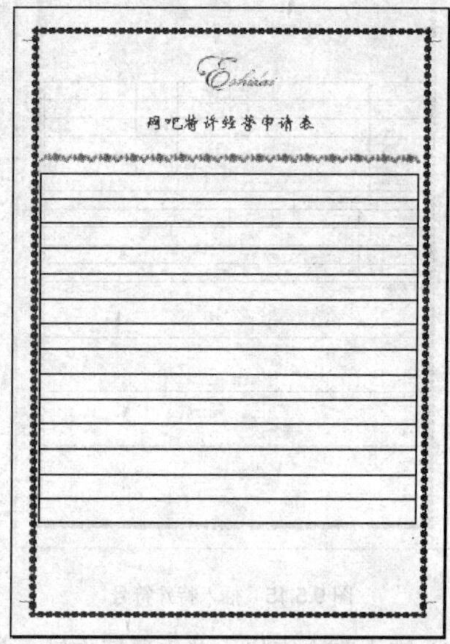

图 9.5.12　设置文本格式效果

（14）在“设计”选项卡中的“绘图边框”组中选择“绘制表格”选项，绘制表格，效果如图 9.5.13 所示。

（15）在表格中输入文本，并进行相应的设置，效果如图 9.5.14 所示。

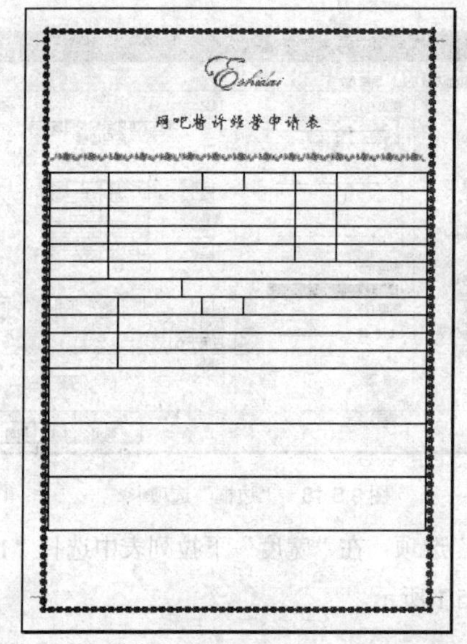

图 9.5.13　绘制表格效果

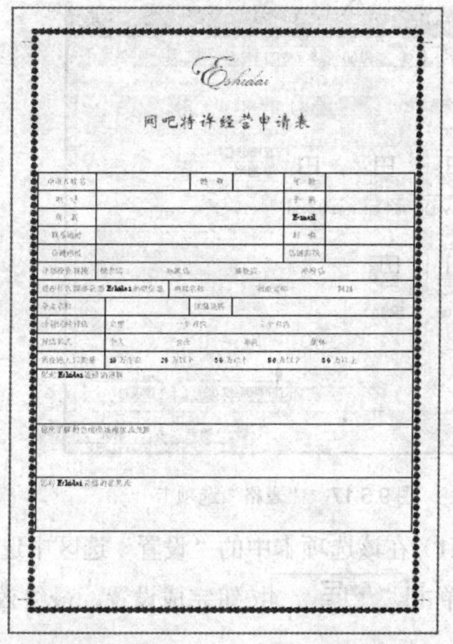

图 9.5.14　输入文本效果

（16）在“插入”选项卡中的“特殊符号”组中单击 符号 按钮，在弹出的下拉列表中选择 更多... 选项，在弹出的 插入特殊符号 对话框中选择需要的特殊符号，单击 确定 按钮，在文档中插入特殊符号，效果如图 9.5.15 所示。

（17）在表格的下面输入申请表的填写说明，如图 9.5.16 所示。

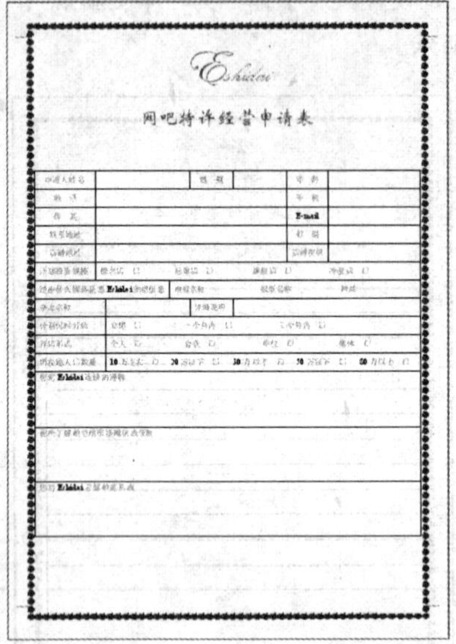

图 9.5.15　插入特殊符号

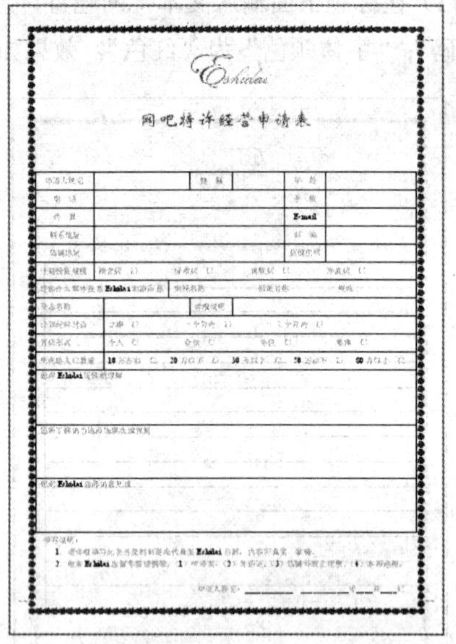

图 9.5.16　输入填写说明

（18）选中整个表格，单击鼠标右键，从弹出的快捷菜单中选择 表格属性(R)... 命令，弹出 **表格属性** 对话框，打开 表格(T) 选项卡，如图 9.5.17 所示。

（19）在该选项卡中的“对齐方式”选区中选择“居中”选项，单击 确定 按钮完成设置。

（20）选中整个表格，单击鼠标右键，从弹出的快捷菜单中选择 边框和底纹(B)... 命令，弹出 **边框和底纹** 对话框，打开 边框(B) 选项卡，如图 9.5.18 所示。

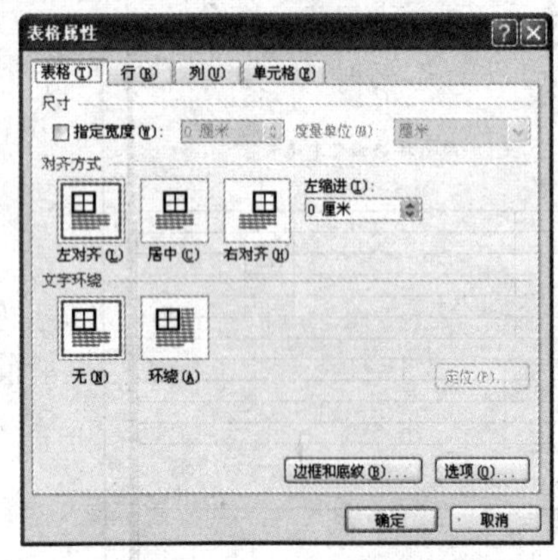

图 9.5.17　“表格”选项卡

图 9.5.18　“边框”选项卡

（21）在该选项卡中的“设置”选区中选择“网格”选项；在“宽度”下拉列表中选择“1.5 磅”选项，单击 确定 按钮完成设置，最终效果如图 9.5.1 所示。